Teubner-Reihe Wirtschaftsinformatik

B. Britzelmaier/S. Geberl (Hrsg.)

Wirtschaftsinformatik als Mittler zwischen Technik, Ökonomie und Gesellschaft

Teubner-Reihe Wirtschaftsinformatik

Herausgegeben von

Prof. Dr. Dieter Ehrenberg, Leipzig
Prof. Dr. Dietrich Seibt, Köln
Prof. Dr. Wolffried Stucky, Karlsruhe

Die „Teubner-Reihe Wirtschaftsinformatik" widmet sich den Kernbereichen und den aktuellen Gebieten der Wirtschaftsinformatik.

In der Reihe werden einerseits Lehrbücher für Studierende der Wirtschaftsinformatik und der Betriebswirtschaftslehre mit dem Schwerpunktfach Wirtschaftsinformatik in Grund- und Hauptstudium veröffentlicht. Andererseits werden Forschungs- und Konferenzberichte, herausragende Dissertationen und Habilitationen sowie Erfahrungsberichte und Handlungsempfehlungen für die Unternehmens- und Verwaltungspraxis publiziert.

Wirtschaftsinformatik als Mittler zwischen Technik, Ökonomie und Gesellschaft

1. Liechtensteinisches Wirtschaftsinformatik-Symposium an der Fachhochschule Liechtenstein

Herausgegeben von

Dr. Bernd Britzelmaier
Stephan Geberl
Fachhochschule Liechtenstein

 B. G. Teubner Stuttgart · Leipzig 1999

Dr. Bernd Britzelmaier

Geboren 1962 in Günzburg. Studienabschlüsse in Betriebswirtschaft und Informationswissenschaft. Promotion an der Fakultät für Mathematik und Informatik der Universität Konstanz. Fünfjährige Industrietätigkeit bei der AL-KO Consulting-Engineering GmbH: Koordination der Controlling-Funktion auf Konzernebene für den Unternehmensbereich Gartengeräte, Beratung für Firmen der AL-KO-Gruppe in den Gebieten EDV, Controlling und Organisation. Vier Jahre Organisation von praxisorientierten Weiterbildungsprogrammen für chinesische Manager sowie Beratung von deutschen Firmen im China-Geschäft an der Universität Konstanz. Langjährige Lehrerfahrung, u. a. an der Universität Konstanz, der Jiao Tong Universität Shanghai (Volksrepublik China) und der Bankakademie Frankfurt/M. Seit September 1996 Dozent an der Fachhochschule Liechtenstein, dort seit Juli 1997 Leitung des Fachbereichs Wirtschaftswissenschaften.

Stephan Geberl

Geboren 1966 in Dornbirn, Österreich. Studium der Betriebswirtschaft an der Universität Innsbruck mit den Schwerpunkten Wirtschaftsinformatik und Marketing. Abschluß des Studiums als Mag. rer. soc. oec. Seit 1997 Wissenschaftlicher Mitarbeiter und Dozent an der Fachhochschule Liechtenstein.

Gedruckt auf chlorfrei gebleichtem Papier.

Die Deutsche Bibliothek – CIP-Einheitsaufnahme

Wirtschaftsinformatik als Mittler zwischen Technik, Ökonomie und Gesellschaft /
1. Liechtensteinisches Wirtschaftsinformatik-Symposium an der Fachhochschule Liechtenstein.
Von Bernd Britzelmaier ; Stephan Geberl. –
Stuttgart ; Leipzig : Teubner, 1999
  (Teubner-Reihe Wirtschaftsinformatik)

ISBN 978-3-519-00285-7   ISBN 978-3-322-94873-1 (eBook)
DOI 10.1007/978-3-322-94873-1

Geleitwort

An der Schwelle des 21. Jahrhunderts stellen Globalisierung und Strukturwandel besondere Herausforderungen für Wirtschaft, Gesellschaft und Staat dar. In Zeiten stetigen Wandels ist der ökonomisch sinnvolle und ethisch verantwortliche Einsatz von Informations- und Kommunikationstechnologien ein wesentlicher Erfolgsfaktor für Unternehmen und ganze Volkswirtschaften. Insbesondere für ein kleines, aber wirtschaftsstarkes Land wie das Fürstentum Liechtenstein kommt daher der Disziplin „Wirtschaftsinformatik" eine besondere Bedeutung zu.

Die Fachhochschule Liechtenstein hat den Stellenwert dieser Entwicklung frühzeitig erkannt und bereits 1992 ihren Wirtschaftsinformatik-Studiengang eingerichtet, der innovativ und flexibel die Erfordernisse der Wirtschaft in diesem Segment erfüllt.

Die Beiträge dieses Tagungsbandes zeigen eindrücklich, welchen Stellenwert unsere Fachhochschule und insbesondere ihre Wirtschaftsinformatik in der Region und bei anderen Hochschulen einnimmt. Ich freue mich, dass es den Organisatoren, denen ich an dieser Stelle herzlich danken möchte, gelungen ist, eine attraktive Mischung an Beiträgen zusammenzustellen. Den Referentinnen und Referenten danke ich für Ihre Bereitschaft, diese Veranstaltung aktiv zu unterstützen. Den Teilnehmerinnen und Teilnehmern am Symposium wünsche ich einen angenehmen und interessanten Aufenthalt in Vaduz. Ich hoffe, dass das 1. Liechtensteinische Wirtschaftsinformatik-Symposium in den nächsten Jahren Fortsetzungen derselben Qualität finden wird.

Vaduz, im Frühjahr 1999

Dr. Norbert Marxer
Bildungsminister des Fürstentums Liechtenstein

Vorwort

Stimuliert durch die breite Akzeptanz unseres Studiengangs und unserer Absolventinnen und Absolventen in der Region wurde letztes Jahr die Idee zur Durchführung des 1. Liechtensteinischen Wirtschaftsinformatik-Symposiums geboren. Zielsetzung ist es, eine Plattform zum fachlichen Austausch für Vertreter aus Praxis und Theorie zu schaffen.

Der Titel „Wirtschaftsinformatik als Mittler zwischen Technik, Ökonomie und Gesellschaft" deutet den Kontext an, in dem sich Wirtschaftsinformatikerinnen und Wirtschaftsinformatiker heute bewegen. Im vorliegenden Tagungsband findet sich daher ein breites Spektrum an Themen, denen heute in Wissenschaft und Praxis hohe Relevanz zukommt. Neben Beiträgen aus den Kerngebieten der Wirtschaftsinformatik finden sich auch Artikel aus dem geisteswissenschaftlichen Umfeld, die sich teilweise kritisch mit dem Einsatz von Informations- und Kommunikationstechnologien auseinandersetzen.

Die hohe Resonanz auf unser „call for papers" zeigt den Stellenwert der Wirtschaftsinformatik bei den Unternehmen und Organisationen der Region und die akademische Akzeptanz der Fachhochschule Liechtenstein. Wir bitten um Verständnis, dass aufgrund der hohen Rücklaufquote nicht alle eingereichten Beiträge angenommen werden konnten. Am Rande sei darauf hingewiesen, dass die akzeptierten Beiträge die Meinung der Autorinnen und Autoren widerspiegeln, die nicht unbedingt der Meinung der Herausgeber entsprechen muss.

An dieser Stelle möchten wir dem Teubner-Verlag für die Aufnahme des Tagungsbandes in die Reihe Wirtschaftsinformatik danken.

Unser besonderer Dank gilt allen Autorinnen und Autoren, die durch Ihre Beiträge ein attraktives Vortragsangebot sowie ein Forum für die Diskussion zwischen Theorie und Praxis geschaffen haben.

Vaduz, im Frühjahr 1999

Bernd Britzelmaier, Stephan Geberl
Fachhochschule Liechtenstein

Inhalt

Wie schwierig es ist, einen Betrieb erfolgreich zu führen - über unterschiedliches Denken in der Wirtschaft einerseits und in sonstigen Bereichen andererseits

Prof. Dr. Ludwig Pack
Uni Konstanz und FH Liechtenstein

Die erfolgreiche Führung eines Betriebes oder einer Volkswirtschaft erfordert eine ganz bestimmte Art des Denkens. Auf diese spezifisch wirtschaftliche Art des Denkens und die Probleme, die sie stellt, soll im Folgenden eingegangen werden. Natürlich sind neben dieser Denkweise für eine erfolgreiche Betriebsführung noch eine Vielzahl anderer Dinge erforderlich: Man braucht gute Mitarbeiter, man braucht Kapital, aufgeschlossene Behördenvertreter, man braucht Erfahrung, Durchsetzungskraft, eine robuste Gesundheit, man braucht auch Glück, Fortüne, und noch einiges Mehr. Z.B einen an festen ethischen und moralischen Grundsätzen ausgerichteten Charakter, ohne den es nicht möglich ist, das so ausserordentlich wichtige Vertrauen zu schaffen. Auf all dies kann leider in der Kürze der zur Verfügung stehenden Zeit nicht eingegangen werden.

Oft wird die Meinung vertreten, Jurist oder Ingenieur bzw. Naturwissenschaftler oder gar Mathematiker zu sein, das sei sehr schwierig. Aber Kaufmann oder Geschäftsführer, das könne doch jeder werden. Wie ist es wirklich damit bestellt?
Juristisches Denken wird oft deshalb als besonders schwierig angesehen, weil Juristen sehr logisch, d.h. widerspruchsfrei denken müssen. Manche Menschen meinen jedoch, es sei nur deshalb so schwierig, weil Juristen sich einer für Nichtjuristen nicht oder nur schwer verständlichen Sprache bedienen. Dieser Meinung kann ich mich nicht ganz anschliessen und will deshalb etwas anders argumentieren.
Sie haben sicher schon einmal im Film oder im Fersehen, oft in Verbindung mit einem Krimi, eine Gerichtsverhandlung vor einem amerikanischen Gericht gesehen. Das Kreuzverhör spielt dort eine sehr wichtige Rolle. Dabei darf der Zeuge oder der Angeklagte die gestellten Fragen nur mit "Ja" oder mit "Nein" beantworten. Ein Drittes gibt es nicht. "Tertium non datur" sagt das Römische Recht dazu.
Nun stellen Sie sich folgendes vor: Auf einem Tisch vor Ihnen stehen drei Gefässe mit Wasser. Das linke enthält heisses Wasser von 45°C, das rechte kaltes

Wasser von 4°C und das mittlere lauwarmes Wasser von 25°C. Nun legen Sie ihre linke Hand in das linke Gefäss und Ihre rechte Hand in das rechte Gefäss. Nach einer Minute legen Sie beide Hände in das mittlere Gefäss. Dann wird Ihnen Ihre linke Hand sagen, das Wasser in dem mittleren Gefäss sei kalt und Ihre rechte Hand wird Ihnen sagen, das Wasser sei heiss. Was würden Sie nun in einer solchen Gerichtsverhandlung sagen, wenn Sie gefragt würden, ob das Wasser im mittleren Gefäss heiss oder kalt sei? Sie können es nicht sagen! Mit „Jein" dürfen Sie auch nicht antworten.

Viele Sachverhalte, welche es bei der Führung eines Betriebes zu entscheiden gilt, sind genau von dieser nicht eindeutig bestimmbaren Art. Trotzdem muss der Leiter des Betriebes eine Entscheidung treffen, und zwar rechtzeitig. Hinzu kommt: die Zahl der Einfluss nehmenden Faktoren ist so gross, die Zusammenhänge sind so vielfältig, die Zukunft ist so ungewiss, dass man nichts Genaues sagen kann, und dennoch muss rechtzeitig entschieden werden. Das macht den Unternehmer aus! Dieses Risiko muss er tragen und dafür hat er Anspruch auf einen angemessenen Gewinn, was allerdings auch einschliesst, dass er in weniger guten Zeiten das Risiko des Verlustes tragen muss. Eines bedingt das andere.

Im wirtschaftlichen Bereich ist in der Regel nichts eindeutig. Einerseits ist es zwar so, es kann aber auch anders sein. Deshalb verlangte z.B. der amerikanische Präsident Roosevelt in der Weltwirtschaftskrise nach "one-handed advisers", also nach einhändigen Beratern. Das kam so: einerseits heisst im Englischen "on the one hand", andererseits heisst "on the other hand". Roosevelt war es leid, dass seine Berater immer mit "einerseits" und "andererseits" argumentierten und ihm die Entscheidung überliessen. Deshalb sein Wunsch nach "einhändigen" Beratern. Dabei war diese Formulierung auch noch doppeldeutig, denn bekanntlich werden die Glücksspielautomaten in Las Vegas und Reno als "einarmige Banditen" bezeichnet. Aber im wirtschaftlichen Bereich gibt es nun einmal keine Eindeutigkeit und keine Gewissheit.

Nun können Sie sagen: Was haben Wasserbehälter mit Betrieben zu tun? Betriebe sind Einrichtungen von Menschen für Menschen. Das ist richtig, und deshalb wollen wir uns einem weiteren Phänomen zuwenden.

Vielleicht kennen Sie die sogenannten "Kippbilder". Sie können, ohne dass man irgendetwas daran ändert, gleichzeitig verschiedene Dinge bedeuten. Die folgende Abbildung 1 kann z.B. einerseits eine Schublade darstellen, in die man von oben hineinschaut, und bei der die Seite, welche mit "Führung" bezeichnet ist, die Rückseite darstellt. Es kann andererseits aber auch ein Karton sein, den man von vorne und von unten sieht, so dass die mit Führung bezeichnete Seite die Vorderseite ist. Beide Sichtweisen sind möglich, keine davon ist falsch! Und sie kippen plötzlich um! Deshalb spricht man von "Kippbildern"

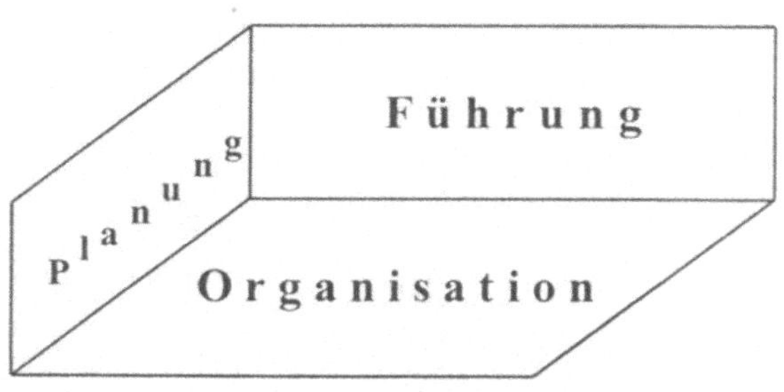

Abbildung 1: Einfaches Kippbild

Nun werden Sie einwenden: Auch ein Karton ist kein Mensch.
Deshalb schauen Sie sich bitte Abbildung 2a genau an. Stellt sie eine alte Frau dar oder ein junges, stupsnasiges Mädchen? Falls Sie nur das eine oder nur das andere sehen, seien Sie unbesorgt, ihre Augen und ihre Psyche sind ganz in Ordnung! Auch hier handelt es sich um ein Kippbild; warten Sie also einen Moment, und Sie werden das andere Bild sehen. Auch wenn Sie es nicht schaffen sollten, das Bild umkippen zu lassen, dann brauchen Sie nicht besorgt zu sein. Auf den Abbildungen 2b und 2c wird gezeigt, dass in Abbildung 2a wirklich zwei Personen enthalten sind. Was würden Sie also sagen, wenn Sie als Zeuge darüber aussagen sollen, ob es sich um ein junges Mädchen oder um eine alte Frau gehandelt hat? Sie können es nicht! Und was Sie auch sagen, es kann richtig und falsch sein!

Abbildung 2a: Stellt sie eine alte Frau oder ein junges Mädchen dar?

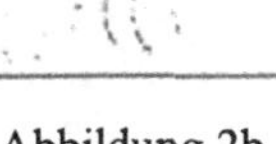

Abbildung 2b   Abbildung 2c

Für den Fall, dass es Ihnen nicht gelungen sein sollte, das Bild umkippen zu lassen, gebe ich Ihnen hier noch ein weiteres Bild (Abbildung 3). Sehen Sie darauf e i n e n Kopf? Oder sehen Sie d r e i Köpfe?

Abbildung 3: Zeigt sie einen oder drei Köpfe?

Was immer Sie sehen, einen oder drei Köpfe, Ihr Geist und Ihre Augen sind voll in Ordnung! Auch hier handelt es sich ganz einfach um ein solches Kippbild. Was soll nun mit diesen Kippbildern gezeigt werden?

In unserer kulturellen Entwicklung wurde vor etwas mehr als 2.300 Jahren eine sehr wichtige Entscheidung getroffen, die heute noch unser Leben stark beeinflusst: Damals entschied man sich für die philosophische Richtung bzw. das Weltbild des Aristoteles und gegen Heraklit. Dadurch übernahm das Abendland in Folge dieser äusserst wichtigen Entscheidung in seinem ganzen Denken das Weltbild und die Logik von Aristoteles. Darin enthalten waren u.a. das Gesetz vom ausgeschlossenen Dritten (nach dem es keine Kippbilder geben darf) und das statische Weltbild des Aristoteles. Verworfen wurde die dynamische Konzeption des Heraklit, der die Meinung vertrat "alles fliesst" mit der Folge, dass man "niemals zweimal in denselben Fluss" steigen kann, erstens weil der Fluss fliesst und zweitens weil man sich selbst verändert.

Durch diese Entscheidung wurde vieles in unserem Denken sehr stark vereinfacht, wovon vor allem die Naturwissenschaften sehr grosse Vorteile hatten: Eisen ist Eisen und bleibt Eisen, Kupfer ist Kupfer, und sie verhalten sich an allen Orten und zu allen Zeiten wie Eisen bzw. Kupfer. Aber unser Denken entspricht aufgrund dessen nicht mehr in a l l e m der Realität, vor allem nicht im wirtschaftlichen Bereich.

In unserem ganzen Recht, auch im Bilanz- und Steuerrecht, gilt z.B. der statische Grundsatz "Franken = Franken". Das hat enorme Konsequenzen. Wir wissen, dass der Wert des Frankens (und aller anderen Währungen) durch die Inflation im Lauf der Zeit abnimmt. Trotzdem können wir einen vor 20 Jahren aufgenommenen Kredit, der uns Geld damaliger (höherer) Kaufkraft brachte, heute in Franken heutiger (niedrigerer) Kaufkraft mit schuldbefreiender Wirkung zurückzahlen, und der Kreditgeber kann mit dem Hinweis auf die inzwischen eingetretene Geldentwertung keinen höheren Betrag verlangen als den Nominalbetrag, welchen er vor 20 Jahren gegeben hat. Das bringt dem Kreditnehmer einen erfreulichen Inflationsgewinn und dem Kreditgeber einen unangenehmen Inflationsverlust, den er hinnehmen muss.

In der Handels- und der Steuerbilanz bindet uns der statische Grundsatz "Franken = Franken" durch das Niederstwertprinzip auch dann an den Anschaffungswert, wenn dieser lange überholt und der Tageswert wesentlich höher ist. Das hat zur Folge, dass in unserer Rechnungslegung bei den Vermögensgütern, die noch nicht umgesetzt wurden und noch in der Bilanz stehen, verhindert wird, das sie von der Wirkung der Inflation erfasst werden. Sobald sie aber umgesetzt werden, führt es inflationsbedingt zu aufgeblähten, höheren Gewinnen, die voll versteuert werden müssen, obwohl zumindest teilweise nicht Gewinn vorliegt, sondern nur "Werttänderung am ruhenden Vermögen" (so Fritz Schmidt in seiner „Organischen Tageswertbilanz"). Nur der Staat meint, dass er gegen dieses Prinzip verstossen darf, z.B. indem er der Eigenmietwertbesteuerung nicht die Anschaffungswerte der Eigenheime zugrunde legt sondern die aktuellen Werte, d.h. den am Markt heute geltenden Tageswert. Das bringt dem Fiskus zwar mehr Steuereinnahmen, aber:

Es ist ein äusserst gefährlicher Verstoss gegen unsere Rechts- und Wirtschaftsordnung. Man stelle sich nur einmal vor, ein Kreditgeber, der vor 20 Jahren einen Kredit in Höhe von 300.000 Franken zum Kauf eines Grundstückes gegeben hatte, das heute 600.000 Franken wert und noch nicht bezahlt ist, verlangte, dass man heute nicht den Zins auf 300.000 sondern auf 600.000 Franken zahle. Mindestens ein mittlerer Volksaufstand wäre die Folge davon.

Es ist gewissermassen so, dass der Massstab, den man einem Kaufmann bzw. einem Unternehmungsführer als Grundlage seiner Rechnungslegung und Bilanzierung in die Hand gibt, nämlich die Währungseinheit, d.h. der Franken, der Schilling oder die D-Mark, kein Zollstock ist sondern ein Gummiband, das man unter Spannung halten muss, sonst zieht es sich zusammen. Politiker und Tarifpartner haben z.B. in den rund 50 Jahren, seitdem es die D-Mark gibt, bei diesem Gummiband soviel an Spannung verloren gehen lassen, dass das, was im Juni 1948 noch 1 Meter lang war, heute nur noch etwa 17 cm lang ist. Denn die Kaufkraft einer D-Mark ist heute gerade noch etwa 17 Pfennige von dem, was sie im Juni 1948 bei ihrer Einführung war.

Ein Naturwissenschaftler, ein Techniker oder gar ein Architekt würden sich weigern, solch einen Massstab zu benutzen. Der Kaufmann und der Unternehmer müssen damit arbeiten, und das ist einer der Gründe, warum ihre Arbeit so ausserordentlich schwierig ist. Aber für diese Schwierigkeit gibt es noch weitere Gründe.

In den Naturwissenschaften und in der Technik kann man experimentieren. Wissenschaftliche Beweise führt man dort, indem man zeigt, dass jeder, der von der gleichen Versuchsanordnung ausgehend die gleiche Vorgehensweise wählt, zum gleichen Ergebnis kommt. Im kaufmännisch-wirtschaftlichen Bereich ist das nicht möglich. Zunächst einmal muss man erhebliche ethisch-moralische Bedenken gegen Experimente mit Menschen erheben. Aber in der Erziehung bzw. in der Schule und in der Menschenführung geschieht dies ständig. Man denke nur einmal daran, was vor etwa 30 Jahren alles als antiautoritäre und frustrationsfreie Erziehung oder als Führung im Mitarbeiterverhältnis gelehrt und praktiziert worden ist. Und wenn denn solche Experimente durchgeführt werden, dann sind sie -im Unterschied zu Experimenten in den Naturwissenschaften- im Sinne von Heraklit nicht unter gleichen Bedingungen wiederholbar, und zwar mindestens aus drei Gründen:

- Im Unterschied zur Materie hat der Mensch ein Gedächtnis. Das, was er bei der ersten Durchführung eines Experimentes gelernt hat, das bringt er in die Wiederholung des Experimentes ein, so dass das Experiment schon deshalb nicht unter gleichen Bedingungen wiederholt werden kann. Ein kluger Mensch wird z.B. versuchen, einen Fehler nicht zwei Mal zu machen.

- Wenn ein Experiment längere Zeit dauert, lassen sich Wechselwirkungen zwischen den beobachteten Menschen und ihrem Beobachter nicht vermeiden. Das klassische Beispiel hierfür sind die Hawthorn-Experimente. Darin wurde eine ingenieurtechnische Untersuchung über den Zusammenhang zwischen der Beleuchtungsstärke und der Leistung von Arbeitern durchgeführt. Sie führte zu technisch nicht erklärbaren Ergebnissen. Als man die Intensität der Beleuchtung am Arbeitsplatz erhöhte, stieg die Leistung wie erwartet an. Aber: auch als man dann die Beleuchtungsstärke wieder verringerte, stieg die Leistung zunächst weiter; erst als die Beleuchtung nur noch mittlerem Mondlicht entsprach, fiel die Leistung wieder ab. Es dauerte ziemlich lange, bis man den Grund für diesen eigenartigen Sachverhalt fand: Die Forscher bemühten sich so intensiv um die Mitarbeit der an dem Experiment beteiligten Arbeitnehmer, dass ihr Führungsstil das Ergebnis des Experimentes viel stärker beeinflusste als die Beleuchtung. Daraus entstanden die Human-Relations. Die Hawthorn-Experimente sind gleichzeitig ein klassisches Beispiel dafür, wie vorsichtig man mit der sogenannten „ceteris paribus" Klausel sein muss, die voraussetzt, dass ausser dem veränderten Faktor alle anderen Einflussgrössen völlig unverändert bleiben.
- Der Mensch hat einen freien Willen; er muss nicht in einer bestimmten Weise reagieren, wie das bei der Materie oder einer Maschine der Fall ist. Um es an einem einfachen Beispiel darzustellen: Wenn man einer Dampfmaschine mehr Dampf macht, dann muss sie mehr leisten; wenn man dagegen versucht, einem Menschen mehr Dampf zu machen, dann kann sehr leicht genau das Gegenteil eintreten.

Noch aus einem weiteren Grund ist Handeln im kaufmännisch-wirtschaftlichen Bereich sehr schwierig. Im naturwissenschaftlich-technischen Bereich gibt es klare Ursache-Wirkungs-Zusammenhänge. Im kaufmännisch-wirtschaftlichen Bereich ist das häufig nicht der Fall. Lassen Sie mich auch dazu zwei einfache Beispiele geben.
Sie kennen sicher alle die Diskussion um Löhne und Preise. Die Gewerkschaften behaupten, dass die Preise die Löhne treiben, während die Arbeitgeber die Meinung vertreten, dass die Löhne höhere Preise zur Folge haben müssen und Preiserhöhungen regelmässig mit gestiegenen Lohnkosten begründen. Ein typisches Beispiel für die Problemfrage "Was war zuerst, die Henne oder das Ei?" K e i n e s von beidem stimmt. Beweisen kann man nur, dass keines von beiden ohne das andere möglich ist: Ohne gestiegene Lohneinkommen können die Preise nicht erhöht werden, weil kaufkräftige Nachfrage fehlt, und ohne höhere Preise können die Löhne nicht steigen, weil das Geld dafür fehlt, sie zu bezahlen, es sei denn, die Lohnerhöhungen sind nicht höher als die Produktivitätssteigerungen.
Den anstehenden Sachverhalt stellt folgende Abbildung 4 dar:

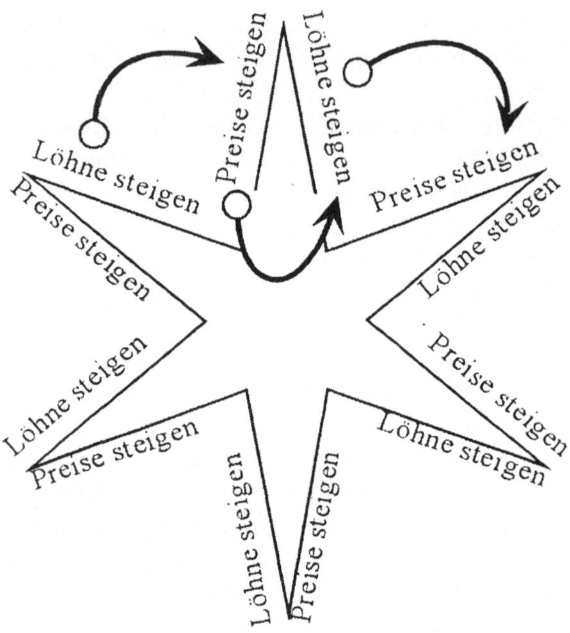

Abbildung 4: Der Zusammenhang zwischen Lohn- und Preissteigerungen, ein positiv-rückge-koppelter Regelkreis, ohne Anfang und ohne Ende, ohne nachweisbaren Ursache-Wirkungs-Zu-sammenhang (höhere Löhne und höhere Preise können Ursache und gleichzeitig Wirkung sein)

Derartige Zusammenhänge gibt es im ökononmischen Bereich sehr viele, aber nicht nur dort. Sie kennen z.B. wahrscheinlich alle die Diskussion um den sogenannten Treibhaus-Effekt. Dabei wird behauptet, dass der Anstieg von Kohlendioxid in der Atmosphäre dazu führe, dass die Erde sich erwärmt und uns in absehbarer Zeit eine gewaltige Katastrophe bevorstehe. Wissenschaftliche Untersuchungen haben auch gezeigt, dass die durchschnittliche Temperatur der Erde und der Kohlendioxidgehalt der Atmosphäre wirklich stramm positiv miteinander korreliert sind. Aber: Wahrscheinlich ist der höhere Kohlendioxidgehalt nicht die **Ursache** sondern die **Folge** der Erderwärmung. Denn sehr grosse Mengen Kohlendioxid sind in den Weltmeeren gebunden. Wenn diese wärmer werden, geben sie, wie eine Sprudelflasche, mehr Kohlendioxid in die Atmosphäre ab. Die Wärme der Erde und der Meere jedoch wird sehr wahrscheinlich viel, viel stärker durch die Menge der Wolken bestimmt, die ihrerseits durch die Sonnenflecken beeinflusst wird. Das soll nun nicht heissen, dass wir weiter ungehindert Kohlenstoff verbrennen dürfen, schon deshalb nicht, weil sein Vorrat beschränkt ist.

Ein weiteres Beispiel für den oft nicht zu trennenden Zusammenhang zwischen Ursache und Wirkung zeigt die folgende Abbildung 5 zum Verhältnis zwischen einem Meister und seinem Mitarbeiter:

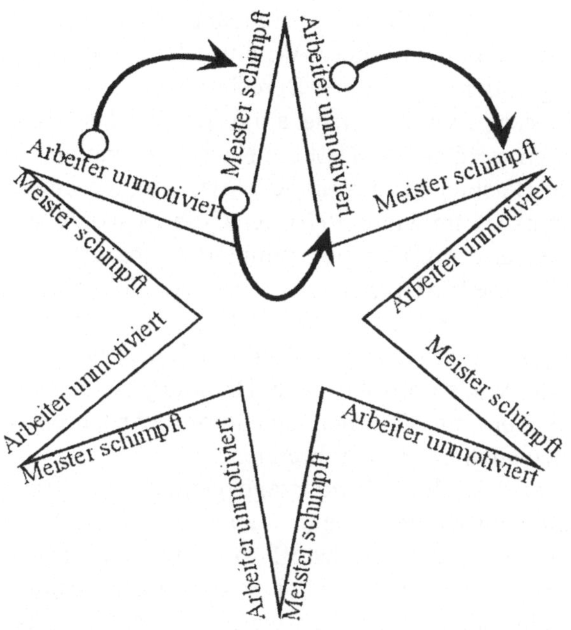

Abbildung 5: Zum Problem der Demotivation, ebenfalls ein positiv-rückgekoppelter Regelkreis

Weitere Sachverhalte, welche das Denken im ökonomischen bzw. betriebswirt-schaftlichen Bereich so sehr schwierig werden lassen, folgen aus der Tatsache, dass Menschen -im Unterschied zur Materie- denken können und, wie bereits erwähnt, einen freien Willen haben. Auch hierfür zwei einfache Beispiele.

Sie sind sicher mit mir der Meinung, dass ein Astronom, der sich mit den schier unendlichen Weiten des Weltraumes beschäftigt, eine sehr schwierige Wissenschaft betreibt. Trotzdem ist das, was er tut, einfach im Vergleich zu dem, was ein Ökonom oder ein Unternehmungsführer zu leisten hat. Wenn ein Astronom z.B. ausrechnet, wo der Mond morgen Abend um 20.00 Uhr stehen wird, dann erfordert das sicher recht komplizierte Rechnungen. Aber: Den Mond kümmert das nicht im geringsten, er wird wie üblich seine Bahn ziehen. Wäre der Mond ein Mensch, dann könnte er aus der Reihe tanzen, was bei Menschen gelegentlich vorkommen soll. Dann würden die Berechnungen des Astronomen, selbst bei grösster mathematischer Genauigkeit, kein exaktes Ergebnis liefern. Ein Problem, das Marketing und Werbung so sehr schwierig sein lässt. Deshalb die wenig weiterführende Erkenntnis: Wir wissen, dass der halbe Werbeaufwand zwar vergeblich (und dennoch nicht umsonst) ist, aber wir wissen leider nicht welche Hälfte!

Eine Folge davon, dass Menschen denkende Wesen sind, führt uns zu den sich selbst erfüllenden oder sich selbst widerlegenden Voraussagen.

Ein Beispiel für eine sich von selbst erfüllende Voraussage ist folgendes: Wenn eine sehr grosse Bank oder ein sehr grosser Anlageberater den Kauf einer bestimmten Aktie empfiehlt, weil seine Trendanalysen einen Kursanstieg dieser Aktie erwarten lassen, dann wird diese Aktie in aller Regel wirklich im Kurs steigen; aber nicht wegen der angestellten Berechnungen, sondern weil es genügend viele Interessenten geben wird, welche aufgrund der ausgesprochenen Empfehlung die Aktie kaufen werden. Das lässt die Nachfrage und den Kurs steigen.

Nun auch noch ein Beispiel für das umgekehrte, nämlich eine sich selbst widerlegende Voraussage: Als im Jahre 1970 der Club of Rome seine mit Hilfe von Industrial Dynamics, also mit Computersimulation und grosser Expertise errechnete Voraussage über die "Grenzen des Wachstums" publizierte, stand darin unter anderem, dass der Weltvorrat an Petroleum (Rohöl) bei dem als wahrscheinlich angenommenen exponentiell steigenden Verbrauch bereits in 20 Jahren, also 1990 erschöpft sein werde (vgl. rororo-Ausgabe, Hamburg 1973, S. 48). Danach würde heute kein einziges Auto mit Verbrennungsmotor mehr fahren können und unsere Ölheizungen würden auch nicht mehr brennen.

Allein die Tatsache, dass diese Voraussage gemacht worden ist, führte jedoch dazu, dass sie nicht wahr werden konnte. Viele Firmen und Menschen sagten sich nämlich: Wenn ein so wichtiger Rohstoff so knapp werden wird, dann lässt das seinen Preis steigen, so dass es sich lohnt, in die Erschliessung neuer Ölfelder zu investieren. Die Folge dieser Verhaltensweise ist nicht nur, dass wir auch 1999 noch Benzin genug haben und Auto fahren können, sondern dass die bekannten Ölreserven heute höher sind als sie 1970 waren, und bei der heutigen Entwicklung des Ölverbrauches sicher noch 50 Jahre reichen werden.

Da mein Vortrag in einer Hochschule gehalten wird, wäre er unvollständig, wenn nicht ganz kurz noch etwas dazu gesagt würde, wie man diese Art des Denkens lernen und lehren kann.

Diese Art zu denken setzt natürlich zunächst einmal die Fähigkeit zum logisch exakten, analytischen und widerspruchsfreien Denken voraus, wie man sie etwa in der Mathematik, vielleicht mehr noch beim Programmieren eines Computers erlernen und anwenden kann; sozusagen das, was man üblicherweise kurz als Intelligenz bezeichnet. Aber das genügt nicht. Denn mit den traditionellen Lehrmethoden lassen sich nicht alle Fähigkeiten vermitteln, die ein Betriebsleiter braucht, um Erfolg zu haben.

Als Ergänzung der Fähigkeit zum analytischen Denken müssen Fähigkeiten hinzukommen, welche in den Bereich der emotionalen Intelligenz gehören, welche mit Erfahrung zu tun haben, mit systematischem, ganzheitlichem Denken, mit der Fähigkeit, kreativ zu sein, überzeugen zu können, Konzeptionen entwickeln und durchsetzen zu können. Unsere üblichen Ausbildungsmethoden leisten das nicht in hinreichendem Masse. Den Erwerb der Fähigkeiten zu dieser Art des Denkens allein von der Sammlung von Erfahrungen zu erhoffen, ist problematisch. Erfahrungen sammeln kostet Zeit und kann dazu führen, dass man teures Lehrgeld bezahlen muss; dieser Weg ist also teuer. Deshalb muss man die heute üblichen Ausbildungsmethoden durch aktive Lehrmethoden ergänzen, welche das Lernen aus eigener Erfahrung anzunähern und nachzubilden gestatten. Zu diesen aktiven Lehrmethoden zählen:

- Falldiskussionen. Darunter wird die Diskussion p r a k t i s c h e r Fälle verstanden, also nicht nur von sogenannten „arm chair cases", die sich jemand im Lehnstuhl sitzend ausgedacht hat. In diesen Falldiskussionen soll man lernen, wie eine komplexe Situation analysiert, wie das anstehende Problem erkannt und formuliert wird, und wie schliesslich eine problemadäquate Entscheidung getroffen wird.

- Incident Processes. Sie gehen insoweit über die Falldiskussionen hinaus, als darin nicht -wie in den Falldiskussionen üblich- alles verfügbare Material im voraus geballt und vollständig zur Verfügung gestellt werden, denn das entspricht nicht der Realität. Die Teilnehmer an solchen Veranstaltungen sollen vielmehr lernen, nach weiterem Material zu fragen und zu suchen, und dies in die Lösung eines konkreten Problems, eines praktischen Falles einzubeziehen. Dabei werden ihnen zusätzlich zu einer für alle Teilnehmer gleichen Grundinformation nur die Informationen zur Verfügung gestellt, nach denen sie gefragt oder gesucht haben.

- Soziales Rollenspiel. Diesen kommt vor allem in den Bereichen Führungsverhalten, Konflikthandhabung, Durchsetzung von Entscheidungen und Politiken grosse Bedeutung zu.

- Planspiele. Ihre Bedeutung liegt vor allem
    - in der Einbeziehung des Zeitablaufes,
    - in der Erlernung von Kooperation und Teamarbeit sowie
    - in der Möglichkeit, aus gemachten Fehlern zu lernen, ohne dass das Lehrgeld, das man dafür zahlen muss, zu teuer wird.

Diesen aktiven Lehrmethoden kommt in der Ausbildung zukünftiger Führungskräfte der Wirtschaft eine kaum zu überschätzende Bedeutung zu. Wir sollten sie deshalb in der wirtschaftswissenschaftlichen Ausbildung viel stärker einsetzen als das bisher der Fall war. Die neuerdings rückläufigen Studentenzahlen geben uns inzwischen auch die Möglichkeit dazu. Aktive Lehrmethoden sind allerdings personalintensiver als traditionelle Vorlesungen. Ihre Anwendung ist deshalb nur dann möglich, wenn wir den Rückgang der Studentenzahlen nicht zum Anlass nehmen, auch die Zahl der Dozenten zu reduzieren.

Wirtschaftsinformatiker - ein Berufsbild

Dr. Peter Ritter

Wissen ist Macht. So lautet der Slogan, der den Beruf des Wirtschaftsinformatikers scheinbar am besten umschreibt.

Aber, was sind die Voraussetzungen, damit dieser Machtanspruch erfüllt werden kann? Mir scheint, dass sich hinter diesem Machtanspruch ein Traum - ein wie jeder menschliche - ein unerfüllbarer verbirgt. Und die Geschichte, sie behandelt ja, so wie wir sie lehren und gelernt haben, nur den Untergang der jeweils Mächtigen. Offensichtlich deswegen, weil sie zu wenig gewusst haben!

Wissen ist Staunen und Bescheidenheit. Das wohl grösste Problem des Menschen ist die Tatsache, dass er nicht prognosefähig ist. Denn von dieser Prognosefähigkeit hängt seine Sicherheit, die Sicherheit seiner Handlungen und Entscheidungen, letztlich der Sinn seines Lebens ab. Denn, für was lebt der Mensch denn eigentlich? Nur damit er ein Jammertal auf seinem Weg ins Jenseits besser oder schlechter durchschreitet? Diese letztere Fragestellung kann nicht Inhalt dieses Aufsatzes sein.

Nehmen wir uns zurück. Wir wollen unseren Lebensweg hier und in dieser Welt halbwegs sicher und verantwortungsbewusst gehen. Dies heisst, dass wir uns verantwortlich - uns selbst gegenüber und der Gemeinschaft - verhalten. Dies setzt Wissen und die Bereitschaft zur Verantwortung um die Wirkung unserer Entscheidungen und Handlungen voraus.

Die Geschichte der Mittel und Massnahmen, die wir zum Gewinn von tradierbarem und voraussagefähigen Wissen verwendet haben, ist die Geschichte der Wissenschaft. Also wörtlich: „Wie schaffen wir Wissen?" Von der Astrologie zur Astronomie, vom Glauben über die Philosophie zur Wissenschaft führt ein zwar verschlungener, aber doch mehr oder weniger gradliniger Weg.

Immer wieder werde ich bei Betrachtung dieses Weges an die Berufsentscheidung von Werner Heisenberg erinnert. Ihm hatte ein Freund des Vaters, ein berühmter Physikprofessor, davon abgeraten Physik zu studieren. Denn die Physik, so behauptete er zu Beginn dieses Jahrhunderts, habe alle wesentlichen Fragen schon geklärt. Er riet dem jungen Heisenberg Mathematik zu studieren, was er dann auch tat. Und dieser junge Mann wurde einer der bedeutendsten Physiker unseres Jahrhunderts.

Wissen, so scheint es mir, hat uns die Büchse der Pandora geöffnet. Denn je mehr wir in die Tiefe der Problemstellungen eintraten, um so mehr erfuhren wir vom Wunder der Welt. Durch das Mikroskop, diesen umgekehrten Trichter der Gelehrsamkeit, erkannten wir Welten, die unseren Ahnen unbekannt waren. Durch die Teleskope fanden wir einen Kosmos, der nicht mehr durch Himmel und Hölle beschränkt zu sein scheint.

Die Sozialwissenschaften und die Medizin eröffneten uns Einblicke in uns selbst, die uns unsere Komplexität und die unserer Stammesgeschichte als äusserst komplexe Wachstumsrozesse erkennen liessen.

Verlässlichkeit ist nicht mehr mit linearem Denken zu erlangen. Längst hat uns die Chaostheorie und die Systemlehre beigebracht, dass wir die komplexen Systeme und die in ihnen herrschenden Abläufe nur schlecht und recht erahnen können. Wir wissen heute, dass wir nur in Ausnahmefällen in der Lage sind, Wahrheiten formulieren können. Wir Menschen stellen und damit auch alle von uns produzierten Techniken und Geräte nur Wirklichkeiten dar. Und wir haben langsam, sehr langsam zur Kenntnis genommen, dass der grösste Erfolg menschlichen Wissens und Handelns darin besteht, dass wir uns einer ausser uns bestehenden und auch nur von uns selbst vorgestellten Realität annähern können.

Die Büchse der Pandora scheint noch grösser zu sein, als sich die Sage dies vostellen wollte. Wir sind heute in der Lage des Zauberlehrlings von Goethe. Wissen quillt unaufhörlich und ständig anschwellend aus allen Ritzen auf uns zu.

Der Versuch, diesen unbändigen Schwall von Wissen und Informationen zu beherrschen scheint gescheitert. Um Wissen zu erwerben und zu bannen und in tradierbare Informationen umzuwandeln haben wir immer neue und in der jeweiligen Zeit taugliche Werkzeuge erfunden und zu erfinden. Dies waren die Sprache, Symbole, Bilder, die Schrift, Ziffern und Zahlen, Bücher, Bibliotheken und letztlich den Computer. Und wir Heutige sind offensichtlich der Ansicht, dass Wissen in Form von elektronisch gespeicherten und abrufbaren Informationen wirkungsvoll weitergeben kann. Und wir übersehen dabei, dass wir uns einer neuartigen Kodierung, eines bei uns zunächst nicht gebräuchlichen Zahlensystems bedienen. Dabei lassen wir auch ausser Acht, dass jede Art kodierter Informationen nur in einem Kommunikationsprozess, der immer einen Geber (Sender) auch einen Nehmer (Empfänger) voraussetzt, weiter gegeben werden können.

Denn über das Gelingen eines Kommunikationsprozesses entscheidet nicht der Sender, sondern der Empfänger. Erst eine angekommene und verstandene Botschaft ist die Basis des nächsten zielführenden Schrittes. Und alle Informationen und deren Austausch müssen letztlich den Menschen erreichen. Denn nur der Mensch kann die ihm zukommenden Informationen zu Entscheidungen und

Handlungen umsetzen oder diese letztlich kontrollieren und abermals durch neues Einbringen in den Prozess auch verändern.

Unser Faktenwissen ist so gross und umfangreich geworden und verdoppelt sich in immer kürzer werdenden Zeitabständen (derzeit geht man von sieben Jahren aus). Und unser Wissen ist in einem globalen virtuellen Netzwerk - das Werkzeug der Gegenwart und wahrscheinlich auch der Zukunft - enthalten. Nicht Produkte, die aus verschiedenen Teilen sich zusammensetzen können; nicht materielle Gegenstände, die letztlich dem Verbrauch zugeführt werden, sondern immaterielle Informationen, die zu immer neuem Gebrauch verwendet werden können, sind die Produkte unserer Arbeit geworden.

Unser Wissen ist in grosse Segmente aufgeteilt, die nur noch Spezialisten erkennen und beherrschen. Und die Zahl der Spezialisten wächst mit dem Umfang des Wissens ständig. Die Pysik, Chemie, Medizin, Technik, Sozialwissenschaften wie Psychologie, Soziologie, Wirtschaft und Juristerei haben sich in Spezialdisziplinen aufgefächert, in denen eigene Sprachen gesprochen werden. Selbst der gebildetste Mensch kann nur noch in einer Art Metasprache Sprach-, Denk- und Verhaltensmuster erkennen.

Was bedeutet all dies für den Wirtschaftsinformatiker?

Gerade die Ungewissheit und die Unwissenheit der Menschen sind seine grösste Herausforderung! Dieser muss sich auch in dem Bereich der Wirtschaftsinformatik der Spezialist stellen. Und dies ist eine andauernde und nur dann erfüllbare Aufgabe, wenn sich in dem Berufsbild des Informatikers der Fluss, der dauernd ansteigende Fluss des Wissens, als ein wesentliches Element seiner Tätigkeit und seiner Aufgabe verankert.

Nicht nur werden sich der Umfang und der Inhalt der zu verarbeitenden Informationen und die auf ihnen aufbauenden Kommunikationsprozesse und deren Inhalte und Formen ständig vermehren und wandeln. Die verwendeten Werkzeuge stehen heute erst am Anfang ihrer Entwicklung, dies sowohl bezogen auf die Soft- und Hardware, ganz besonders aber auf die Verbindungsmöglichkeiten, die sich durch neue Telekommunikationseinrichtungen ergeben werden.

Was ist also das Berufsbild des Wirtschaftsinformatikers. Eigentlich ein sehr menschliches. Es heisst: Lebenslanges Lernen und Lehren! Es erfordert die Erkenntnis, dass Leben ein ständiger Veränderungsprozess ist und dieser bestenfalls von sich immer wieder verändernden Annahmen gesteuert und bestimmt wird. Annahmen, die wiederum nur von Menschen aus ihrem jeweiligen Wissenstand stammen und diesen reflektieren. Und der Wirtschaftsinformatiker bedarf einer besonderen ethischen Ausbildung. Denn seine Tätigkeit ist nicht nur eine bloss gebende, sie ist auch eine prüfende und auswählende. Sie ist aber immer eine

Dienstleistung im Rahmen der sich neu bildenden Interaktion von Menschen zum Wohle der Menschen.

Rupert Lay, Weisheit für Unweise, ECON Verlag 1998:

Nichts darf als selbstverständlich verstanden werden.

Nur in dem es sich verändert, bleibt:

- das Wahre wahr;
- das Gute gut;
- das Sinnvolle sinnvoll und
- das Nützliche nützlich.

Am Beginn des Studiums und noch mehr am Beginn des Berufslebens steht jedoch eine wesentliche Entscheidung. Sie ist eine persönliche. Die Fragestellung ist wesentlich auf die Fähigkeiten und Talente des Informatikers bezogen. Denn neben der Kenntnis der Arbeitsmittel, der Techniken, muss die Frage nach den Gebieten, in denen der Informatiker seinen Dienst anbieten und erfüllen will, beantwortet werden. Dabei ist die Frage müssig, ob das Hauptaugenmerk der zukünftigen Tätigkeit der spezifischen beruflichen Technik gilt oder nicht. Die Frage bezieht sich auf die beruflichen Wirkungsfelder.

Ohne Definition der Wirkungsfelder scheint mir der Beruf des Informatikers nicht erfüllbar zu sein und daher auch für den Informatiker keine wirkliche Herausforderung. Ohne diese Definition ist keine wirksame Zielsetzung und persönliche, wie berufliche Befriedigung zu erlangen.

Im Titel „Wirtschaftsinformatiker" ist so ein Wirkungsfeld angegeben. Es gibt auch das Bild des „Wissenschaftsinformatikers" und viele andere mehr. Dies sind aber nur Überbegriffe, die wiederum in Spezialgebiete sich aufspalten. Um vorhandene Informationen so zu sammeln und aufzubereiten, dass sie dem sie nutzenden Entscheidungsträger eine wirkliche Hilfe bedeuten, wird von dem Informatiker eine besondere Fachkennntnis gefordert werden. Also die Kenntnis bestimmter Fachgebiete wie z. B. im Rahmen der Finanzdienstleistungen - das Kreditwesen und die Art der Kredite, des Rechnungswesens und der Bilanzvorschriften, der Anlagemöglichkeiten und der Märkte, aber auch des Personalwesens, wie z. B. Bildungsanforderungen, Personalführungssysteme, Weiterbildungsmöglichkeiten, Produktivitätserfassungen, Sozialversicherungen, Pensionskassen, Pensionierungssysteme etc.. Selbstverständlich kann sich das Interessensgebiet des Informatikers auch auf die technischen Systeme und deren Einsatz und Evaluation beziehen. Aber auch dazu sind weitere Spezialkenntnisse notwendig.

Von ganz besonderer Bedeutung werden aber die eigentlichen Kommunikationsfähigkeiten des Informatikers sein. Denn er und gerade er muss sich dessen bewusst sein, dass die von ihm zusammengetragenen Informationen häufig, wenn nicht sogar immer auf eine Vorurteilsstruktur des Empfängers seiner Dienstleistung treffen. Und der verantwortliche Empfänger der Informationen kann diese nur dann in Entscheidungen und Handlungen umsetzen, wenn er selbst davon überzeugt ist, dass die ihm zugänglichen Informationen ein Optimum an Vollständigkeit darstellen. So wird die Verantwortung des Informatikers eine doppelte. Denn seine Informationen sollen zu Entscheidungen von Dritten führen und die Wirkung dieser Entscheidungen hängt wiederum zu einem guten Teil von der Verlässlichkeit der vom Informatiker vermittelten Grundlagen ab.

Der Informatiker ist Dienstleister. Und er kann seinen Beruf nur dann erfüllen, wenn er sich dieser vorarbeitenden und gestalterischen Aufgabe bewusst ist. Denn es mag bei einer Vielzahl von Entscheidungen auch der Fall sein, dass die von ihm erarbeitete Information mit den Kriterien, die andere Entscheidungsträger zu berücksichtigen haben, kollidiert. Der Informatiker muss sich daher immer bewusst sein, dass auch seine Tätigkeit nur eine Hilfestellung in einem komplexen Prozess ist, in dem verschienste Imputs erst zum, wenn auch nur kurzfristigen optimalen Verlauf führen.

Der Informatiker ist Teil eines andauernden Suchprozesses nach der gegenwärtig besten Lösung von Problemen. Sein Input verändert den Prozess in dem er tätig ist und den er mitgestaltet und weiter beobachten muss und durch seine Tätigkeit zu verbessern trachtet. Ein dauernder Lernprozess, der die Interaktionsformen der Zukunft, ihre Zielsetzungen und Voraussetzungen immer aufs neue in seine Tätigkeit mit ein beziehen muss.

Business-to-Business-Community - Ein Projekt der Berliner Landesinitiative „Projekt Zukunft"

Prof. Dr. Thomas Pietsch
FHTW Berlin

1 Einleitung

Information und Gesellschaft heisst ein Themenblock des ersten Liechtensteiner Wirtschaftsinformatik-Symposiums. Der aus diesen Worten zu bildende Begriff Informationsgesellschaft ist ein vielfach gebrauchtes Schlagwort, um die heute existierenden Chancen und Gefahren der Informationsverarbeitung und Kommunikation zu diskutieren. Von diesen Chancen und Gefahren sind Privatpersonen, Unternehmen und öffentliche Instituionen individuell betroffen. Darüber hinaus verändert sich aber auch die Gesellschaft, d. h. das Zusammenleben in einer sozialen Gemeinschaft.

Vor diesem Hintergrund hat der Senat von Berlin 1998 das „Projekt Zukunft - Der Berliner Weg in die Informationsgesellschaft" ins Leben gerufen. Hierin beschäftigen sich fünf Fachkreise, in denen namhafte Vertreter aus Wirtschaft, Wissenschaft und Politik zusammenarbeiten, mit den verschiedenen Facetten dieser Thematik.

2 Projekt Zukunft - Der Berliner Weg in die Informationsgesellschaft

Die Voraussetzungen für innovative Konzepte der Informationsverarbeitungs- und Kommunikationstechnologie sind geschaffen. Kommunikationsinfrastruktur, innovative Unternehmen und Wissenschaftseinrichtungen stellen ein grosses Potential dar. Damit dieses Potential genutzt wird, sorgt das Projekt Zukunft für eine Zusammenarbeit über alle Politikfelder und auf breiter gesellschaftlicher Basis. Das Ziel ist es, Berlin als Zukunftswerkstatt, Modellstadt und Referenzmarkt für innovative Anwendungen und Dienstleistungen zu etablieren.

Das Projekt Zukunft gibt allen Akteuren und Beteiligten ein gemeinsames Dach, unter dem innovative Ideen in die Praxis umgesetzt werden können. Dazu konzentriert sich die gesamte Initiative auf fünf Aktionsfelder.

- Berlin - Zentrum des wirtschaftlichen und ökologischen Wandels
- Berlin - Stadt des Wissens
- Berlin - Stadt der Logistik
- Berlin - die offene Stadt
- Berlin - Verwaltung interaktiv

Zu diesen Aktionsfeldern wurden jeweils Fachkreise ins Leben gerufen, deren Aufgabe darin besteht, dass kreative Ideen in die Praxis umgesetzt werden. Das hier dargestellte Projekt ist innerhalb des Fachkreises "Berlin - Zentrum des Wandels" in der Arbeitsgruppe „Unternehmen der Zukunft" angesiedelt (vgl. Abbildung 1).

3 Fachkreis „Berlin - Zentrum des Wandels"

Ausgangspunkt für die Arbeit des Fachkreises ist die Problematik, dass sich in einer immer schnellebigeren Geschäftswelt Veränderungen ergeben, die sich den Unternehmen in gleicher Weise als Chancen als auch in Form von Gefahren darstellen. Um den vorteilhaften Aspekt der Chance nutzen zu können, sind die Unternehmen gezwungen, sich schnell und flexibel den dynamischen Veränderungen anzupassen. Eine tragende Rolle spielt dabei die Lernfähigkeit der Unternehmen, die ihnen dazu verhilft, sich ständig zu verbessern und flexibel weiterzuentwickeln. Allerdings können die Unternehmen den Wandel nur bewältigen, wenn sie bereit sind, voneinander und miteinander zu lernen. Von wesentlicher Bedeutung sind dabei moderne Technologien, insbesondere Informations- und Kommunikationstechnologien.
Unternehmen der Zukunft gestalten den Wandel. In der Arbeitsgruppe „Unternehmen der Zukunft" werden Wandlungsprozesse der Unternehmen von der wirtschaftlichen Seite vor dem Hintergrund des Entstehens neuer technischer Möglichkeiten, neuer Berufe, neuer Branchen und neuer Märkte betrachtet. Zu diesem Zweck wurde der Gedanke der „Business-to-Business-Community" entwickelt, der schrittweise verfolgt und konzeptionell umgesetzt werden soll. Die Problemstellung des Vorhabens wird durch die folgenden Aspekte beschrieben:

- Veränderungen in der Geschäftswelt beinhalten Chancen und Gefahren.
- Wandlungsprozesse sind zu bewältigen.
- Unternehmen müssen den Wandel antizipieren.
- Einen wesentlichen Einfluss haben moderne Technologien.
- Partnerschaftliche Bewältigung des Wandels als Lösungskonzept.

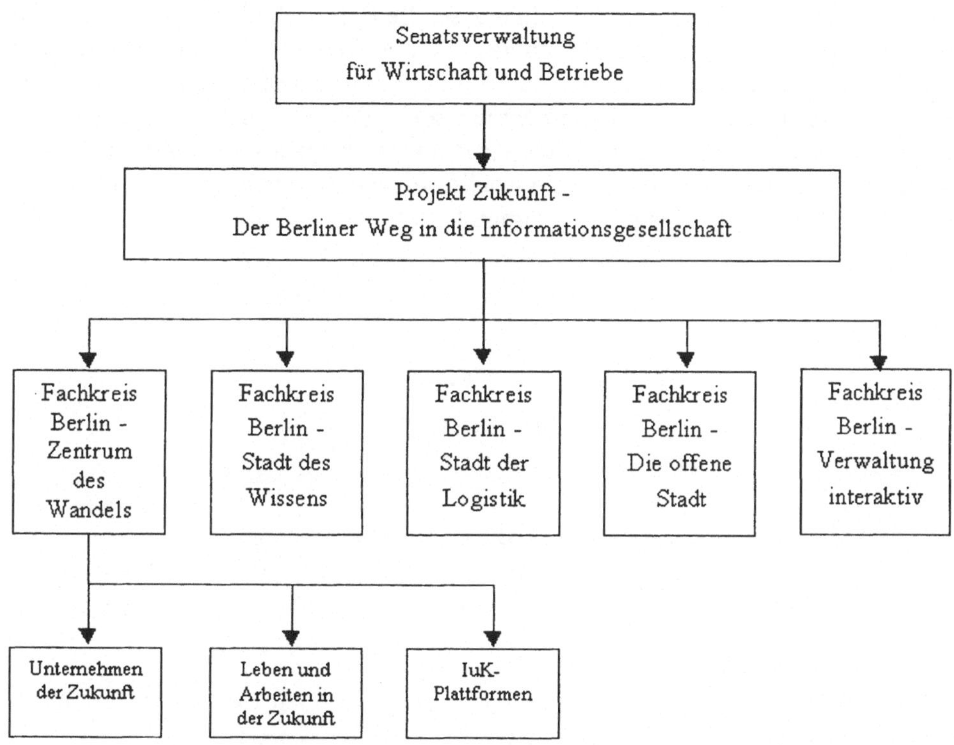

Abbildung 1: Projekt Zukunft - Überblick über die Projektstruktur

4 Unternehmensbefragung zu Kooperationen - Ziel und Ansatzpunkte

Eine Business-to-Business-Community muss evolutionär entstehen. Sie muss von innen heraus wachsen und darf nicht von aussen „übergestülpt" werden. Allerdings - so die einhellige Meinung innerhalb der Arbeitsgruppe „Unternehmen der Zukunft" - muss es möglich sein, diesen Entstehungs- und Wachstumsprozess zu initiieren und zu fördern. Dies kann dadurch erfolgen, dass ein Rahmen geschaffen und ein „Startangebot" bereitgestellt wird. Wenn der Rahmen anwendergerecht gestaltet ist, die ersten Inhalte dem Bedarf der Mitglieder entsprechen und das Konzept so offen gehalten ist, dass die Gemeinschaft organisatorisch und inhaltlich evolutionär wachsen kann, wird die Community das angestrebte Eigenleben entwickeln.

So war es erforderlich, zunächst das Interesse, die Bereitschaft zur Teilnahme und das derzeitige Verhalten hinsichtlich der Möglichkeiten und des Nutzens von Business-to-Business-Communities zu ermitteln, d. h. eine Befragung von Unternehmen durchzuführen. Den Unternehmen sollte die Gelegenheit gegeben werden, Ideen, Anregungen und Empfehlungen in das Projekt einfliessen zu lassen. Ausgangspunkt dafür war ein erster visueller Ideenentwurf für das Umsetzen der Thematik „Business-to-Business-Community".

Abbildung 2:   Ausgangsvorstellung für die „Business-to-Business-Community"

Das Ziel der Befragung lag also vor allem darin, das Interesse, die Verhaltensweisen und die Vorstellungen der befragten Unternehmen hinsichtlich des - bewusst weit gefassten - Themas „Kooperationsgemeinschaften" zu ermitteln und ihre Ideen hinsichtlich der Gestaltung und Umsetzung eines solchen Konzeptes zu erfahren.
Weiterhin sollten mögliche Vorurteile, wie Konkurrenzdenken oder schlechte Erfahrungen aus bereits laufenden Kooperationen, aufgezeigt werden, um auf diese im Rahmen des Projektes schon im Vorfeld eingehen zu können. Von Interesse ist es auch zu sehen, ob sich einzelne Unternehmen bereits Gedanken zu einer solchen Zusammenarbeit gemacht haben und wie ihre Ideen zur Realisierung aussehen.
Die Befragung war daher als Bedarfsanalyse und Ideensammlung zum Thema "Business-to-Business-Community" konzipiert. Sie sollte die Grundlage schaffen, um ein Konzept zur Umsetzung und Gestaltung einer Business-to-Business-Community zu erstellen.

5 Erkenntnisse für die Business-to-Business-Community

Mit 54 Unternehmen wurde im Laufe des Projektes gesprochen. Bei den befragten Unternehmen handelte es sich zu 69% um Dienstleistungsunternehmen, die weiteren Unternehmen kamen aus den Bereichen Produktion, Handel und der öffentlichen Verwaltung. Als Gesprächspartner standen zum grössten Teil Geschäftsführer zur Verfügung. Sehr häufig war auch das obere und das mittlere Management vertreten.

Hinsichtlich der Mitarbeiteranzahl und des Alters der Unternehmen war das Spektrum recht breit, wobei ein Übergewicht der kleineren (bis 50 Mitarbeiter) und jüngeren Unternehmen zu verzeichnen war. 50% der befragten Unternehmen haben weniger als 50 Mitarbeiter und sind jünger als sechs Jahre.

6 Gesprächsergebnisse

An dieser Stelle wird eine Auswahl der im Interview erörterten Fragen vorgestellt, um später aus einer Zusammenfassung der Ergebnisse Ideen und Schlussfolgerungen für das Projekt abzuleiten.

6.1 Auf welchen Gebieten kooperiert ihr Unternehmen bereits mit anderen Unternehmen?

In den teuren Tätigkeitsbereichen, wie Vertrieb (21 Nennungen), Produktion (11), Schulung (11), F&E (10) sind Kooperationen bereits an der Tagesordnung. Weiterhin wurden aber auch Gebiete genannt, wie die Zusammenarbeit in technischen Bereichen (z.B. Gerätetechnik, SAP. Telekommunikation), mit Behörden und öffentlichen Institutionen und mit Bereichen innerhalb des eigenen Konzerns.

Es kann gefolgert werden, dass es sich in der heutigen Zeit der Globalisierung kein Unternehmen mehr leisten kann, auf Kooperationen völlig zu verzichten.

6.2 Welche Vorteile haben Sie von der Kooperation?

Im wesentlichen sehen die befragten Gesprächspartner in der Kooperation positive Effekte darin, dass ihre Aktivitäten gegenüber der individuellen Bearbeitung rationeller betrieben werden können. Hieraus resultieren die Angaben zur **Effizienzsteigerung:** Kosten und Zeit einsparen, Umsatz steigern, besser auslasten.

Bemerkenswert ist jedoch, dass auch Effektivitätsziele verfolgt werden. Die Unternehmen können durch die Kooperation mit Partnern auf Gebieten agieren, die ihnen langfristig erfolgversprechend erscheinen und auf denen sie alleine nicht oder nur mit einem ungleich höheren Aufwand agieren könnten. D.h. die Kooperation ermöglicht es ihnen, ihre Ressourcen in die jeweils attraktiven Bereiche des Wettbewerbs zu lenken.

Effektivitätsverbesserung: Angebot erweitern, Service verbessern, Know-how-Transfer.

Das Differenzieren des eigenen Unternehmens von denen der Mitbewerber wird immer wichtiger. Da dies jedoch über das Produkt im engeren Sinne nur begrenzt möglich ist, gewinnen Faktoren wie Service, Reaktionsgeschwindigkeit, Kundenzufriedenheit und daraus resultierend Image, immer stärker an Bedeutung. Der Übergang zur Dienstleistungsgesellschaft findet hier also bereits in vollem Umfang statt.

6.3 Welche Hindernisse könnte es aus Ihrer Sicht bei dieser Form der Zusammenarbeit geben?

Die Hindernisse der Kooperation werden überwiegend im Bereich der schwer greifbaren „Soft Facts" gesehen. Hierbei haben 50 Prozent der befragten Unternehmen das gegenseitige Vertrauen und die menschlichen Aspekte angeführt. Explizit wurden hierbei die persönliche Beziehung, Kommunikationsschwierigkeiten sowie die Denkhaltung der Beteiligten genannt.

Mit 22 Prozent sahen deutlich weniger Unternehmen die Gefahr in der Konkurrenzsituation. Dabei wurden u. a. unterschiedliche Ziele, verschiedene Interessen sowie das unterschiedliche Engagement der Partnerunternehmen angesprochen.

Nahezu gleich häufig wurde von 20 Prozent der Gesprächspartner die Gefahr des Abflusses von Know-how angeführt. Dies wurde mit ergänzenden Aspekten, wie Einblick in Interna, Preisgeben eigener Ideen, Aufdecken eigener Schwächen untermauert.

Eindeutig war in vielen Interviews der Hinweis der Gesprächspartner, dass es bei jeglicher Form der Kooperation - ob virtuell mit Hilfe moderner Technologien oder in der bisher praktizierten Partnerschaft - unverzichtbar ist, einen kontinuierlich zu pflegenden persönlichen Kontakt zu schaffen.

Besonders das Vertrauen und die menschlichen Aspekte mit 50% müssen hier näher betrachtet werden. Damit eine Business-to-Business-Community funktioniert, müssen diese Argumente ernst genommen und Massnahmen zum Lösen dieses Konfliktes entwickelt werden.

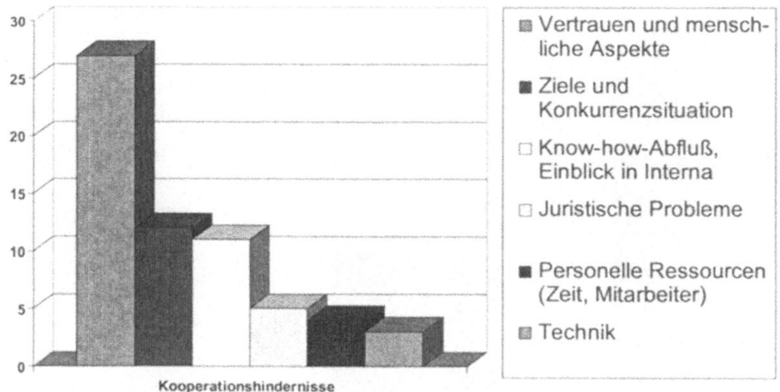

Abbildung 3: In den Interviews genannte Kooperationshindernisse

6.4 Was würden Sie in eine solche Kooperation einbringen?

Im Gegensatz zu den Vermutungen der Teilprojektteams, die zu Beginn des Projektes die Meinung vertraten, dass sich Unternehmen nur an solchen Kooperationen beteiligen würden, die sie nichts kosten, machten die Gesprächspartner hierzu doch einige Angebote.

Dabei ist das Spektrum der Angebote breit und hängt von der Art des Geschäftsbetriebes ab. Insbesondere die Bereitschaft, die ersten Schritte zu unternehmen und sich mit Engagement und eigenen Ideen am Aufbau einer Kooperationsgemeinschaft zu beteiligen, ist eine interessante Aussage, die von 15 Prozent der Gesprächspartner genannt wurde.

Weiterhin wollen

- 13% Kontakte und Geschäftsbeziehungen,
- 13% Schulungen und
- 9% Informationen und Unterlagen

zur Verfügung stellen. Zudem besteht - allerdings in geringerem Ausmass - die Bereitschaft, personelle Ressourcen (7%), finanzielle Mittel (7%) und vorhandene technische Anlagen (6%) in eine solche Gemeinschaft einzubringen. Die Unternehmen wären ebenfalls bereit, sich an Schulungen anderer Unternehmen zu beteiligen und eigene Räume bereitzustellen.

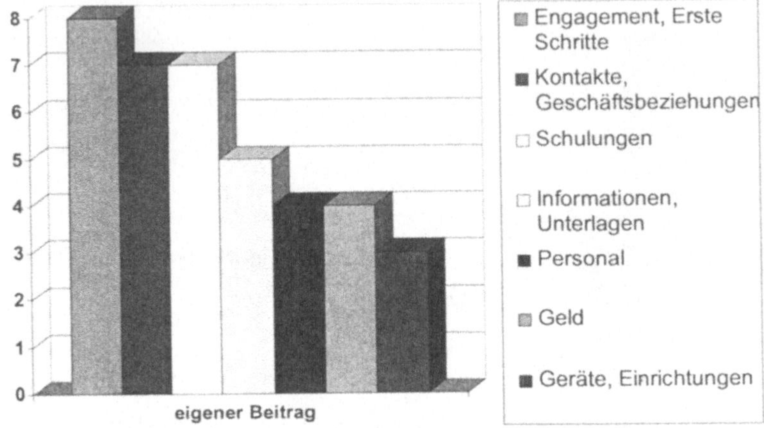

Abbildung 4: In den Interviews angebotene Beiträge zu Unternehmenskooperationen

7 Schlussfolgerungen

Schlussfolgernd kann zusammengefasst werden, dass das Interesse und die Bereitschaft der befragten Unternehmen zu Kooperationen deutlich vorhanden ist. Dies ist selbst dann der Fall, wenn - insbesondere im Anfangsstadium - grosse Eigenleistungen erbracht werden müssen und es noch grosse Unsicherheit und Skepsis hinsichtlich der strukturellen Gestaltung und der Funktionsweise von solchen Partnerschaften gibt.
In vielen Bereichen liegen bereits umfangreiche positive Erfahrungen vor. Kooperationen im Rahmen virtueller Gemeinschaften sind jedoch für alle befragten Unternehmen Neuland. Allerdings konnte festgestellt werden, dass die Unternehmen dem Einsatz moderner Technologien sehr offen gegenüberstehen.
Ein Hauptgrund für diese Haltung ist die zunehmende Globalisierung und die rasche Entwicklung der Märkte. Der Zwang, schnell zu reagieren und sich flexibel auf veränderte Anforderungen einstellen zu müssen, erfordert von vielen Unternehmen Ressourcen, die sie kaum oder gar nicht aufbringen können.
Je nach Unternehmenspolitik kann sowohl der Zwang zum Orientieren auf das Kerngeschäft als auch zum Erschliessen neuer Märkte wachsen. Durch eine gezielte Kooperationspolitik können in beiden Situationen bestehende Defizite ausgeglichen werden. Dies haben die Unternehmen erkannt, was sich unter anderem darin zeigt, dass es bereits viele Kooperationsbeziehungen gibt aber auch darin, dass die Bereitschaft

- zum Optimieren von Organisationsstrukturen,
- zum Ergreifen erster Schritte beim Aufbau von Kooperationen
- zum Erschliessen des osteuropäischen Marktes

ausgesprochen hoch sind. Als besonders erfolgreich werden Kooperationen auf den Gebieten der Schulungen, Beratungen und der Informationsdienstleistungen angesehen.

Überzeugungsarbeit muss allerdings noch bei der Beseitigung des Misstrauens gegenüber anderen und hinsichtlich eines zu engen Konkurrenzdenkens geleistet werden. Das mangelnde Vertrauen, als der am häufigsten genannte Hinderungsgrund für das Nicht-Zustandekommen von Kooperationen, kann nur durch das Schaffen und Pflegen der bislang vielfach fehlenden persönlichen Kontakte geschaffen werden.

Insgesamt kann aus der Befragung geschlossen werden, dass bei den befragten Berliner Unternehmen sowohl Bedarf als auch Bereitschaft für eine Business-to-Business-Community besteht. Wenn die erfolgsbeeinflussenden Aspekte - die in vielen Interviews genannt wurden - berücksichtigt werden, bestehen sehr gute Voraussetzungen für das erfolgreiche Realisieren der Idee einer produktiven Partnerschaft in einer virtuellen Gemeinschaft.

8 Entwicklung eines Grobkonzepts - Die „Interactive Business Mall"

Aus diesen Erkenntnissen und Überlegungen wurden die Grundideen für die B2B-Community abgeleitet. Es wurde ein Konzept kreiert, das der beschriebenen Situation gerecht wird. Dabei wurden alle Punkte berücksichtigt, die bei der Entwicklung eine tragende Rolle spielen und deren Beachtung oberste Priorität hat.

Das Grundkonzept orientiert sich am Gedanken der Mall, in der sich Unternehmen unterschiedlicher Branchen unter einem Dach zusammenfinden und gemeinsam ein attraktives Angebot für die Kunden bieten. Dieses Konzept auf die Business-to-Business-Communitiy übertragen, wurde als „Interactive Business Mall" bezeichnet.

Interactive steht dabei für eine schnelle und unkomplizierte Kommunikation. Dabei soll dem Nutzer die Möglichkeit gegeben werden, aktiv mitzuwirken, Verbindungen aufzubauen und Informationen auszutauschen. Die Unkompliziertheit ist eine zentrale Forderung, da die Beteiligten ohne grosse administrative Hürden einen schnellen Nutzen aus der B2B-Community gewinnen wollen. Mit Business Mall ist, wie der Name schon sagt, ein Geschäftszentrum gemeint. Hierin werden Informationen und Angebote räumlich zusammengefasst.

Interessant sind vor allem die Inhalte der „Interactive Business Mall":

Infrastruktur

Im Keller der Interactive Business Mall ist die technische und administrative Infrastruktur angesiedelt. Hier sollen alle Funktionen, untergebracht werden, die notwendig sind, damit die B2B-Community funktioniert, mit denen der Nutzer aber nicht in Berührung kommen soll.

Eingangshalle

Das zentrale Element der „Eingangshalle" ist das Orientieren. Analog zu einer realen Lobby ist hier erkennbar, wer sich augenblicklich in der „Interactive Business Mall" befindet, d. h. wer aufgesucht bzw. angesprochen werden kann. In der Eingangshalle der „Interactive Business Mall" befindet sich ein Wegweiser, der die Gesamtstruktur des Hauses darstellt. Dieser Wegweiser ist dazu gedacht, dem potentiellen Benutzer schnell einen Überblick zu verschaffen, um sinnvoll und zielstrebig arbeiten zu können.

Behörden

Jedes Unternehmen hat im Geschäftsleben mit Ämtern und Behörden zu tun. Aus diesem Grund befinden sich in der „Interactive Business Mall" Querverweise zu den, für die Unternehmen wichtigsten Behörden. Der Vorteil für den Benutzer besteht darin, dass er sofort den richtigen Ansprechpartner findet. Dieser Ansprechpartner kann den Benutzer schnell beraten bzw. zu seinen Anliegen Auskunft geben. Ausserdem ist es von Vorteil, dass der Benutzer eine zentrale Anlaufstelle hat, an der er alle Informationen bekommt (z.B. Bauamt - Leitungspläne für Gas, Wasser und Elektroinstallationen). Weiterhin ist es möglich Anträge online zu stellen, so werden die meistens als lästig empfundenen Behördengänge einspart.

Informationen

In dieser Etage befindet sich eine grosse Sammlung von Informationen, die ein Unternehmen im Tagesgeschäft benötigt. Somit findet der Anwender auf einer Ebene alle Informationen, die er benötigt, ohne viel Zeit für die Suche im Internet zu verlieren. Ausserdem steht eine Vielzahl von Zeitungen und Zeitschriften zu Verfügung, in denen die aktuellen Nachrichten und Wirtschaftsdaten nachgelesen werden können. In den „Gelben Seiten" kann ebenfalls online nachgeschaut werden. Den Abschluss dieser Etage bildet die Bibliothek, in der kostenlos recherchiert werden kann. Hier bietet sich eine grosse Vielzahl von Fachliteratur und -artikeln zu spezifischen Themengebieten.

Kooperation

Auf der Kooperationsetage befindet sich eine Pinnwand, auf der Unternehmen Informationen austauschen können. Dies geschieht nach dem Suche-/Biete-Verfahren. Hier können z. B. technische Geräte oder Personalkapazitäten angeboten und ausgetauscht werden. Der Gedanke ist eine unkomplizierte und zeitsparende

Kommunikation zwischen den beteiligten Unternehmen herzustellen und den Grundstein für mögliche Partnerschaften zu legen.

Des weiteren befindet sich auf der Kooperationsetage ein Videokonferenzraum. Hier sind alle Unternehmen aufgelistet, die über diese Technologie angesprochen werden können. Diskussionsforen sind ebenfalls auf der Kooperationsetage zu finden. Sie beinhalten u. a. einen Chat, in dem sich die Benutzer informell unterhalten können. Neben den herkömmlichen Chats und Newsgroups stehen jedoch auch moderierte Chats zu Verfügung. Dort werden zu festgelegten Terminen ausgesuchte Themen diskutiert, die von Spezialisten moderiert werden.

Abschliessend befindet sich auf dieser Etage ein virtueller Raum, in dem die Beteiligten über Ausschreibungen, gemeinsame Angebote und Aufträge kommunizieren können.

Schulungen

Auf der Etage Schulungen, die ebenfalls zum Kernstück der „Interactive Business Mall" gehört, dreht sich alles um Mitarbeiterschulung und Weiterbildung. Hier bietet sich dem Benutzer die Möglichkeit, Schulungs- und Veranstaltungstermine zu publizieren und einzusehen. Ausserdem gibt es die Möglichkeit über Teleteaching an Seminaren teilzunehmen. Der Austausch von Schulungsunterlagen und Dozenten ist ebenfalls möglich. Dieser Punkt ist z. B. sehr nützlich, wenn ein Unternehmen mit einer Schulung oder einem bestimmten Dozenten sehr zufrieden war. Das Unternehmen kann die so gewonnenen Informationen für andere zur Verfügung stellen.

Leistungsangebot

Um das Angebot der „Interactive Business Mall" abzurunden, werden auf der Etage "Leistungsangebot" Dienstleistungen aller Art angeboten. Hier können Unternehmen ihre Produkte einem breiten Publikum anbieten. Der Vorteil besteht darin, dass den Anbietern die potentielle Kundengruppe, die sich im Haus aufhält, bekannt ist. Somit können die Angebote speziell auf diese Zielgruppe abgestimmt werden, was gegenüber der „normalen" Internetpräsenz ein grosser Vorteil ist.

Dem Benutzer steht z. B. vom Pizza-Lieferservice über Paketdienst, Werbeagentur, Unternehmensberatung, Rechtsanwalt bis hin zum Reisebüro und Dolmetscher eine vielfältige Auswahl zur Verfügung.

Unternehmen

Die Ebene "Unternehmen" der „Interactive Business Mall" bildet das oberste Stockwerk. Auf dieser Etage präsentieren sich die teilnehmenden Unternehmen in den jeweiligen Räumen. Die Unternehmen haben die Möglichkeit ihre Kommunikationsadresse, Ansprechpartner und die Homepage (bzw. einen Link zur Homepage) zu präsentieren. Weiterhin ist es möglich ein Kurzprofil ihres Unternehmens vorzustellen.

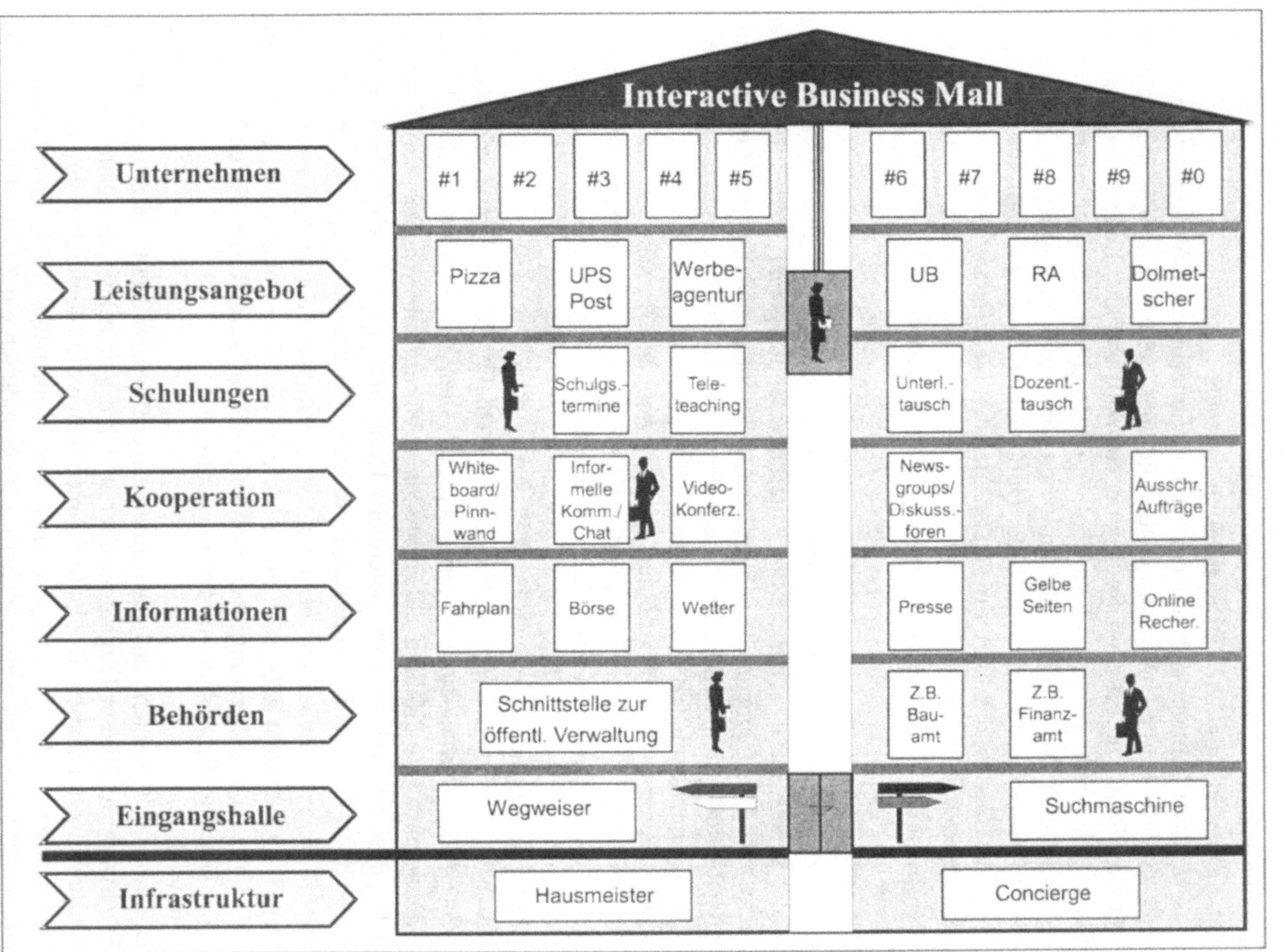

Abbildung 5: Interactive Business Mall

9 Der weitere Projektverlauf

Nach der dargestellten Vorbereitungs- und Konzeptionsphase erfolgt derzeit die Öffnung nach aussen. Um die Vorteile einer B2B-Community für kleine und mittelständische Unternehmen schnell greifbar zu machen, wird die Komponente für Anbietergemeinschaften vorangetrieben. Es ist für die KMUs bisher kaum möglich, sich an Ausschreibungen zu beteiligen, die ein zu grosses Volumen umfassen, um von einem Unternehmen allein bewältigt zu werden. In der „Interactive Business Mall" Partner zu finden, mit ihnen gemeinsam Angebote zu erstellen und per email an den Ausschreibenden zurückzusenden, soll die Wettbewerbsposition dieser Unternehmen verbessern.
Die erste Anwendung im Rahmen der „Interactive Business Mall" - auf der CeBIT 1999 auf dem Gemeinschaftsstand Forschungsmarkt Berlin vorgeführt - verbindet Handwerksunternehmen zu einer virtuellen Gemeinschaft. Weitere Komponenten folgen im Laufe des Jahres. Immer mehr Interessenten, die Kontakt zum Projektteam aufnehmen, werden zusammengeführt, um weitere Komponenten zu realisieren.

Präsentation von Daten aus betriebswirtschaftlicher Standard-Software im WWW

Prof. Dr. habil. Manfred Goepel
Westsächsische Hochschule Zwickau (FH)

1 Electronic Commerce

Es ist sicherlich unstreitig, dass diese Thematik in das grosse Entwicklungsfeld des Electronic Commerce einzuordnen ist. Electronic Commerce ist dabei eine noch nicht sehr klar umrissene Zielstellung der Nutzung des WWW als Teil des Internets und möglicherweise anderer Vernetzungen, die z.B. durch weitere Anbindungen von Diensten, Datenbanken und spezieller Software erreicht werden soll. Die Grundidee des Electronic Commerce ist die direkte und schnelle Abwicklung von Geschäftsprozessen verschiedenster Art über das Internet zwischen vielen beteiligten Partnern unabhängig von deren territorialer Lage. Die im WWW erreichbare weltweite Informationstransparenz über Produkt- und Preisstrukturen führt in Unternehmen dazu, dass auf Informationsdefiziten beruhende Fehlentscheidungen reduziert werden können. Ausserdem erhalten dadurch kleinere Anbieter analoge Chancen wie grössere Unternehmen, weil die Präsenz im WWW auch für solche Unternehmen realisierbar ist. Mit diesen weitgehenden umfassenden Informationsmöglichkeit für viele Anbieter und Nachfrager im WWW lässt sich somit dem Konstrukt des "vollkommenen Marktes" als Grundvoraussetzung der marktwirtschaftlichen Gesetzmässigkeiten etwas näher kommen. Die Probleme und Hindernisse auf dem Weg zur echten kommerziellen Nutzung des Internet sind:

- geringe Übertragungsgeschwindigkeiten und lange Wartezeiten,
- berechtigte und unbeechtigte Sicherheitsmängel und -bedenken,
- inkompatible Technologien durch fehlende Standardisierung sowie hohe Innovationsgeschwindigkeit,
- fehlende Transparenz der WWW-Teilnehmer bezüglich ihrer Interessen und Absichten,
- unzureichende Bezahlungsmöglichkeiten im WWW infolge vielfältiger und inkomptibler Bezahl-Systeme.

Hieraus resultieren trotz erheblicher Fortschritte beträchtliche Frustrationen und Vorbehalte der Nutzer. Inwieweit die optimistischen oder die pessimistischen Einschätzungen zur Entwicklung des elektronischen Handels in den nächsten Jahren zutreffen werden, soll hier nicht weiter betrachtet werden. Als Entwicklungsstufen des Electronic Commerce (EC) können gesehen werden:

Bereitstellung von Informationen im WWW
auf dieser untersten Stufe des EC steht die Selbstdarstellung der Unternehmen und ihrer Produkte im Vordergrund (siehe viele derzeitige WWW-Seiten). Eine Navigation nach tiefergehenden Informationen sowie das Auslösen von Funktionen, z.B. Bestellungen, ist nicht möglich.

Suche nach individuellen Informationen
auf einem höheren Navigationsniveau, wodurch neben den allgemeinen Informationen auch spezielle, individuelle Informationsbedürfnisse abzudecken sind. So z.B. die Anfrage nach individuellen Informationen über Produkte, Mengen, Preise und Liefertermine.

Auslösung von Bestellungen
Hierbei kann, aufbauend auf den individuellen Informationen der vorangegangenen Stufe, eine sofortige Bestellung erfolgen. Das wird gegenwärtig z.B. von Versandhäusern praktiziert, hat aber die Gefahr einer hohen Stornoquote, da der Besteller nur mangelhaft zu identifizieren ist. Die Art der Produkte spielt hierbei noch keine Rolle, da Fakturierung und Vertrieb auf konventionelle Art und Weise erfolgen.

Bezug und Bezahlung von Produkten
Der grösste Effekt des EC tritt dann ein, wenn die Kunden nach dem Auslösen einer Bestellung, wie in der vorangegangenen Stufe, die bestellten Produkte auch direkt über das Internet bezahlen und möglichst auch noch geliefert bekommen können.

Insbesondere bei digitalisierbaren Produkten, wie z.B. Software, Videos, Bücher, Musik etc. lassen sich erhebliche Zeit- und Kostenreduzierungen erreichen. Dabei ergeben sich auch erhebliche organisatorischen Auswirkungen auf die Unternehmen, da sich sowohl logistische als auch finanzielle Prozesse und Organisationsstrukturen wesentlich verändern werden.

2 Untersuchungen zu Extranet und SAP R/3

Einerseits befasst sich an der Westsächsischen Hochschule Zwickau (FH) eine kleine Gruppe mit Untersuchungen zur Gestaltung und Nutzung von Intranets/Extranets. Ausgangspunkt dabei ist, dass die Nutzersicht in praktischen Informations- und Kommunikationssystem durch ein extrem heterogenes Erscheinungsbild gekennzeichnet ist. Jede benutzte Software hat ein mehr oder weniger individuelles Erscheinungsbild, insbesondere wenn es um die Handhabung der enthaltenen Funktionen geht. Dem Nutzer wird zugemutet, die jeweiligen Menüpunkte und -pfade zu beherrschen, die vielfältigen Buttoms, Symbolleisten und Tastenfunktionen zu übersehen und handhaben zu können.

Hierin liegt zweifellos eine der wesentlichen Ursachen für nach wie vor vorhandenen Hemmschwellen gegenüber der Computernutzung bzw. gegenüber einzelnen Softwaresystemen. Mit der fortschreitenden Vernetzung und dem damit möglichen Zugriff auf fremde und somit unbekannte Software wird diese Situation weiter verschärft. Über WWW-Browser sollen im Extranet neben dem Internetzugang eine Vielzahl der internen Informationsbestände und Applikationen in Unternehmen/ Institutionen unter einer einheitlichen Benutzeroberfläche verfügbar gemacht werden. Extranets benutzen daher die Transportmechanismen und Darstellungsformate des Internets als universelle Plattform für die interne und externe Datenkommunikaton. Die Standardisierung auf die Internetformate und -protokolle ermöglicht es, unabhängig von Produkten und Herstellern die individuellen Informationsstrukturen und -sichten zu schaffen oder bei Bedarf zu verändern.

Andererseits betreibt die WHZ (FH) seit vielen Jahren das als Standardsoftware angebotene SAP R/3 in den Release-Ständen von 2.1 über 3.0 bis zu nunmehr 4.0 B. Mit diesem integrierten Anwendungssystem werden bekanntermassen alle wesentlichen betriebswirtschaftlichen Informationen, Organisationseinheiten und Prozesse erfasst, verarbeitet und entsprechende Ergebnisse bereitgestellt. Das führt zu einer extremen Grösse und Komplexität des Gesamtsystems, die durch den Anspruch, als vielen Anforderungen gerecht werdende Standardsoftware zu gelten, verstärkt wird. Wie bekannt, resultieren daraus eine Reihe von Problemen bei der R/3-Einführung und dem täglichen Betrieb. Daraus allerdings die Forderung nach einer Reduzierung der Integration abzuleiten, scheint mir, nachdem die Integration jahrzehntelang als Zielstellung verfolgt wurde, verfehlt.

Seit Release 4.0 ist nun auch der oft gesuchte Internet-Zugang bzw. -Ausgang im R/3 vorhanden. Wie vieles bei derartigen Systemen allerdings nur, wenn dabei entsprechend umfangreiche eigene Vorarbeiten in Zusammenhang mit dem Einrichten des erforderlichen Internet-Transactions-Server (ITS) und dem Customizing der Applikationen geleistet werden. Hierzu lief im Jahre 1998 eine Arbeit, in der diese Anschlussmöglichkeiten prinzipiell wissenschaftlich analysiert und konkret untersucht wurden und letztendlich der ITS auch mit neuen Inhalten lauffähig gemacht wurde.

In einer anderen Arbeit wurden Anfang 1999 Verfahrensweisen zur Extraktion von Daten aus Datenbanken untersucht. Die Zielstellung war, diese Daten in eine

Providerdatenbank zur Präsentation im WWW bereitzustellen. Schwerpunktmässig wurde in diesem Zusammenhang auch die Extraktion von Daten aus der SAP-Datenbank betrachtet.

3 Präsentationsmöglichkeiten von Daten aus SAP R/3 im WWW

3.1 Nutzung eines "universellen Connectors"

Bei dieser Variante werden Daten durch Extraktion aus laufenden Datenbanken von Informations- und Kommunikationssystemen in eine Providerdatenbank zur Präsentation im WWW übernommen. Als Arbeitsmittel hierzu erfolgte die Entwicklung eines "universellen Connectors" zur Erzeugung einer Rohdatenstruktur für die Weiterverarbeitung zur Präsentation im WWW - schwerpunktmässig dargestellt am Beispiel von webCAT und SAP R/3. Diese Arbeit hatte zum Ziel, mit der Untersuchung von Anbindungsmöglichkeiten an das Internet eine Erweiterung der Arbeitsmöglichkeiten mit Daten aus Informations- und Kommunikations-Systemen in Unternehmen zu schaffen. Zielstellung war konkret, für die Internet-Präsentationssoftware webCAT eine Software zu entwickeln, die es ermöglicht aus diversen Datenbanken, speziell auch aus SAP R/3, Daten zu extrahieren und in die für webCAT erforderliche Struktur zu bringen. Die WWW-Katalog-Software webCAT ist ein Produkt, welches es ermöglicht, Informationen zu Angeboten von Unternehmen auf CD-ROM oder WWW-Servern zu publizieren und somit potentiellen Kunden zugänglich zu machen. Mittels Artikel- und Texttabellen werden mehrsprachige Kataloge aufgebaut, in denen über Indextabellen eine rationelle Suche möglich ist.
Komfortable Orderfunktionen für Bestellung, Warenkorb und Kommissionierung ermöglichen eine rationelle Arbeitsweise im Sinne des Electronic Commerce. Die Trennung der Angebotsdaten im WWW-Katalog von der Datenbank, aus der sie mit Hilfe des universellen Connectors gewonnen werden, ist dabei als besonderer Sicherheitsaspekt herauszuheben. Das als universeller Connector bezeichnete Extraktions- und Aufbereitungsprogramm wurde mittels des Software-Entwicklungstools Delphi entwickelt und kann mit gängigen Datenbanksystemen wie Oracle, Sybase, Informix, Paradox, Microsoft SQL und Access usw. zusammenarbeiten. Der Versuch, die Daten aus der Datenbank des R/3 mittels eines normalen ABAP-Reports für den Export zu extrahieren führt nicht zum gewünschten Ergebnis, weil damit für den erforderlichen Filetransfer weder die notwendige Form, noch eine vertretbare Performance erreicht wurde und auch die notwendigen Strukturdaten, wie z.B. Spaltenbezeichnungen nicht übertragen werden können.

Als Lösung wurde daher der direkte Export der Daten vom R/3-Applikations-Server gesucht. Die Nutzung der im R/3 vorhandenen Schnittstellen für die externe Kommunikation erfolgte zweckmässigerweise mit Hilfe des "SAP-Assistant". Dieser zum erweiterten R/3-Frontend gehörige "SAP-Assistant" bietet ein OLE-Interface an, mit dem SAP-Funktionen aus externen Nicht-SAP-Funktionen heraus aufgerufen werden können. Damit können externe Anwendungen, wenn sie als OLE-Client angelegt sind, Zugriff auf R/3-Daten bekommen. Der Zugriff auf die R/3-Quellen erfolgt hierbei mit Hilfe von ActiveX-Controls als OLE-Objekten die der "SAP-Assistant" zur Verfügung stellt. An diese ActiveX-Controls wurde mit dem Entwicklungstool Delphi angeknüpft; sie werden im als "universeller Connector" bezeichneten Programm genutzt. Die praktische Tätigkeit des Nutzers bei der Arbeit mit dem universellen Connector besteht dann darin, aus der Übersicht die Felder einer ausgewählten Tabelle des R/3-Systems, die er vom Connector angeboten bekommt, die für die Übernahme in die Präsentation gewünschten Teile in einem Selektionsprozess auszuwählen. Damit ist mit dem universellen Connector ein Arbeitsmittel verfügbar, mit dessen Hilfe aus Datenbeständen von SAP R/3, aber auch aus beliebiger anderen Software eine Rohdatenstruktur extrahiert und für eine WWW-Präsentation bereitgestellt werden kann.

Im Sinne der eingangs beschriebenen Entwicklung zum Electronic Commerce wird auf diese Art und Weise ein Entwicklungsbeitrag geleistet, die infolge der unmittelbaren Verknüpfung mit dem Produkt webCAT auch direkt marktwirksam wird.

3.2 Nutzung des Internet Transactions Server (ITS)

Bei der Variante, den von SAP angebotenen Internet-Transactions-Server (ITS) zur Ankopplung des R/3 an das Internet zu benutzen, erfolgt ein direkter Zugriff aus dem Internet auf das Anwendungssystem bzw. seine Datenbank. Damit können unternehmensübergreifend Kunden, Lieferanten, andere Geschäftspartner wie Banken, Spediteure usw., sowie Mitarbeiter quasi weltweit auf das R/3-Anwendungssystem eines Unternehmens zugreifen und damit arbeiten. Das eröffnet für die Gestaltung von Geschäftsprozessen grundsätzlich neue Möglichkeiten, indem z.B. die logistischen Verkettungen im Sinne des aktuellen Supply Chain Management eine völlig neue informationelle Basis erhalten kann und damit über mögliche organisatorische Veränderungen eine Beschleunigung der Prozesse bei gleichzeitiger Senkung des erforderlichen Aufwandes erfolgt. Die Gestaltung von rechnergestützten Workflows wird damit auch über die Grenzen des Unternehmens hinaus möglich, was zweifellos auch zur Effektivitätssteigerung der einbezogenen Geschäftsprozesse führen wird.

Andererseits werden natürlich mit diesen gestiegenen Möglichkeiten des Zuganges auch die Probleme von Datensicherheit und -schutz extrem verstärkt. Hier sind zum einen die generellen Sicherheitsmassnahmen beim Internet-Anschluss, wie Firewalls und verschlüsselte Übertragung zu nutzen und zum anderen das User-, Passwort- und Berechtigungskonzept innerhalb von R/3 anzuwenden. Für Transaktionen aus zum Bereich Customer-to-Business, also zwischen Kunden und Unternehmen, ist eine weltweite Arbeitsweise im Internet ohne Einschränkungen erforderlich. Für Transaktionen aus zum Bereich Business-to-Business, also zwischen Unternehmen, sind Einschränkungen der möglichen Arbeiten in einem zugangsbeschränkten Intranet zwingend notwendig. Die Abbildungen 1 und 2 verdeutlichen, dass der Internet-Transactions-Server eine Brücke zwischen dem R/3-System und dem Internet darstellt. Der Zugriff erfolgt durch den User statt über den SAP GUI mittels eines Browser auf einen WWW-Server. Dessen WWW-Aktionen werden dann vom Internet-Transactions-Server an die Internet Application Components (IAC's) des R/3-Systems weitergegeben, über die die normalen R/3-Transaktionen aufgerufen werden. Die schon angesprochenen umfangreichen Anpassungsarbeiten ergaben sich daraus, dass die im R/3 mitgelieferten Internet Application Components (IAC's) auf das SAP-Beispielunternehmen IDES ausgerichtet waren. Für deren Nutzung in einem eigenen Mandanten ergab sich somit ein hoher Customizingaufwand. Genutzt wurden in der Gruppierung nach /3/ folgende Internet Application Components:

- Electronic Retailing

    * Produktkatalog
    * Online-Store
    * Kundenauftragserfassung
    * Verfügbarkeitsprüfung
    * Kontostandsabfrage

- Einkauf

    * Anlegen von Bedarfsanforderungen
    * Status von Bedarfsanforderungen
    * Sammelfreigabe von Bestellanforderungen
    * Sammelfreigabe von Bestellungen
    * Sammelfreigabe von Leistungserfassungsblättern

- Kunden-Service

    * Erstellung von Qualitätszeugnissen
    * Erfassen von Qualitätsmeldungen
    * Erfassen von Servicemeldungen
    * Messwert- und Zählerstandserfassung
    * KANBAN
    * Abfrage des Konsignationsbestandes

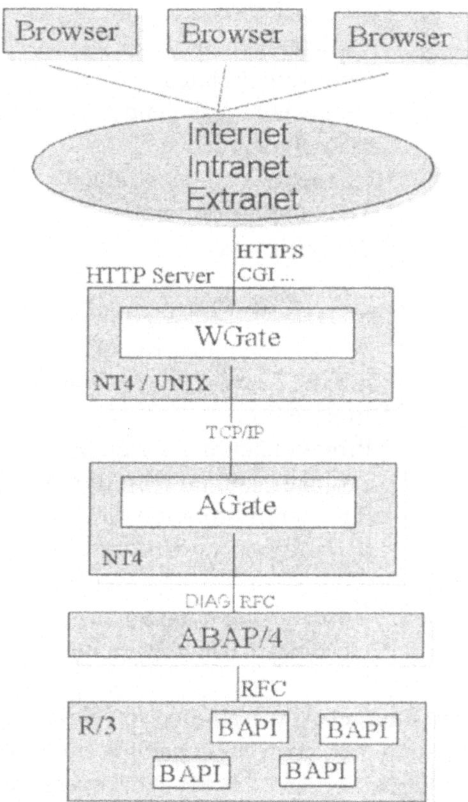

Abbildung 1: R/3-Daten-Präsentation über SAP GUI oder WWW-Browser (nach /3/)

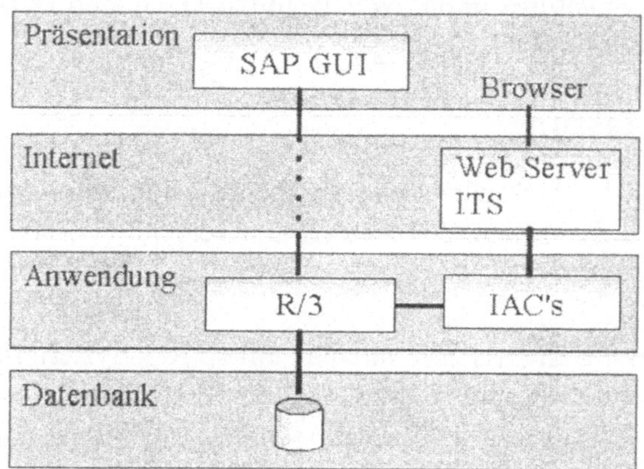

Abbildung 2: Verbindung eines WWW-Browsers mit SAP R/3 (nach /3/)

- Mitarbeiter-Self-Service

        * Mitarbeiterverzeichnis
        * Stellenangebote
        * Bewerbungsstatus
        * Veranstaltungskalender
        * Teilnahme buchen
        * Gebuchte Veranstaltungen
        * Teilnahme stornieren
        * Zeitnachweis

- Interne Services

        * Integrierter Eingang und Workflow-Management
        * Workflow-Status-Report
        * Interne Leistungsverrechnung
        * Interne Preisliste
        * Projektdatenrückmeldung
        * Projektdokumente im Intranet
        * Anlageninformation
        * Web-Reporting-Browser

- Weitere Anwendungen

        * Beschaffung über Kataloge
        * Geschäftspartnersuche im Internet

Die Erstellung eigener Internet-Applikationen erfolgte nach dem Inside-Out-Ansatz, d.h. unter Nutzung der Anwendungslogik innerhalb des R/3-Systems mittels Internet-Transactions-Server. ABAP-Workbench und Web-Studio des R/3-Systems ermöglichen ein rationelles Erstellen der Anwendung und ihre Umsetzung in die für das WW erforderliche HTML-Darstellung. Zu beachten ist, dass dabei nicht alle R/3-Features in das WWW umzusetzen sind (z.B. keine Menues, Radiobuttons und Popups).

3.3 Zusammenfassung

Als grundlegende Unterschiede zwischen beiden Verfahrensweisen, einerseits Extraktion mittels universellen Connectors, andererseits ITS-Anschluss sind festzustellen:

- die ITS-Anbindung ist ausschliesslich an einem R/3-System möglich, während bei der Extraktion auch andere Datenquellen nutzbar sind;

- mit dem ITS werden nur R/3-eigene Produkte offeriert, bei der Extraktion können Zusammenstellungen mit Produkten aus anderen Bereichen erfolgen;

- mit dem ITS erfolgt die direkte Anbindung an ein laufendes Anwendungssystem und damit der Zugriff auf die Originaldatenbank, während bei der Extraktion eine Replikation der Originaldaten erfolgt.

Hieraus ergeben sich logischerweise Unterschiede bezüglich der Aktualität der Daten sowie des Datenschutzes und der Datensicherheit.

Literatur

/1/ **Hache, T.;** Entwicklung eines universellen Connectors zur Erzeugung einer Rohdatenstruktur für die Weiterverarbeitung zur Präsentation im WWW - dargestellt am Beispiel von webCAT und SAP R/3,   Diplomarbeit an der WHZ (FH) 1999

/2/ **Trautrims, S./Weidlich, M.;** Anbindung eines SAP R/3-Systems an das Internet/Intranet unter Nutzung des Internet-Transaction-Servers an der westsächsischen Hochschule Zwickau (FH) Diplomarbeit an der WHZ (FH) 1998

/3/ **Perez, M. u.a.;** Geschäftsprozesse im Internet mit SAP R/3 Addison-Wesley, Bonn 1998

Adding Value to the Corporation through IT
Konsequente Ausrichtung der Informatik
entlang der Wertschöpfungskette

Mag. Martin-Georg Lehner
Hilti AG

1 Die Hilti Gruppe

Die Hilti Gruppe ist ein weltweit tätiges Unternehmen mit rund 12'000 Mitarbeiterinnen und Mitarbeitern. Davon ist der überwiegende Teil in den Märkten beschäftigt, der andere Teil in den Produktionswerken, in der Forschung und Entwicklung sowie in der Verwaltung. 1997 erreichte dieses internationale Team einen konsolidierten Konzernumsatz von 2,580 Milliarden Schweizer Franken.

Schaan ist der Sitz des Stammwerkes und der Konzernzentrale, wo das Unternehmen im Dezember 1941 gegründet wurde. Insgesamt unterhält die Hilti Gruppe zehn Produktionswerke in Europa, Amerika und Asien.

Hilti ist im gewerblichen und industriellen Bauwesen tätig und konzentriert sich primär auf die Marktsegmente Hoch-/Tiefbau, Haustechnik sowie den betrieblichen Unterhalt.

Zum Produkteprogramm gehören insbesondere Direktmontagesysteme, Bohrsysteme mit dem entsprechenden Dübelsortiment, Meissel- und Diamanttrennsysteme, Schraubsysteme sowie Systemlösungen auf dem Gebiet Bauchemie.

Ein eigener Direktvertrieb übernimmt den Verkauf der Produkte, den Service und die Beratung in über hundert Ländern der Welt. Dank diesem unmittelbaren Kontakt mit den Kunden kann die Hilti Gruppe immer eine optimale, auf die spezifische Anwendergruppe zugeschnittene Problemlösung anbieten.

Der Name hat bereits Tradition. Rund um den Erdball steht er Synonym für Qualität, Sicherheit und innovative Kompetenz.

2 Hintergrund

In jedem Unternehmen spielt die Informatik heute eine entscheidende Rolle als Ressource für das Erstellen neuer Orgnisationsformen. Diese Erkenntnis überrascht nicht, steigen doch die Ausgaben für die Informatik konstant von Jahr zu Jahr. Jedoch hat die Informatik nicht die Erwartung erfüllt, die von den Managern und Unternehmen von ihr, vor allem in Hinsicht der eingesetzten Mittel, erwartet werden.

Dies liegt an vielen, verschiedenen Gründen, vor allem am limitierten Verständnis vieler Manager was Informations Technologie (kurz IT) für das Unternehmen leisten kann. Aufgrund des mangelnden Verständis für die Informatik und ihre strategische Bedeutung werden reine Kostenbetrachtung durchgeführt. Dies geschieht unter folgenden zwei Gesichtspunkten:

- Die Informatik ist Kostenverursacher;
- Die Informatik als Mittel um Kosten und Mitarbeiter in operationellen Bereichen des Unternehmens zu reduzieren.

Unternehmen, die die Informatik nur unter diesenn Aspekten betrachen, verabsäumen es das volle Potential der Informatik auszuschöpfen, und ihre Organisation zu optimieren.

3   IT als Produktivitätsfaktor

Wenn in einem Unternehmen ein teures System angeschafft wird, fehlt es oft an Konzepten um die Produktivitätssteigerung zu messen. Oft werden die direkt zurechenbaren Kosteneinsparungen ermittelt, jedoch die Möglichkeiten die durch das neue System geschaffen werden, werden in dieser Betrachtung weder überwacht noch gemessen.

Zum Beispiel wird gemessen, wie sich die durchschnittliche Zeit für das Bearbeiten eines Auftrags reduziert werden kann, es wird jedoch nicht in Erwägung gezogen, wie viel mehr Umssatz erzielt werden könnte auf Grund besserer Informationen, die es erlauben den Kunden gezielter und individueller zu beraten.

Wenn es um Investitionen bei Informatik geht, überwinden viele Geschäftsführer ihre Skepsis und vertrauen den Informatikern, die oft entusiastisch über die (technischen) Möglichkeiten der neuen Harware und Software System schwärmen.

3.1   Falscher Einsatz von Informations Technologie

In vielen Bereichen wird IT für die Optimierung der falschen Aufgaben eingesetzt. Die Informatik wird nur im Zusammenhang des internen, Unternehmensbereiche übergreifenden Daten und Funktionen gesehen, nicht aber in Verbindung mit Kunden bzw. Lieferanten. Es wird analysiert was die einzelnen Abteilungen tun und diese entsprechend mit Informationen versorgt, anstatt dies unter dem Gesichtspunkt der Verbesssserung der Dienstleistungen am Kunden zu tun; d.h. zu untersuchen, welche Informationen von ein oder mehreren Unternehmensbereichen benötigt werden, um das Service zu verbessern.

Durch Missachtung des Strategischen Aspekts, wird oft nur getrachtet, die bestehenden Aufgaben schneller zu erledigen. Das Problem besteht darin, dass sie die gleichen Fehler machen, nur zweimal so schnell.

Ein berühmter Wirtschaftsjournalist hat im Zusammenhang mit Business Process Re-Engineering Projekten gesagt:

„Don't automate processes that you do not have perform in the first place" **(Automatisiere keine Prozesse, die eigentlich gar nicht getan werden müssten.)**

3.2 Informationen vs. Daten

Viele Qualitätprogramme werden ohne den gezielten Einsatz von Informatik geplant und durchgeführt. Die Informatik wird nur als Werzeug für die hoch-effiziente Daten-Erfassung betrachtet. Zweielsfrei ist IT das beste Werkzeug um dies zu erreichen. Das Problem ensteht nur, wenn diese Daten in Information umgewandelt werden soll. Daten werden erst duch richtige und gezielte Fragen zur Information.

Viele Unternehmen setzen heute OLAP (Online Analytical Processing) und ‚Data Warehounsing' Technolgien ein, jedoch ohne den gewünschten Erfolg. Hierbei wird oft mit dem bestehenden Datenmaterial „herumgespielt", jedoch nicht immer zum Vorteil des Unternehmens. Die Fragestellungen müssen vorher klar, gezielt und und unabhängig vom eingesetzten Tool erarbeitet werden. Erst danach muss getrachtet werden, diese Fragen richtig beantwortet zu bekommen; z.B. in welchem Bereich (Marktsegment, Geographischen Bereich) ergeben sich die grössten Potentiale für ein bestimmtes Produkt.

3.3 Wichtige Fragestellungen

Jedes Unternehmen sollte sich folgende Fragen stellen hinsichtlich der Nutzung der Informatik

- Wie verbindet der Informatik die interne Organisation mit den Kunden und Lieferanten ?
- Wie werden Produktitivitätsgewinne durch die Informatik gemessen ?
- Wird die Informatik durch eine einzelne Funktion geführt und gesteuert ?
- Stellt die Informatik Informationen oder Daten bereit ?
- Was hat die Informatik beigetragen um die Diensleistungen zum Kunden zu verbessern ?

4 Das neue Rollenverständnis der Informatik

Die Informatik ist der "**Key Enabler**" für neue Funktions-, Abteilungs- und Unternehmens übergreifende Schlüssel Prozesse. Hierbei ergibt sich automatisch eine Orientierung entlang der Wertschöpfungskette. Der Schwerpunkt für den einzelnen Informatikmitarbeiter liegt nicht im Bereitstellen von neusten Technologien und Applikationen, sondern das übergeifenende Verständnis der Schlüssel-Prozesse. Dies geschieht unter dem Aspekt, der Leistungsfähigkeiten dieser Prozesse für den Kunden und daher auch für das Unternehmen.

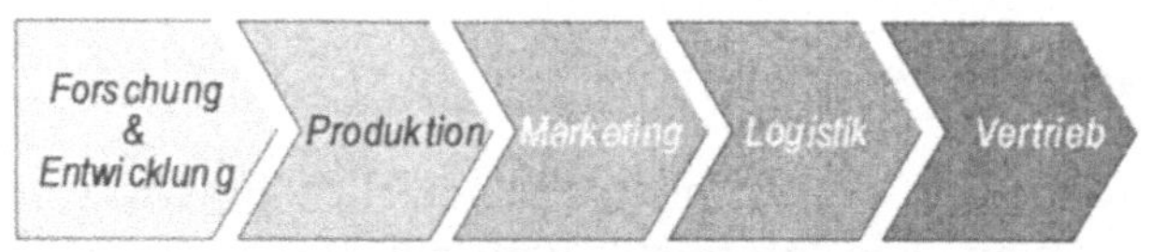

Abbildung 1: Die Wertschöpfungskette

Dieses neue Rollenverständnis verlangt nach einen neuen Typ von Informatiker, einem "Wirtschaftsinformatiker", der neben der technischen Fachwissen auch ein Verständis für Organisation, Logistik aber auch Finanz Controlling mit sich bringt.

4.1 Outsourcing

Im Zusammenhang mit der neuen Ausrichtung auf Prozesse muss überlegt werden, welche Bereiche zu den Kernkompetenzen in der Informatik zählen. (z.B. das Drucken, Kuvertieren und Versenden von Kundenrechnungen gehört sicherlich nicht zu diesen). Daher muss überlegt werden, welche Bereiche der Informatik nach aussen vergeben werden können, ohne den Service Level zu verringern und die Kosten im Unternehmen zu erhöhen. So können z.B. Unternemhen die sich auf das Drucken, Kuvertieren und Versenden von Kundenrechnungen konzentrieren, viel kostengünstiger operieren, da sie diese Dientleistungen für mehrere Unternehmen erbringen. In vielen Fällen können diese auch Zusatzleistungen erbringen, die intern gar nicht erbracht werden können, da die notwendigen Technologien nicht zur Verfügung stehen.

Es ergeben sich auch Abhängigkeiten zum Lieferanten, dem ein gewisses Vertrauen entgegen gebracht werden muss; z.B. wie stellen sie sicher, dass die übermittelten Rechnungen tatsächlich versendet worden sind. Daher ist eine sehr enge Zusammenarbeit mit den Partnern von Nöten.

4.2 Insourcing und Shared Service Centers

Für Internationale Unternehmen wiederum stellt sich die Frage, ob gewisse Funktionen bzw. Prozesse die nicht zu den Kernkompetenzen der einzelnen Tochterunernehmungen (z.B. Vertriebsgesellschaften) gehören, - und oft lokal an einen 'Outsourcing' Partner übergeben werden - nicht besser in einer zentralen Funktion zusammengefasst werden ("Insourcing"). Viele Bereich (z.B. Finanz) können effizienter und kostengünstiger in einem globalen Rahmen eines "Shared Service Center" erledigt werden.
Folgende Bereiche sind Kandidaten für Insourcing und Shared Service Center

- Insourcing:
- Network und System Management
- Database Management
- Rechnungsdruck
- Application Development
- Shared Service Center:
- Finance in Shared Finance Service Center
- Human Resources (Personalwesen)
- Invoicing (Invoicing Center)
- User Help Desks (Produktinformationen intern)

Wie leicht zu erkennen ist, sind Ueberlegungen für ein Shared Service Center ohne Einbeziehung der Informatik nicht möglich. Geschieht dies doch, sind diese Projekte meist von Anfang an zum Scheitern verurteilt.

5 IT in der Angewandten Forschung

Im Bereich Forschung und Entwicklung steht ‚Time To Money' (TTM) also der Zeitraum zwischen Produktidee und Produkteinführung in den Märkten im Vordergrund.
Die Informatik spielt schon längere Zeit in der Forschung eine wichtige Rolle. Während in der Vergangenheit rein mathematische Aspekte im Vordergrund standen, ergeben sich heute neue Fragestellungen, wie folgendes Beispiel zeigt:

- Eine Untersuchung des Marktes hat gezeigt, dass die Kompressor Maschinen an Marktanteil verlieren.

- Ein Ziel, war die Vermeidung von Gesundheitsschäden
- Die Antwort: Active Vibration Reduction (AVR)
- Der Beitrag der Informatik
- Analyse durch Simulation (Bereitstellung von Werkzeugen für die Simulation, integriert mit 3D CAD)
- Internet als Medium für Customer Feedback
- Intranet als Medium für Feedback des Vertriebs in den einzelnen Ländern

6 IT in der Entwicklung und Produktion

6.1 Product Data Management

Durch den immer grösser werdenden Wettbewerbsdruck sind die TTM Zeiten für neue Produkte dramatisch reduziert worden. Wurden früher 6 Jahre gebraucht bis neue Produkte am Markt verfügbar war, so sind es neute nur noch 2 Jahre. Dies ist nur durch gezielten Einsatz neuer Technologien im Sinne eines Product Data Management (PDM) möglich. Im Rahmen von PDM werden alle relevanten Daten zentral in einer (relationalen) Datenbank zur Verfügung gestellt.

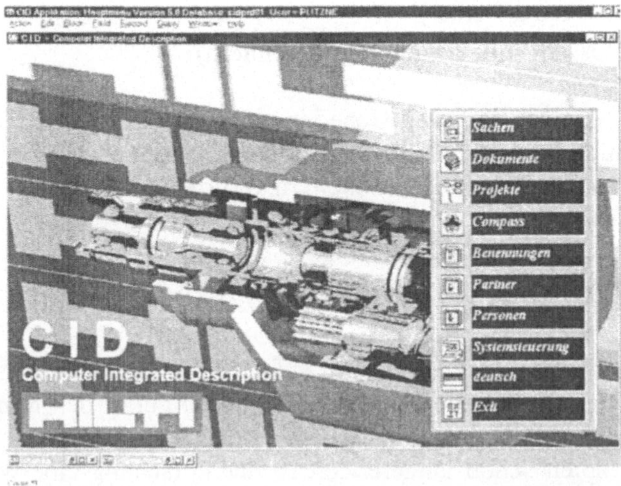

Abbildung 2: Hiltis CID ist die interne Applikation für Product Data Management

Informationen sind:

- 3D CAD Zeichungen

- Produkt Spezifikationen
- Alle Produkt-relevanten Dokumente
- Internationale Bezeichungen und Normen
- Projekt-Informationen
- Partner (Lieferanten) Informationen
- Marketing Informationen
- Der Beitrag der Informatik
- Weltweit einheitliche Informationen
- Verbesserte Qualität der Produkte und Informationen
- Electronic Prototypes
- Screen NC Machines
- Partner Integration

7   IT im Marketing

Auch im Marketing Bereich sind Computer seit längerem im Einsatz, primär für das Erzeugen von Colleteral und Produkt Katalogen. Neu in diesem Zusammenhang ist die Integration mit der Forschung und Entwicklung über das Product Data Management (siehe oben) einerseits und das sogenannte 'Complaint Management' (Beschwerden der Kunden in den einzelnen Ländern werden konsolidiert).
Dieser Bereich ist von Integrationsstandpunkt mit Sicherheit der meist unterschätze, da es auch darum geht Marktanalysen mit internen Daten zu Verknüpfen.
Neue Aufgabenstellungen für das Marketing ergeben sich auch im Rahmen des 'Electronic Commerce'. E-Commerce ist mehr als nur eine weiterer Absatzkanal. Die Daten müssen entsprechend für das Internet aufbereitet werden, bevor sie in einem elektronischen Katalog für den Verkauf aufgenommen werden können.
Hier zeigt sich wiederum **der interdisziplinäre Aspekt der 'Neuen Informatik'**, da sie nicht nur die einzelnen Abteilungen (Markting, Vertrieb und Logistik) verbinden muss, sondern auch überregional orientieren muss.

8   IT und Supply Chain

Die Supply Chain nimmt in heutigen Unternehmen eine immer wichtigere Rolle. Aufgrund der immer kürzer werdenden Produktzyklen und dem Druck der Anleger (Share Holders) ergibt sich die klare Anforderung an die Logistik, die Lagerwerte so niedrig wie möglich zu halten, sowohl zentral als auch dezentral in den einzelnen Märkten. Dies erfordert die Integration von

- Allen Werken (Verfügbare Kapazitäten in der Produktion)
- Allen Lieferanten (Lieferbereitschaft)
- Allen Marktorganisationen (Anforderungen Vetriebsgesellschaften aufgrund der Nachfrage in den einzelnen Ländern)

Abbildung 3: Supply Chain - Logistik/Produktion

Abbildung 4: Supply Chain

Hierbei ergeben sich besondere Aspekte der Integration, da nicht nur Daten aus den Märkten zentral konsolidiert werden, sondern auch die neu errechneten Daten zurück an die einzelnen Länder gemeldet werden müssen. Dies ist besonders schwierig, wenn man sich in einem heterogenen Systemumfeld bewegt. Alleine aus diesem Gesichtspunkt wird der Durck für eine Vereinheitlichung der Systeme im gesamten Konzern; d.h. dass die gleichen Systeme sowohl in der Zentrale als auch in den Niederlassungen zum Einsatz kommen.

9   IT und Vertrieb / Verkauf

Im Vertrieb geht es um das Zusammenspiel von den einzelnen Verkaufskanälen:

- Direkter Vertrieb durch Verkausberater
- Verkaufsgeschäfte
- Zentraler Kundendienst (Auftragsbestellung über Telefon)
- Neu: Elektronische Auftragskanäle (Internet / EDI)
- In manchen Ländern: Indirekter Vertrieb über Partner

Die Informatik muss dabei sicher stellen, dass die Informationen in effizienter Art und Weise den einzelnen Vetriebskanälen zur Verfügung gestellt werden. So müssen Beschwerden eines Kunden, die beim Kundendienst einlagen dem Verfäufer (vorzugsweise auf seinem Laptop) zugänglich gemacht werden. Umsätze müssen mitgeteilt werden, nicht nur global, sondern auf Ebene der Einzelprodukte um den richtigen Produktemix beim Kunden zu erzielen.

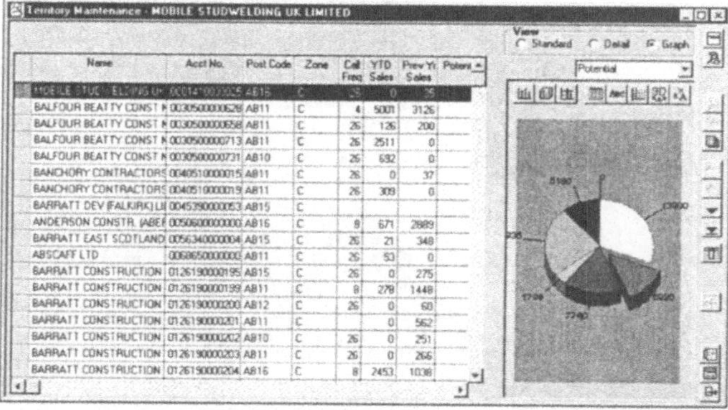

Abbildung 5: Gliedern und Balancieren des Verkaufsgebiets

Electronic Mail kann den direkten Informations Austausch zwischen Mitarbeitern in der Zentrale (technische Spezialisten, Marketing Leute, Kundendienstmitarbeiter) dramatisch erhöhen bei gelichzeitiger Erhöhung der Effizienz.
Ein Sales Force Automation (SFA) Tool erlaubt den Verkaufsberatern, von einem einzigen Bildschirm aus, alle Kundendaten (Kreditinformationen, Verkaufshistorie, Preisvereinbarungen, Besuchsberichte, Geschäftstransaktionen) zuzugreifen. Dieser direkte, schnelle Zugriff wird sehr geschätzt: der Verkaufsberater kann sich gezielt auf einen Kundenbesuch vorbereiten und während des Verkaufsgesprächs auf alle relevanten Kundeninformationen zugreifen. Alle diese Informa-

tionen stehen jederzeit und mit der gleichen Genauigkeit den Hilti-Center und dem zentralen Kundendienst zur Verfügung.

10 Conclusio

Die Anforderungen an einen Informatik Mitarbeiter heute sind sehr verschieden von den Anforderungen vor fünf, zehn oder mehr Jahren. Verständnis des Geschäftsfeldes ist heute Voraussetzung, um effiziente Lösungen anbieten zu können. Die Ausrichtung des einzelnen Mitarbeiters in allen Bereich (also auch in der Verwaltung, Finanz und Informatik) an der Wertschöpfung ist grundlegende Vorausetzung für den Erfolg eines Unternehmens. Diese Ausrichtung heisst nicht nur Kostenbewusstsein des Mitarbeiters, sondern auch das Ausschöpfen aller Potentiale.

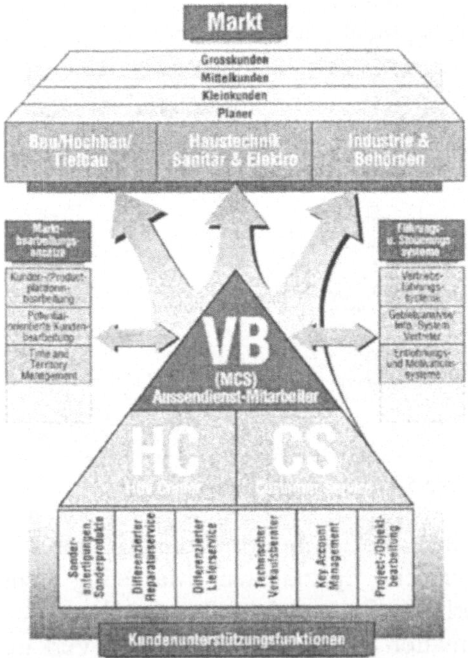

Abbildung 6: Das Hilti Verkaufsmodell

Reines Wachstum ist heute nicht der wichtigste Faktor. Profitables Wachstum ist jener Aspekt, den die Share Holders von den börsennotierten Unternehmen erwarten. Neue Ausbildungslehrgänge werden notwendig sein, um den ständig sich diesen verändernden Anforderungen der Berufswelt gerecht zu werden.

Data Warehousing: Concepts and Mechanisms

Dr. Stella Gatziu, lic.oec.publ Athanasios Vavouras
Uni Zürich

1 Abstract

In the last years, data warehousing has become very popular in organizations. The size of the data warehouse market is expected to be at least \$8 billion at the end of 1998, and more than 900 vendors provide various kinds of hardware, software, and services for data warehousing. The research community noticed this trend as well and determined data warehousing as one of the "hot topics". In this paper, we introduce the basic concepts and mechanisms of data warehousing.

2 The aim of data warehousing

Data warehousing technology comprises a set of new concepts and tools which support the knowledge worker (executive, manager, analyst) with information material for decision making. The fundamental reason for building a data warehouse is to improve the quality of information in the organization. The key issue is the provision of access to a company-wide view of data whenever it resides. Data coming from internal and external sources, existing in a variety of forms from traditional structural data to unstructured data like text files or multimedia is cleaned and integrated into a single repository. A **data warehouse** (DWH) is the consistent store of this data which is made available to end users in a way they can understand and use in a business context.

The need for data warehousing originated in the mid-to-late 1980s with the fundamental recognition that information systems must be distinguished into **operational** and **informational** systems [5]. Operational systems support the day-to-day conduct of the business, and are optimized for fast response time of predefined transactions, with a focus on update transactions. Operational data is a current and real-time representation of the business state. In contrast, informational systems are used to manage and control the business. They support the analysis of data for decision making about how the enterprise will operate now and in the future. They are designed mainly for ad hoc, complex and mostly read-only queries over data obtained from a variety of sources. Informational data is historical, i.e., it represents a stable view of the business over a period of time.

Limitations of current technology to bring together information from many disparate systems hinder the development of informational systems. Data warehousing technology aims at providing a solution for these problems.

3 The main characteristics of data warehouse data

Data in the DWH is **integrated** from various, heterogeneous operational systems (like database systems, flat files, etc.) and further external data sources (like demographic and statistical databases, WWW, etc.). Before the integration, structural and semantic differences have to be reconciled, i.e., data have to be "homogenized" according to a uniform data model. Furthermore, data values from operational systems have to be cleaned in order to get correct data into the data warehouse.

The need to access **historical data** (i.e., histories of warehouse data over a prolonged period of time) is one of the primary incentives for adopting the data warehouse approach. Historical data are necessary for business trend analysis which can be expressed in terms of understanding the differences between several views of the real-time data (e.g., profitability at the end of each month). Maintaining historical data means that periodical snapshots of the corresponding operational data are propagated and stored in the warehouse without overriding previous warehouse states. However, the potential volume of historical data and the associated storage costs must always be considered in relation to their potential business benefits.

Furthermore, warehouse data is mostly **non-volatile**, i.e., access to the DWH is typically read-oriented. Modifications of the warehouse data takes place only when modifications of the source data are propagated into the warehouse. Finally, a data warehouse contains usually additional data, not explicitly stored in the operational sources, but derived through some process from operational data (called also **derived data**). For example, operational sales data could be stored in several aggregation levels (weekly, monthly, quarterly sales) in the warehouse.

4 Data warehouse systems

A **data warehouse system** (DWS) comprises the data warehouse and all components used for building, accessing and maintaining the DWH (illustrated in Figure 1). The center of a DWS is the data warehouse itself. The data import and preparation component is responsible for data acquisition. It includes all programs, applications and legacy systems interfaces that are responsible for extracting data from operational sources, preparing and loading it into the warehouse. The access component includes all different applications (OLAP or data mining applications) that make use of the information stored in the warehouse.

Additionally, a metadata management component (not shown in Figure 1) is responsible for the management, definition and access of all different types of **metadata**. In general, metadata is defined as "data about data" or "data describing the meaning of data". In data warehousing, there are various types of metadata, e.g., information about the operational sources, the structure and semantics of the DWH data, the tasks performed during the construction, the maintenance and access of a DWH, etc. The need for metadata is well known. Statements like "A data warehouse without adequate metadata is like a filing cabinet stuffed with papers, but without any folders or labels" characterize the situation. Thus, the quality of metadata and the resulting quality of information gained using a data warehouse solution are tightly linked.

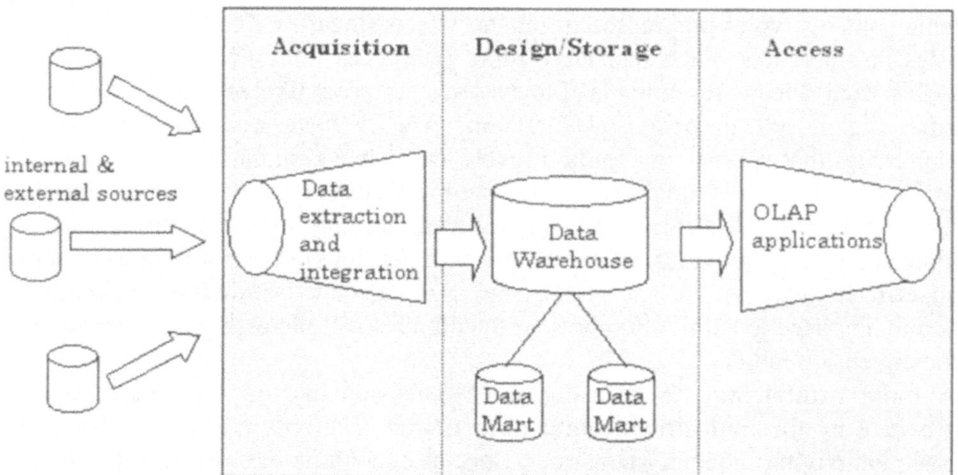

Figure 1 A typical data warehouse system architecture

Implementing a concrete DWS is a complex task comprising two major phases. In the DWS **configuration** phase, a conceptual view of the warehouse is first specified according to user requirements (data warehouse design). Then, the involved data sources and the way data will be extracted and loaded into the warehouse (data acquisition) is determined. Finally, decisions about persistent storage of the warehouse using database technology and the various ways data will be accessed during analysis are made.

After the initial load (the first load of the DWH according to the DWH configuration), during the DWS **operation** phase, warehouse data must be regularly **refreshed**, i.e., modifications of operational data since the last DWH refreshment must be propagated into the warehouse such that data stored in the DWH reflect the state of the underlying operational systems. Besides DWH refreshment, DWS operation includes further tasks like archiving and purging of DWH data or DWH monitoring.

5 Data warehouse design

Data warehouse design methods consider the read-oriented character of warehouse data and enable the efficient query processing over huge amounts of data. A special type of relational database schemas, called star schema, is often used to model the multiple dimensions of warehouse data (in contrast to the two-dimensional representation of normal relational schemas). In this case, the database consists of a central fact table and several dimension tables. The fact table contains tuples that represent business facts (measures) to be analyzed, e.g., sales or shipments. Each fact table tuple references multiple dimensional table tuples each one representing a dimension of interest like products, customers, time, region or salesperson. Dimensions usually have associated with them hierarchies that specify aggregation levels and hence granularity of viewing data (e.g., day-> month -> quarter -> year is a hierarchy on the time dimension [1]). Since dimension tables are not normalized, joining the fact table with the dimension tables provides different views (dimensions) of the warehouse data in an efficient way. A variant of the star schema, called **snowflake schema**, is commonly used to explicitly represent the dimensional hierarchies by normalizing the dimension tables.

A more natural way to consider multidimensionality of warehouse data is provided by the **multidimensional data model**. Thereby, the **data cube** is the basic underlying modeling construct. Special operations like pivoting (rotate the cube), slicing-dicing (select a subset of the cube), roll-up and drill-down (increasing and decreasing the level of aggregation) have been proposed in this context. For the implementation of multidimensional databases, there are two main approaches. In the first approach, extended relational DBMSs, called relational OLAP (ROLAP) servers, use a relational database to implement the multidimensional model and operations. ROLAP servers provide SQL extensions and translate data cube operations to relational queries. In the second approach, multidimensional OLAP (MOLAP) servers store multidimensional data in non-relational specialized storage structures. These systems usually precompute the results of complex operations (during storage structure building) in order to increase performance.

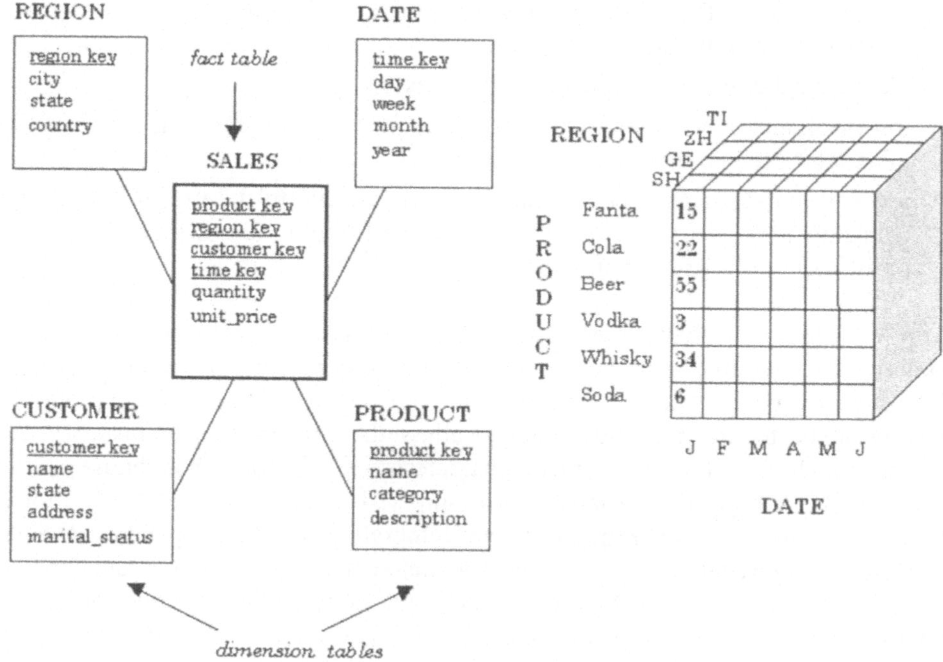

Figure 2 Star schema and data cube

6 Data acquisition

For the first task of data acquisition, the data extraction, standard interfaces (e.g., ODBC, EDA/SQL) or gateways are often used in commercial extraction tools and proprietary extraction scripts. Although often underestimated, data extraction is one of the most time- consuming tasks of data warehouse development, specially when older legacy systems must be integrated.

Usually, data extracted from operational systems contains lots of errors, and must be first transformed and cleaned before loading it into the data warehouse. Data values from operational systems can be incorrect, inconsistent, unreadable or incomplete. Furthermore, different formats and representations may be used in the various operational systems. Particulary, for the integration of external data, data cleaning is an essential task in order to get correct and qualitative data into the data warehouse, and includes the following tasks:

- convert data to the common, internal warehouse format from a variety of external representations
- identify and eliminate duplicates and irrelevant data
- transform and enrich data to correct values (e.g., by checking the membership of an attribute in a list)
- reconcile differences between multiple sources, due to the use of homonyms (same name for different things), synonyms (different names for same things) or different units of measurement.

After cleaning, data that comes from different sources and will be stored in the same warehouse table must be merged and possibly set into a common level of detail. Furthermore, time-related information (update/extraction/load date) is usually added to the warehouse data to allow the construction of histories. As mentioned above, one of the main characteristics of a data warehouse is the creation and storage of new base data (compared to the contents of operational systems). Thus, beyond extracting and integrating existing operational data, derived and aggregated data must be calculated using appropriate functions or rules. Finally, before or during loading data into the warehouse, further tasks like filtering, sorting, partitioning and indexing are often required [15]. Populating the target warehouse is then performed using a DBMS's bulk data loader or an application with embedded SQL.

7   Data storage and access

The special nature of warehouse data and access necessitates adjusted mechanisms for data storage, query processing and transaction management. Complex queries and operations involving large volumes of data require special access methods, storage structures and query processing techniques. For example, bitmap indices and various forms of join indices (e.g., Starjoin [10], parallel join [9]) can be used to significantly reduce access time. Furthermore, since access to warehouse data is mostly read-oriented, complex concurrency control mechanisms and transaction management must be adapted [15].
Access to the data warehouse can also be speeded up by settling subsets of it in form of **data marts**. A data mart is a selected part of the data warehouse which supports specific decision support application requirements of a company's department or geographical region. It usually contains simple replicates of warehouse partitions or data that has been further summarized or derived from base warehouse data. Instead of running ad hoc queries against a huge data

warehouse, data marts allow the efficient execution of predicted queries over a significantly smaller database.

8   Virtual data warehouses

The proposal of virtual data warehouses is considered as a way to rapidly implement a data warehouse without the need to store and maintain multiple copies of the source data. Virtual data warehouses often provide a starting point for organizations to learn what end- users are really looking for. End-users have the possibility to directly access real-time source data using advanced networking capabilities tools. The drawbacks of this approach compared to the classical data warehouse approach illustrated in Figure 1 are:

- data quality and consistency is not guaranteed since no prior data preparation (reconciliation) takes place,
- historical data is usually not available,
- end-user access time is usually unpredictable depending on the availability of operational sources, network load (which is high in this approach), query complexity and translations between different database formats.

9   State-of-the-art

Today, a plethora of tools, particularly for specific tasks of a DWS like data acquisition, access and management is available in the market. For the implementation of a complete DWS, a set of tools must be integrated to form a concrete warehousing solution. The ultimate integration goal is to avoi ' interface problems. The trend is towards "open"-solutions (supported e.g., by IBM Visual Warehouse [8], HP Open Warehouse [7] or Prism Solutions [11]) which give the opportunity to combine several tools in one DWS. For example, the HP OpenWarehouse is a framework for designing data warehouses based on HP- and third- party hardware and software components. HP-customers can choose from solutions in areas such data extraction and transformation, relational databases, data access and reporting, OLAP, web-browsers applications and data mining.
A further recent market trend is the adoption of data marts as a way to use and experiment with data warehouse technology in particular departments (e.g., marketing). Linking data warehouse to the Internet (as additionally data source or

access interface) gains more attention because it allows companies to extend the scope of warehouse to external information.

Until now, the research community attempts to solve particular problems, mostly using well-known concepts and research results from other research fields (like materialized views, index selection, data partitioning) [2, 15]. The most prominent research project, the WHIPS project at the University of Stanford, investigates a wide spectrum of data warehousing problems based on techniques of materialized views [14]. In Switzerland, the "Kompetenzzentrum Data Warehousing Strategie" (CC DWS) at the University of St. Gallen (HSG) focuses, together with a number of companies, at the development of a process model for the successful introduction of data warehousing in big companies. Our work in the context of the SIRIUS project focuses on the investigation of techniques for the incremental refresh [6, 12]. In the SMART project (a cooperation with Rentenanstalt/Swiss Life), we investigate the design and implementation of a metadata management system for a data warehouse environment.

Developing a data warehouse system is an exceedingly demanding and costly activity, with the typical warehouse costing in excess of \$1 million [13]. Nevertheless, data warehousing has become a popular activity in information systems development and management. According to the market research firm Meta Group, the proportion of companies implementing data warehouses exploded from 10% in 1993 to 90% in 1994, and the data warehousing market will expand from \$2 billion in 1995 to \$8 billion in 1998. Improving access to information and delivering better and more accurate information, is for more and more companies a motivation for using data warehouse technology.

References

[1] **R. Agrawal, A. Gupta** , S. Sarawagi. Modeling Multidimensional Databases. Proc. of the 13th Intl Conference on Data Engineering, Birmingham U.K., April 1997.

[2] **S. Chaudhuri, U. Dayal.** An Overview of Data Warehousing and OLAP Technology. ACM SIGMOD Record, 26:1, March 1997.

[3] **Digital Consulting Inc.** Data Warehouse Trends '98. White Paper available from http://www.dw-institute.com/pubsindex.htm.

[4] **M. P. Burwen.** Database Solutions. White Paper available from http://www.dw-institute.com/pubsindex.htm.

[5] **B. Devlin.** Data Warehouse from Architecture to Implementation. Addison-Wesley, 1997.

[6] **S. Gatziu, A. Vavouras, K. R. Dittrich.** SIRIUS: An Approach for Data Warehouse Refreshment. Technical Report 98.07, Department of Computer Science, University of Zurich, June 1998.

[7] **Hewlett Packard Company.** http://www.hp.com/esy/solutions/data_warehousing.

[8] **IBM Corporation.** http://www.software.ibm.com/data/vw/.

[9] **C. Lee, Z.A. Chang.** Utilizing Page-Level Join Index for Optimization in Parallel Join Execution. IEEE Transactions on Knowledge and Data Engineering, 7(6), December 1995.

[10] **O'Neil, G. Graefe.** Multi-Table Joins through Bitmapped Join Indices. SIGMOD Record, 24(3), September 1995.

[11] **Prism Solutions.** http://www.prismsolutions.com.

[12] **Vavouras, S. Gatziu, K. R. Dittrich.** The SIRIUS Approach for Refreshing Data Warehouses Incrementally. 8. BTW 1999 (Datenbanksysteme in Büro, Technik und Wissenschaft), Freiburg, März 1999.

[13] **H. J. Watson, B. J. Haley.** Data Warehousing: Managerial Considerations. Communications of the ACM, 41(9), September 1998.

[14] **J. Wiener, H. Gupta, W. Labio, Y. Zhuge, H. Garcia-Molina, J. Widom.** A System Prototype for Warehouse View Maintenace. Proc. of the ACM Workshop on Materialized Views: Techniques and Applications, Montreal, June 7, 1996.

[15] **M-C. Wu, A. P. Buchmann.** Research Issues in Data Warehousing. Datenbanksysteme in Büro, Technik und Wissenschaft: GI-Fachtagung, Springer-Verlag, Ulm, 1997.

Informationelle Grobstrukturierung - Hilfsmittel für sichere Data Warehouse- Projektierung in einem Energieversorgungsunternehmen

Prof. Dr. Klaus Kruczynski
Hochschule für Technik, Wirtschaft und Kultur Leipzig

1   Zusammenfassung

An das Data Warehouse eines Unternehmens werden hohe Anforderungen in zwei Richtungen gestellt: Zum einen erwarten die Endbenutzer, dass die für ihre Entscheidungsprozesse relevanten Informationen jederzeit und multidimensional recherchierbar verfügbar sind. Zum anderen ist das Integrationsproblem der heterogenen Basisdaten dauerhaft zu lösen. Die wechselseitige Abhängigkeit dieser beiden Zielrichtungen erzwingt zielsichere Data Warehouse-Projekte.
In der VNG - Verbundnetz Gas AG Leipzig erwies sich die Grobstrukturierung der Anwendungssysteme im Vorfeld der Data Warehouse-Projektierung als effizientes Hilfsmittel, den Gültigkeitsrahmen für das zu schaffende Data Warehouse abzustecken und Prioritäten seiner Realisierung im Sinne der Hub-and-Spoke-Architektur festzulegen.

2   Einführung in das Data Warehousing

Es ist ein Wesenszug des Informationszeitalters, dass Informationen ins Unermessliche anwachsen und kurz nach ihrem Auftreten bereits rapide an Wert verloren haben. Informationen sind der Stoff, aus dem Entscheidungen gemacht sind. Richtige Entscheidungen bestimmen den geschäftlichen Erfolg eines Unternehmens. Daher ist es ein Gebot der Stunde zu überprüfen, ob die heute anzutreffende Organisation der betrieblichen Informationsspeicherung, -verarbeitung und -auswertung im Interesse optimaler Entscheidungsfindung den Bedingungen des Informationszeitalters genügt.
Analyseergebnisse bringen das Gegenteil ans Licht. Manager beklagen einerseits mangelhafte Informationsselektion, die zu einer nicht mehr beherrschbaren Informationsflut führt und am Ende zum ernstzunehmenden Stressfaktor wird [Geor98]. Andererseits ist nach aktuellen Studien davon auszugehen, dass nur 7%

aller operativen Unternehmensdaten für Entscheidungsprozesse genutzt werden [SNI98], deren Anzahl gravierend zunimmt. Die Tendenz zur 'Informationslücke' verschärft sich noch dadurch, dass sich im gleichen Zeitraum die Anzahl der Systemanalytiker, die die Fähigkeit haben, Unternehmensdaten auszuwerten, um etwa zwei Drittel verringert hat.

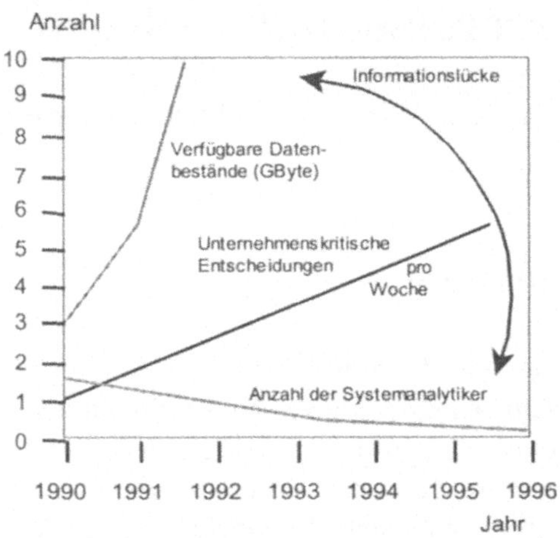

Abbildung 1: Die Informationslücke im Unternehmen [2GDW98]

Die Verschwendung informationeller Ressourcen geht einher mit wachsenden Verstössen gegen die Ordnung, Sicherheit und Konsistenz der Datenhaltung. Der Ausweg aus dieser verhängnisvollen Situation kann nur in einem neuen Konzept der Datenintegration und -logistik gesehen werden, das eng mit dem Begriff des Data Warehousing verknüpft ist.
Es ist das Verdienst von W. H. INMON, den Ansatz des Data Warehousing als datenlogistisches Konzept für entscheidungsunterstützende Systeme der Klassen EIS (Executive Information System) oder DSS (Decision Support System) am Ende der 80er Jahre herausgearbeitet zu haben. Danach müssen Daten in einem Data Warehouse vier Grundeigenschaften genügen (vgl. dazu [Zink96]):

- Daten in einem Data Warehouse sind integriert.

- Daten orientieren sich nicht an den Anforderungen von Programmen, sondern an denen der Endnutzer.

- Daten haben eine zeitliche Dimension. Sie reflektieren nicht nur eine Momentaufnahme, sondern geben Auskunft über die Entwicklung.

- Daten sind beständig. Sie werden nicht - wie häufig in operativen Systemen - überschrieben, sondern ergänzt.

Die folgende Prinzipdarstellung möge genügen, die Data Warehouse-Architektur zu verdeutlichen:

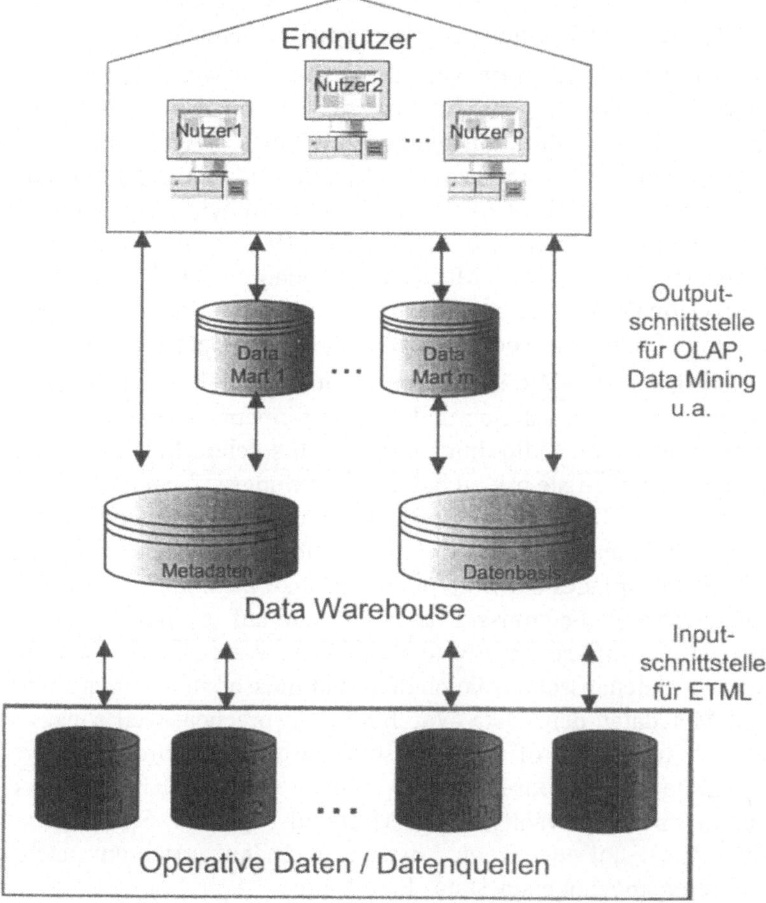

Abbildung 2: Prinzipielle Data Warehouse-Architektur

Erklärend seien einige Hinweise hinzugefügt:

- Die grundlegende Eigenschaft des Data Warehouse, 'single point of truth' im Unternehmen zu sein, bezieht sich sowohl auf Daten als auch auf Metadaten.
- Metadaten gewährleisten die unternehmenseinheitliche Begriffswelt für Informationen und definieren, wie bei einen Workflowprozess, die Informationsflüsse von den Quell- zu den Zieldaten sowie die erforderlichen Berechnungsregeln. Sie sind unentbehrlich für eine konsistente Datenlogistik und müssen im Interesse flexibler Entscheidungsprozesse höchsten Ansprüchen an Änderungs- und Erweiterungsfreundlichkeit genügen.

- Die Middleware der Inputschnittstelle sichert durch entsprechende Tools für Extraktion, Transformation, Migration und Laden (ETML) der Daten die Konnektivität zwischen der Basis- und Data Warehouse-Ebene unabhängig davon, ob es sich um interne oder Fremdsysteme handelt.

- Die Outputschnittstelle muss vor allem den Auswertungsbedürfnissen der Endnutzer Rechnung tragen, die von der Vision des 'gläsernen Kunden' ausgeht. In diesem Zusammenhang gewinnt OLAP (Online Analytical Processing), eine Softwarelösung für die multidimensionale Analyse, eine Schlüsselfunktion. E. F. CODD - er veröffentlichte im Jahre 1970 die Relationentheorie - unterbreitete im Jahre 1993 seine Vorschläge für die mulidimensionale Analyse. Mittlerweile gehören OLAP-Engines für die multidimensionale Auswertung der Data Warehouse-Daten und entsprechende OLAP-fähige Endnutzer-Tools zum Standard jeder Data Warehouse-Lösung.

- Das Enterprise Data Warehouse repräsentiert den idealtypischen unternehmensweiten Gültigkeitsrahmen und baut auf einem ganzheitlichen Unternehmensdatenmodell auf. 'Allerdings haben sich solche Modelle als kaum realisierbar erwiesen, weil sie mit zu hohem Erstellungsaufwand verbunden und zu unhandlich sind.' [StHa97, S. 360]. Machbarkeits- und Performancegründe zwingen zu kleineren Data-Warehouse-Einheiten, wobei aber im Interesse eines Wachstumspfades der Enterprise-Gedanke zumindest als Modellierungskonzept gewahrt bleiben muss. Data Marts sind auf spezielle Teilgebiete (z. B. Treasury, Marketing) spezialisierte kleine Data Warehouses. Sie können einen redundanten Datenausschnitt beinhalten und müssen in bezug auf Gesamtkonzept und Metadaten dem Data Warehouse entsprechen, weil sonst dessen Eigenschaft, 'single point of truth' zu sein, aufgegeben wird. Es ist verbreitete Praxis, Data Warehouse-Projekte entsprechend der Hub-and-Spoke-Architektur mit ausgewählten Data Marts zu beginnen. Später gehen sie im Data Warehouse auf oder werden diesem in Endnutzerrichtung nachgeordnet, wenn sie ihren abgehobenen Status beibehalten.

Mit dem Data Warehouse wird der Gedanke des stabilisierenden Puffers aus dem Szenario eines Lagerhauses für die unternehmensweite Datenorganisation aufgegriffen. Diese späte Rückbesinnung auf Puffereigenschaften ist erstaunlich, denn Datenbankbetriebssysteme folgten bereits seit 1975 dem ANSI-SPARC-Vorschlag einer Drei-Ebenen-Architektur: physische Speicherungsebene - konzeptuelle Modellebene mit Pufferwirkung - Endnutzerebene. Vor allem diese Drei-Ebenen-Architektur des Data Warehouse-Ansatzes ist der hoffnungsvolle Ausgangspunkt, nicht nur die Datenauswertung nutzerorientiert voranzutreiben, sondern auch das Datenintegrationsproblem im Unternehmen zu lösen.

3   Data-Warehouse-Prozess

In der Regel verläuft ein erfolgreicher Geschäftsprozess zyklisch, indem das erreichte Ziel erneut zum Ausgangspunkt für eine verbesserte Prozesslösung wird (Business Improvement Cycle). Da der Aufbau eines Data Warehouse nicht Selbstzweck ist, sondern Geschäftsprozesse unterstützt, ergibt sich schon daraus zwangsläufig ein zyklisches Vorgehensmodell, das in Abbildung 3 nach einem Vorschlag von H. KRALLMANN als Wertschöpfungskette symbolisiert wird [Kral98]. Da die weiteren Ausführungen auf spezielle Inhalte der Vorstudie am Beispiel der VNG AG eingehen, wird diese Phase nach aktuellen Erfahrungen der Data Warehouse-Praxis untersetzt [Mumm98]. Bereits an dieser Stelle wird deutlich, dass die Vorstudie von der Grobstrukturierung der vorhandenen Anwendungssysteme im Unternehmen erheblich profitiert.
Zyklisches Data Warehousing bedeutet dreierlei:

- 'Think big - start small' erweist sich als ideale übergreifende Strategie.
- Ein Endzustand ist niemals erreicht; der 'Big Bang' fällt also aus.

Data Warehousing bleibt ein nicht zu unterschätzender Kostenfaktor.
Die Vorstudie setzt diese Kriterien um. Ihre zu erbringenden Leistungen müssen ein pragmatisches Vorgehen entwickeln, das die Erfordernisse der unternehmensweiten Datenintegration und der endnutzerorientierten Machbarkeit des Data Warehouse ausbalanciert. 'The whole enterprise at your finger-tip' erweist sich in diesem Zusammenhang als eine überhöhte Vision. Unbestritten ist die Notwendigkeit der Datenintegration, selbst wenn sie zunächst in mehr als einer Anwendungssystemklasse - möglicherweise über einen unterschiedlichen Lösungsansatz - verwirklicht wird. Die Systemklassen unterscheiden sich darin, ob sie zum Data Warehouse gehören müssen oder nicht. Diese Systemzugehörigkeit erklärt sich allein aus dem Auswertungsanspruch. Die in der VNG - Verbundnetz Gas AG Leipzig (VNG) angewandte Methode der informationellen Grobstrukturierung unterstützt dieses Vorgehen.

4   Informationelle Grobstrukturierung
in der VNG AG Leipzig[1]

Die VNG AG gehört zu den grössten überregionalen Energieversorgungsunternehmen (EVU) in Deutschland. Sie ist auf die Beschaffung, den Transport, die

---

[1] Die Darlegungen basieren auf einer für die VNG erarbeiteten Studie [KrKaKi98]

Speicherung und den Absatz von Erdgas spezialisiert. Ihr Ferngasnetz ist in das europäische Verbundsystem integriert. Das Unternehmen hatte 1997 1143 Mitarbeiter und erwirtschaftete einen Umsatz von 3,779 Mrd. DM [VNGG97]. Es bezieht Erdgas von gegenwärtig 5 Lieferanten und versorgt regionale und kommunale EVU sowie industrielle Abnehmer und Kraftwerke (derzeit ca. 60 Kunden).

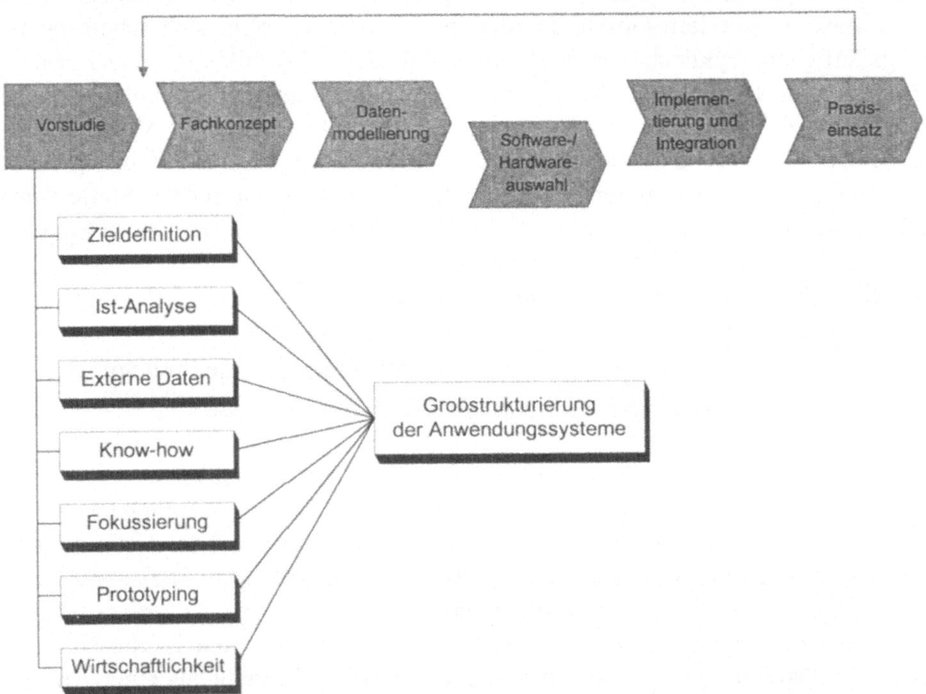

Abbildung 3: Prinzipielles Vorgehensmodell zum Data Warehouse-Prozess

Erfolgreiche Betriebswirtschaft und effiziente Informationsversorgung stehen in einem dichten Zusammenhang. Der VNG-typischen Minimaleigenschaft des betriebswirtschaftlichen Mengengerüsts in bezug auf Produkte und Geschäftspartner stehen die Komplexität der Gasversorgungsaufgabe mit ihren hohen Anforderungen an das Gasversorgungsmanagement und die sich abzeichnenden Liberalisierungs- und Dynamisierungstendenzen des Marktes gegenüber. Diesem Spannungsfeld muss die Informationsversorgung optimal angepasst sein.

Im Unternehmen bestimmen heterogene, noch nicht integrierte Anwendungssysteme (AWS) die Informationslandschaft. Dabei basiert nahezu jedes AWS auf einer eigenen Datenhaltung mit eigener Begriffswelt und ohne Berücksichtigung von Mehrfachverwendungen der Daten in anderen AWS. Redundanz und Nichtkonsistenz sind häufig die Folge. Die folgende Grafik gibt einen Überblick über die Speicherbelegungsstruktur der wichtigsten VNG-Anwendungssysteme.

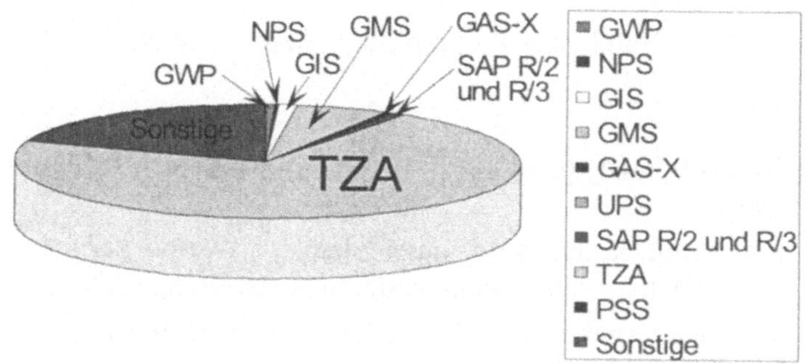

Abbildung 4: Prozentuale Speicheranteile der AWS Bemerkungen/Legende:

Die Kreissegmente visualisieren die AWS im Uhrzeigersinn, beginnend mit GWP. UPS und PSS können wegen der Geringfügigkeit des belegten Speicherplatzes nicht dargestellt werden.

GWP	= Gaswirtschaftl. Planungssystem		GAS-X	= Gasabrechnungssystem
NPS	= Netztechnisches Planungssystem		UPS	= Unternehmensplanungssystem
GIS	= Geografisches Informationssystem		TZA	= Technische Zustandsanalyse
GMS	= Gasmanagementsystem		PSS	= Projektsteuerungssystem

Hervorzuheben sind von der VNG initiierte erste Ansätze zur Datenintegration:

- Aus der Erkenntnis heraus, dass die Iststruktur der Anwendungssysteme nur Insellösungen für Datenintegration hervorgebracht hat, wurden Integrationskreise (IK) als zukünftiger Gestaltungsrahmen herausgearbeitet, die in Form von Clusterdiagrammen dargestellt werden. Abbildung 5 zeigt als Beispiel den Integrationskreis Gasmanagementsystem in vereinfachter Darstellung.
- Für den IK Verbundnetz-Informationssystem (VIS) wurde mit eigenen Ressourcen ein Auskunftssystem unter MS-ACCESS 2.0 entwickelt, das benötigte Daten über eine Reihe von Schnittstellen aus den operativen Systemen bezieht [vgl. dazu EhHe98].

Auch wenn das betriebswirtschaftliche Mengengerüst der VNG den Data Warehouse-Ansatz scheinbar nur tangiert, ist Data Warehousing aus mindestens zwei Gründen ein Gebot informationslogistischer und unternehmerischer Vernunft für das Unternehmen:

- Überwindung der nichtintegrierten Anwendungssystembasis, die auch durch die Integrationskreise nicht bereinigt werden kann,
- Ausbau des VIS zu einem data-warehousegespeisten System.

Im Vorfeld der Data Warehouse-Projektierung sind vor allem drei Fragen zu beantworten?

- Können die gebildeten Integrationskreise übergreifenden Strukturklassen zugeordnet werden?
- Welche Integrationskreise sind unter dem Auswertungsaspekt data-warehouse-relevant, welche entsprechen anderen Auswertungszielen?
- Welche Prioritäten ergeben sich für das Realisierungskonzept?

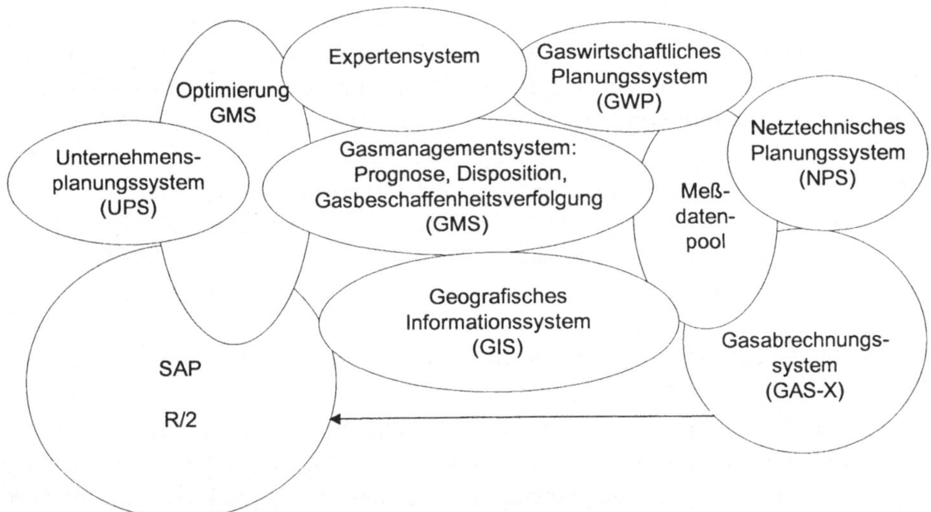

Abbildung 5: Integrationskreis Gasmanagementsystem in Clusterdarstellung
(vereinfacht nach [Wolf98])

Eine einfache Interdependenzanalyse zwischen den Anwendungssystemen und den Integrationskreisen nach der Methode der verdichteten Datenmatrizen (vgl. dazu beispielsweise [GrGaGi73]), ist geeignet, die empirisch klassifizierten Integrationskreise (IK) in gesicherte Integrationskreiskomplexe (IKK) zu überführen. Das notwendige Datenmaterial ist über die Clusterdiagramme gegeben. Zunächst wird der Istzustand der AWS-IK-Interdependenzen durch eine 0-1-Matrix beschrieben. Der Besetzungszustand dieser Matrix wird durch ein Gütemass quantifiziert, indem für jede Zeile und Spalte die maximale Distanz der Besetzungen ermittelt und die Summen dieser Distanzen errechnet werden. Für die Matrix der Istsituation ergibt sich ein Gütemass = 102:
Danach ist die Matrix durch schrittweises Vertauschen der Zeilen und Spalten so zu transformieren, dass sich ein minimales Gütemass ergibt. Durch den heuristi-

schen Transformationsprozess wird eine Verdichtung der Besetzungen an der Hauptdiagonale erreicht, wodurch abgestufte IKK definiert werden können. Für die Zielmatrix ergibt sich nach diesem Verfahren ein (sub)minimales Gütemass = 61:

Int'kreis / AWS/DB	Gas-wirtschaft	Vertrags-wesen	Betriebs-IS	VIS	Meßwerte	Gas-Management	Techni-sche Planung	Projekt-kosten-kalkulation	Distanz
SAP			1	1		1	1	1	5
GMS	1	1		1	1	1			5
GIS			1			1			3
GWP	1			1	1	1			5
Meßdatenpool					1	1			1
NPS	1	1			1	1			5
GAS-X	1	1		1	1	1			5
ADS			1						
TZA			1						
PSS				1				1	4
VDB		1							
UPS	1	1		1		1			5
Distanz	10	10	8	11	5	11		9	
Gütemaß	102								

Legende:

AWS/DB:	Anwendungssystem/Datenbank	NPS:	Netztechnisches Planungssystem
ADS:	Anlagendokumentationssystem	PSS:	Projektsteuerungssystem
GAS(-X):	Gasabrechnungssystem	SAP:	SAP R/2 und R/3
GIS.	Geogr. Informationssystem	TZA:	Technische Zustandsanalyse
GMS:	Gasmanagementsystem	UPS:	Unternehmensplanungssystem
GWP:	Gaswirtschaftliches Planungssystem	VDB:	Vertragsdatenbank
Int'kreis:	Integrationskreis	VIS:	Verbundnetz Informationssystem

Die erzielten Ergebnisse vermitteln folgende Antworten auf die aufgeworfenen Fragen:

Entsprechend der optimierten Grobstruktur empfiehlt es sich, zwei bzw. drei übergreifende Strukturklassen zu bilden, die als Integrationskreiskomplexe (IKK) bezeichnet werden:

- IKK der IK 1 ... 3: BIS-orientierter IKK

- IKK der IK 4 ... 8: VIS/GMS-orientierter IKK

- (Eine weitere mögliche Unterteilung wird durch die gepunktete Kaskadierung angezeigt.)

Dieses Ergebnis sichert die übergreifende Integration von Integrationskreisen, kann dabei aber die teilweise Splittung bzw. kontrollierte Redundanzerhöhung der AWS nicht vermeiden.

Der VIS/GMS-orientierte IKK widerspiegelt den Gültigkeitsrahmen für das zu schaffende Data Warehouse. Er umfasst ca. 10% des Speicheranteils der Anwendungssysteme (vgl. dazu Abbildung 4) und ist im wesentlichen ORACLE-dominant in bezug auf das eingesetzte Datenbankbetriebssystem.

Int'kreis / AWS/DB	Technische Planung (1)	Projektkostenkalkulation (2)	Betriebs-IS (3)	VIS (4)	Gas-Management (5)	Gaswirtschaft (6)	Meßwerte (7)	Vertragswesen (8)	Distanz
TZA			1						
ADS			1						
GIS			1		1				2
SAP	1	1	1	1	1				4
PSS		1		1					2
GMS				1	1	1	1	1	4
GWP				1	1	1	1		3
NPS					1	1	1	1	3
GAS-X				1	1	1	1	1	4
UPS				1	1	1		1	4
Meßdatenpool					1		1		2
VDB								1	
Distanz		1	3	6	8	4	5	6	
Gütemaß	61								

Der BIS-orientierte IKK muss anderen Auswertungserfordernissen Rechnung tragen. Das hier zu schaffende Integrationskonzept muss vor allem so angelegt sein, dass für ein in SAP RM-INST nachgewiesenes Instandhaltungsobjekt das topologische Pendant im GIS aufgefunden und dem Endnutzer parallel verfügbar gemacht wird. Für die datenlogistische Lösung dieses IKK wird ein Individualprojekt auf Basis von CORBA favorisiert.

Die CORBA-Lösung hat den Vorteil, dass auf deren Grundlage eine spätere Vermittlung der beiden IKK möglich ist, wenn sie unumgänglich werden sollte.

Für die abgeleiteten IKK kann jeweils ein Kernprojekt, das für die Pilotierung prädestiniert ist, definiert werden; direkter Ausgangspunkt wird die maximale 1-Belegung in einer Spalte innerhalb eines IKK sein. Das Betriebs-Informationssystem (BIS) und Gas-Management sind primäre Kandidaten innerhalb der beiden IKK.

BIS ist diesem Zusammenhang ein unanfechtbarer Vorschlag. Gas-Management wird aber gegen VIS getauscht, weil für diesen IK bereits data-warehouse-relevante Erfahrungen vorliegen. Somit steht am Anfang der VNG-Data-Warehouse-Projektierung die Ausbildung von VIS als Data Mart.

Literatur:

[2GDW98],o.V.: Compendium. Fakten, Trends und Analysen für Informationsmanager. 2nd Generation Data Warehouse. Verlegerbeilage der Computerwoche 1998.

[EhHe98],Ehrenberg, D.; Heine, P.: Konzept zur Datenintegration für Management Support Systeme auf der Basis uniformer Datenstrukturen. In: Wirtschaftsinformatik 40 (1998) 6.

[Geor98],Georges, P. M.: The Management Cockpit. Vortrag auf der SAPPHIRE'98, Madrid, 1998.

[GrGaGi73],Grochla, E.; Garbe, H.; Gillner, R.: Gestaltungskriterien für den Aufbau von Datenbanken. Opladen: Westdeutscher Verlag, 1973.

[Kral98]:,Krallmann, H.: Data Warehousing - Target- and Decision-Oriented Information Supply. Vortrag auf der SAPPHIRE'98, Madrid, 1998.

[KrKaKi98],Kruczynski, K.; Kahlert, D.; Kirsten, T.: Konzepte zu Datenlogistik und Data Warehousing für die Verbundnetz Gas AG. Studie 1998.

[Mumm98],Data Warehousing für die dispositive Informationsverarbeitung. Firmenschrift 1998.

[SNI98],Siemens Nixdorf Informationssysteme AG, Professional Services Data Warehouse Consulting: Consulting Data Warehouse, 1998.

[StHa97],Stahlknecht, P.; Hasenkamp, U.: Einführung in die Wirtschaftsinformatik, 8. Auflage. Springer-Verlag, 1997.

[VNGG97],Verbundnetz Gas AG: Geschäftsbericht 1997.

[Wolf98],Wolf, J.: Integration von Anwendungsinformationssystemen. Verbundnetz Gas AG, 1998.

[Zink96],Zinke, W.: Data Warehouse. Skript zu einem Folienvortrag für SNI. Diessen a. Ammersee, 1996.

Modellierung analytischer Datenbanken anhand eines Controlling-Beispiels

lic.rer.pol. Andreas Thurnheer
Uni Basel

1 Einleitung

1.1 Operative und analytische Datenbanken

Die Analyse von Unternehmensdaten stellt für viele Firmen eine Herausforderung dar. Mit der Weiterentwicklung von Soft- und Hardware im Datenbankbereich sowie dem Preiszerfall bei Massenspeichern stehen der Informationsanalyse heute Methoden und Konzepte bereit, die auch die stetig anwachsenden Datenmengen in teilweise heterogenen Systemen kontrollieren können.
Analytische Datenbanken (Data Warehouses) unterscheiden sich von operativen Systemen vor allem durch ihre unterschiedliche Zielsetzung: Operative Daten sind änderungsintensiv, analytische abfrageintensiv. Diese unterschiedliche Zielverfolgung wirkt sich entscheidend auf die Datenstruktur und somit auf die Datenmodellierung aus.

1.2 Das Data Warehouse-Schichtenmodell

Mertens unterscheidet zwischen einem ein-, zwei- oder dreischichtigen Data Warehouse-Modell [Mer98].
Das **einschichtige Modell**, auch virtuelles Data Warehouse genannt, umfasst nur die operativen Datenbanksysteme, das heisst, es werden neben den laufenden Produktionsdaten keine weiteren Datenbestände benötigt. Middleware-Programme setzen die operationalen Daten so um, dass für den Benutzer der Eindruck entsteht, es liege ein physikalisches Data Warehouse vor.
Das **zweischichtige Modell** zeichnet sich dadurch aus, dass abgeleitete Daten getrennt von operativen Systemen zur Weiterverarbeitung bereitgestellt werden. Einerseits können damit die Daten zielgerichtet verfügbar gemacht werden, andererseits wird die Leistung der Produktionsdatenbanken durch die physische Trennung der Datenhaltung nicht von analytischen Vorgängen beeinflusst.
Im **dreischichtigen Modell** wird schliesslich eine Ebene zwischen die beiden vorher genannten Schichten eingeführt (Abbildung 1): Aus verschiedenen Quellen, die heterogen und auch räumlich verteilt sein können, werden Daten vereinheitlicht und in einem unternehmensweiten Datenbanksystem (Enterprise Data

Warehouse) abgespeichert. Dabei werden Inkonsistenzen und Unschärfen in den aktuellen Daten korrigiert, jedoch ohne ihren Inhalt zu verändern. Diese Schicht stellt eine Basis für endbenutzerorientierte Informationssysteme (Data Marts) dar, die in einem zweiten Schritt durch spezifisches Transformieren oder Kombinieren der vereinheitlichten Daten gebildet wird.

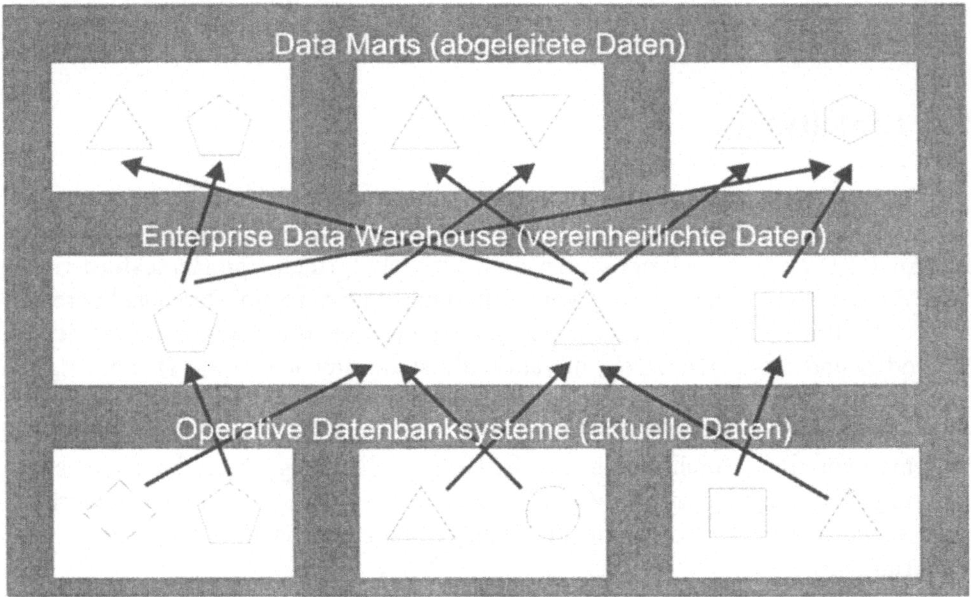

Abbildung 1: Die dreischichtige Datenarchitektur

Eine zentrale Anforderung an Informationssysteme ist eine endbenutzerorientierte, analyseadäquate Datenstruktur. Inmon nennt als wesentliche Eigenschaften die Datenintegration, den Themen- und Zeitbezug sowie die Sicherstellung, dass Endbenutzer nur einen lesenden Datenzugriff haben [IWG97]. Die Datenintegration wird beim Transformationsschritt von der operativen zur analytischen Ebene gewährleistet, insbesondere wird dies durch die dreischichtige Architektur unterstützt, weil diese die Konsistenz zwischen den Data Marts sicherstellt. Der Themenbezug bedeutet für den Endbenutzer, dass inhaltlich zusammengehörende Daten auch physisch gemeinsam zur Verfügung stehen. Eine zeitbezogene Datenhaltung ermöglicht analytisch wichtige Trendanalysen.

Das "Einschichtenmodell" eignet sich aufgrund der ungenügenden Datenstruktur für analytische Zwecke höchstens in Unternehmen mit sehr homogenem Datenaufbau und kleineren Datenbeständen.

Weite Verbreitung in der Praxis findet das "Zweischichtenmodell". Es zeichnet sich dadurch aus, dass die wesentlichen Anforderungen an analytische Systeme erfüllt und bereits zufriedenstellende Erfolge in einzelnen Unternehmensbereichen in vernünftiger Zeit verzeichnet werden können. Die Probleme bei diesem Ansatz treten dann auf, wenn die Anzahl der Data Marts wächst: Mit zunehmender Menge der Datenobjekte steigt auch der Wunsch nach deren sinnvollen Verknüpfung, die aber nur möglich ist, wenn die einzelnen Objekte einheitlich modelliert wurden.

Diese Anforderung kann das "Dreischichtenmodell" erfüllen, da es (idealerweise) ein unternehmensweites, analytisches Grundmodell als Quelle bereitstellt und somit eine höhere Integrität garantiert. Allerdings ist es besonders bei grossen Datenvolumen und komplexen Strukturen schwierig und nur langfristig zu realisieren. Das dadurch entstehende Unternehmensrisiko sowie Rentabilitätsgründe lassen viele Firmen einen Zwischenweg wählen, bei welchem ein dreischichtiges Modell angestrebt, dieses aber nur schrittweise über eine integrierte Data Mart-Entwicklung realisiert wird. Dabei wächst das Data Warehouse sozusagen mit jedem neu erstellten Data Mart [Mer99].

	Einschichtenmodell	Zweischichtenmodell	Dreischichtenmodell
Aktuelle Daten	ja	nein	nein
Auswirkung auf die Leistung operativer Systeme	stark	leicht	leicht
Eignung der Datenstrukturen	schlecht	gut	sehr gut
Realisationszeit	kurz	mittel	lang
Speicherbedarf	gering	gross	sehr gross
Technischer Aufwand	gering	gross	sehr gross

Abbildung 2: Vergleich der Schichtenmodelle

1.3 Analyseunterstützung im Controlling

In den nun folgenden Abschnitten soll anhand eines einfachen Beispiels aus dem Controlling-Bereich gezeigt werden, welche Arbeitsschritte, Möglichkeiten und Probleme bei der Entwicklung eines dreischichtigen Modells auftreten können. Die Darstellungen basieren auf einer Partialanalyse, die sowohl auf der operativen als auch auf der analytischen Ebene einen kleinen Ausschnitt aus einem ganzheitlichen Unternehmensmodell repräsentiert.

Bei der gewählten Aufgabe handelt es sich um eine ROI-Kennzahlenanalyse, welche aus einer operativen Buchhaltungsdatenbank stufenweise erstellt werden soll. Dieses Modell ist mit weiteren Bilanzstrukturkennzahlen wie Mitarbeiterre-

lationen, Liquiditäts-, Finanzierungs-, Investitions- oder Kapitalstrukturkennzah-
len erweiterbar.

Die Zielgrössen (Fakten oder auch Indikatoren genannt) werden aus dem verein-
fachten ROI-Kennzahlenschema bestimmt (Abbildung 3). Aus der Buchhaltung
müssen somit die Daten für die Kennzahlen **Ertrag**, **Aufwand**, **Anlagevermögen**,
Umlaufvermögen, **Fremdkapitalquote** und **Fremdkapitalzins** ermittelt werden.
Alle anderen Werte sind dann berechenbar.

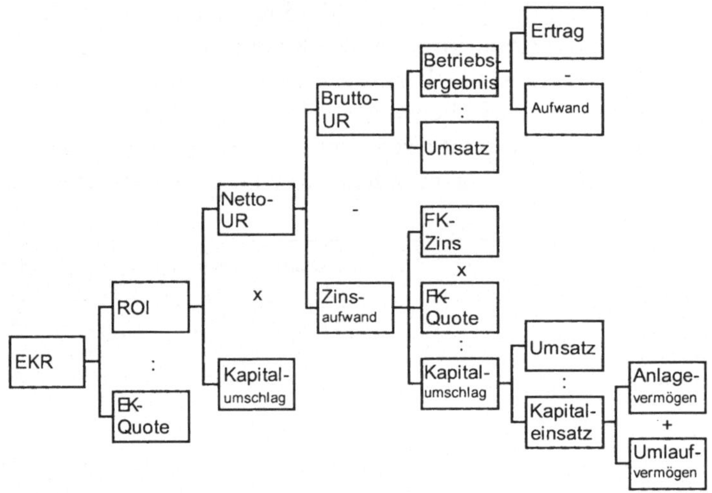

Abbildung 3: Das ROI-Kennzahlenschema [Sch93]

Die Kennzahlen alleine sind nur beschränkt aussagekräftig. Es stellt sich beispielsweise die Frage, in welcher Periode, durch welche Abteilung oder in
welcher Region sie erzielt wurden. Diese Kriterien nennt man Dimensionen, da
sie mögliche Sichten auf die Fakten darstellen. Die wohl bedeutendste Dimension
ist die **Zeit**. Sie macht beispielsweise Soll/Ist-Vergleiche oder Zeitreihenanalysen
möglich. Neben der Frage, welche Grösse wann erzielt wurde, können auch
Fragen nach **Region** (wo), **Produkt**, **Mitarbeiter** oder **Kunden** (durch wen oder
was) von Interesse sein. Eine Warum-Frage liegt eher im Bereich der Interpretation des Controllers und kann mit den Methoden des Data Minings unterstützend
erforscht werden.

Die Identifikation der gewünschten Fakten und Dimensionen ist zur Entwicklung
des logischen Modells im zweiten Transformationsschritt notwendig. Im
Abschnitt 2.3 wird dazu das Sternschema erörtert, das zu den verbreitetsten
Modellen analytischer Datenbanken auf relationalen Datenbanksystemen gehört
[Lus99].

2 Entwicklung des Datenmodells

2.1 Operatives Datenmodell

Die Ausgangslage ist ein operatives, normalisiertes Referenzdatenmodell in Anlehnung an Silverston et al [SGI97]. Es bildet eine rudimentäre Datenstruktur zu einer Buchhaltungsanwendung ab (Abbildung 4).

Das operative Datenmodell lässt sich grob in drei Bereiche gliedern: Buchhaltung, Transaktionen und Unternehmensstruktur. Die Unternehmensstruktur ist in diesem Beispiel hierarchisch in drei Ebenen aufgebaut (Gesellschaft - Organisation - Filiale).

Es wird angenommen, dass alle Filialen eine homogene Kontenstruktur verwenden, wobei nicht alle Konten in jeder Buchhaltung vorkommen müssen. Dies bedeutet, dass beispielsweise das Konto "Immobilien", falls vorhanden, in jeder Filialbuchhaltung dieselbe Kontonummer hat. Desweiteren muss eine Transaktion zwei oder mehr Einträge aufweisen (doppelte Buchhaltung).

Die Verbindung zu anderen, nicht aufgeführten Geschäftsbereichen wie Budgetierung, Marketing, Personal, Produktion oder Verkauf, könnte über die Filial- oder Transaktionstabelle erfolgen.

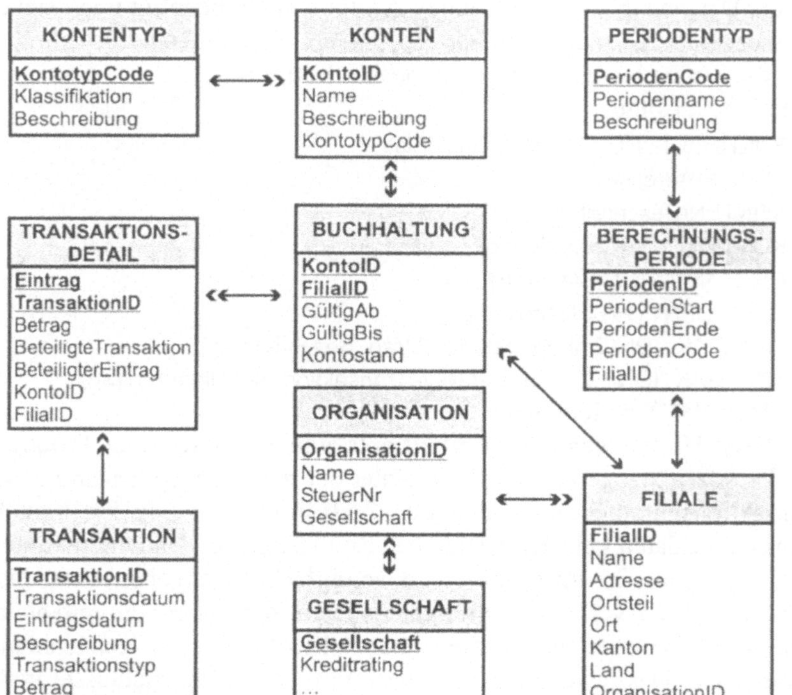

Abbildung 4: Buchhaltung - ein operatives Bereichsdatenmodell

2.2 Transformation zum Enterprise Data Warehouse

Der Datenentwurf im operativen Umfeld erfolgt prozessbezogen und ist mit den Normalisierungsschritten im Relationenmodell nach der Bestimmung der Datenabhängigkeiten starr vorgegeben. Die Änderungsintensität in transaktionsintensiven Datenbanken erfordert vom Datenmodell eine Minimierung der Datenabhängigkeit und Redundanz [Lus97]. Diese Datenstrukturen verarbeiten zwar den laufenden Geschäftsverkehr effizient, eignen sich aber aus bereits genannten Gründen schlecht zur Entscheidungsunterstützung. In einem ersten Schritt wird deshalb aus den operativen Daten ein unternehmensweites, vereinheitlichtes Data Warehouse erstellt. Neben der Sicherung der Datenintegrität wird in dieser Transformation auch der Zeitbezug der Daten hergestellt: Indem beim periodischen Ladeprozess bestehende Daten nicht überschrieben, sondern mit einem Zeitbezug z.B. dem Ladedatum gespeichert werden, können historische Daten über einen vordefinierten Zeitraum erhalten bleiben.

Anhand des Kennzahlenbeispiels sollen die Transformationsschritte im einzelnen erörtert werden:

- **Weglassen von nicht benötigten operativen Daten**
  Für die Datenanalyse werden einige Attribute nicht benötigt und deshalb weggelassen. Dadurch wird nicht nur das Datenmodell einfacher gestaltet, sondern auch die Systemleistung allgemein positiv beeinflusst.
  Entfernte Attribute:
  - BUCHHALTUNG(GültigAb, GültigBis)
  - FILIALE(Adresse)
  - KONTEN(Beschreibung)
  - KONTENTYP(Beschreibung)
  - ORGANISATION(SteuerNr)
  - PERIODENTYP(Beschreibung)
  - TRANSAKTION(Eintragsdatum, Betrag, Beschreibung)
  - TRANSAKTIONSDETAIL(BeteiligteTransaktion, BeteiligterEintrag)

- **Einfügen des Zeitelements**
  Durch das Hinzufügen eines Zeitattributs zum Schlüssel einer Tabelle werden die Werte zeitbezogen gespeichert. Unter der realistischen Annahme, dass eine Transaktionsnummer auch über den Zeitverlauf einmalig ist, brauchen die Transaktionsdaten keinen zusätzlichen Zeitbezug. Bei den Unternehmensdaten (z.B. geographische Attribute) wird vereinfachend angenommen, dass diese statisch sind. Es verbleiben die Kontendaten, die unbedingt zeitabhängig erfasst werden müssen, da sie die wesentlichen Fakten zur Kennzahlenanalyse bereitstellen. Das jeweilige Ladedatum wird somit zum Schlüssel der Kontotabelle hinzugefügt.

- **Beifügen von abgeleiteten Daten**
  Das Beifügen von abgeleiteten Daten, beispielsweise Aggregate oder berechnete Werte, könnte bei Bedarf bereits hier erfolgen. Im allgemeinen werden diese Berechnungen aber erst im zweiten Schritt durchgeführt. Denkbar ist im Beispielmodell eine Zusammenfassung gleichartiger Transaktionen (gleiche Konten und Transaktionstypen) bestimmter Zeiträume (ein Tag, Monat, Quartal). Je höher der Anteil abgeleiteter Daten, desto kleiner werden die Antwortzeiten komplexer Abfragen und desto grösser die Ladezeit und der Speicherbedarf [Lus99].

- **Denormalisierung**
  Die Daten in Data Warehouses sind zwischen den Ladeprozessen statisch. Die Redundanzminimierung ist deshalb nebensächlich. Entscheidender ist, dass das analytische Datenmodell benutzerfreundliche und zugriffseffiziente Abfragen unterstützt [Lus99]. Aus diesem Grund können redundanzbedingte Normalisierungsergebnisse rückgängig gemacht und unter Umständen mehrere Verbundoperationen eingespart werden. Tabellen können prinzipiell dann zusammengefasst werden, wenn die folgenden Bedingungen erfüllt sind [SGI97]:

  - Die Tabellen verwenden denselben Schlüssel oder Teilschlüssel.
  - Die Daten der beiden Tabellen werden häufig zusammen verwendet.
  - Das Einfügemuster ist ähnlich.

  Folgende Tabellen werden verbunden:

  - BERECHNUNGSPERIODE und PERIODENTYP (neu: BERECHNUNGSPERIODE): Mit dem Wegfall der Periodenbeschreibung macht es überflüssig, den Periodennamen auszulagern (das Attribut PeriodenCode entfällt somit).
  - BUCHHALTUNG, KONTEN und KONTENTYPEN (neu: KONTO): Diese Tabellen gehören sachlich zusammen. Auf die Auslagerung des Kontonamens wie auch auf die Klassifikation kann aufgrund der begrenzten Kontenanzahl verzichtet werden (das Attribut KontotypCode entfällt).
  - TRANSAKTIONSDETAIL und TRANSAKTION (neu: TRANSAKTION): Diese Tabellen weisen wiederum eine enge sachliche Zusammengehörigkeit auf.

  Ein Enterprise Data Warehouse-Datenmodell muss verschiedenen analytischen Ansprüchen genügen und ist deshalb weniger denormalisiert als ein spezifisches Data Mart-Datenmodell.

- **Ordnung der Daten nach ihrer Stabilität**
  Ein Datenobjekt kann eine zeitlich heterogene Datenstruktur aufweisen. Wenn einzelne Attribute in kürzeren periodischen Intervallen in das Data Warehouse geladen werden sollen als andere, dann empfiehlt sich eine Auftrennung des Objekts. Damit wird eine unabhängige Aktualisierung möglich.

Die Trennung von GEOGRAPHIE und FILIALE beruht auf dem Umstand, dass im operativen Datenmodell nur ein Bereich isoliert angesehen wurde, das Enterprise Data Warehouse jedoch auch weitere (hier nicht abgebildete) Geschäftsfelder umfassen soll. Beispielsweise könnten so auch Kunden- oder Mitarbeiteradressen auf GEOGRAPHIE zurückgreifen.

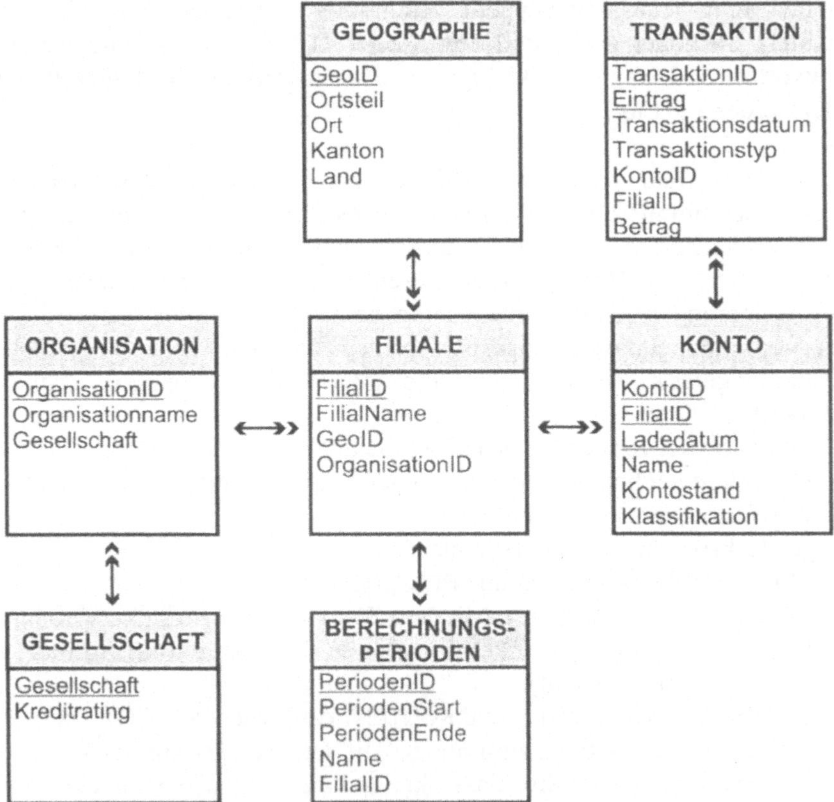

Abbildung 5: Das partielle Enterprise Data Warehouse

2.3 Transformation zum Sternschema

Im zweiten Transformationsschritt werden die spezifischen Daten der themenorientierten Data Marts aus dem vereinheitlichten Datenbestand nach Bedarf gebildet. In diesem Beispiel wird das relationale Datenmodell weiterverfolgt. Prinzipiell können die Daten in einem Data Mart auch physisch mehrdimensional gespeichert werden. Grundsätzlich gilt: Die zentralen Grössen sollen nach verschiedenen Ausprägungen analysiert werden können. Im Beispiel wird dies mit dem weitverbreiteten Sterndatenmodell realisiert. Ein Sternschema ist ein logisches

Datenbankschema, das die Dimensionstabellen eines relationalen Data Mart abfragefreundlich und betriebsnah um eine Faktentabelle ordnet (Abbildung 7) [Lus99].

Die zu untersuchenden **Fakten** wurden zu Beginn der Aufgabe aus dem ROI-Schema abgeleitet. Es sind dies: **Ertrag, Aufwand, Anlagevermögen, Umlaufvermögen, Fremdkapitalquote** und **Fremdkapitalzins.** Als mögliche **Dimensionen** wurden **Zeit, Region, Mitarbeiter, Produkt** und **Kunden** genannt. Aus dem partiellen Enterprise Data Warehouse sind jedoch nur die **Zeit, Region** und **Geschäftsstruktur** direkt ableitbar. Eine Verknüpfung zu Mitarbeiter-, Produkt- und Kundendaten müsste mit dem vollständigen Enterprise Data Warehouse-Datenmodell untersucht werden. Nach der Bestimmung der Fakten und Dimensionen müssen in einem dritten Schritt die **Kategorien** der Dimensionen festgelegt werden. Die Kategorien stellen die Detailinformationen der einzelnen Dimensionen zur Verfügung [Ham97]. Kategorien der Dimension **Zeit** sind z.B. **Datum, Monat** und **Jahr.**

Die gesuchten Fakten können, abgesehen vom durchschnittlichen Fremdkapitalzins, mittels Transaktions- und Kontentabelle erfasst werden. Der durchschnittlich Fremdkapitalzins kann berechnet werden, wenn die Daten zu allen Verbindlichkeiten vorhanden sind. Dies ist im Normallfall gegeben und könnte durch eine Erweiterung im operativen Modells dargestellt werden.

Die Kategorien zu den einzelnen Dimensionen sind entweder direkt vorhanden **(Region, Struktur)** oder logisch ableitbar **(Zeit).** Im folgenden Anforderungsdiagramm sind die Ergebnisse zusammengefasst (Abbildung 6).

Fakten	Aufwand, Ertrag, Umlaufvermögen, Anlagevermögen, Fremdkapitalquote, Fremdkapitalzins		
Dimensionen	Zeit	Region	Struktur
Kategorien	Datum	GeoID	FilialID
	Wochentag	Ort	Filialname
	Monat	Kanton	Organisationsname
	Quartal	Land	Gesellschaft
	Jahr		
	Fiskalquartal		
	Fiskaljahr		

Abbildung 6: Anforderungsdiagramm

Die Fremdschlüssel der Faktentabelle sind durch die Schlüsselattribute der Dimensionstabellen gegeben, so dass sich das folgende Sterndatenmodell präsentiert (Abbildung 7):

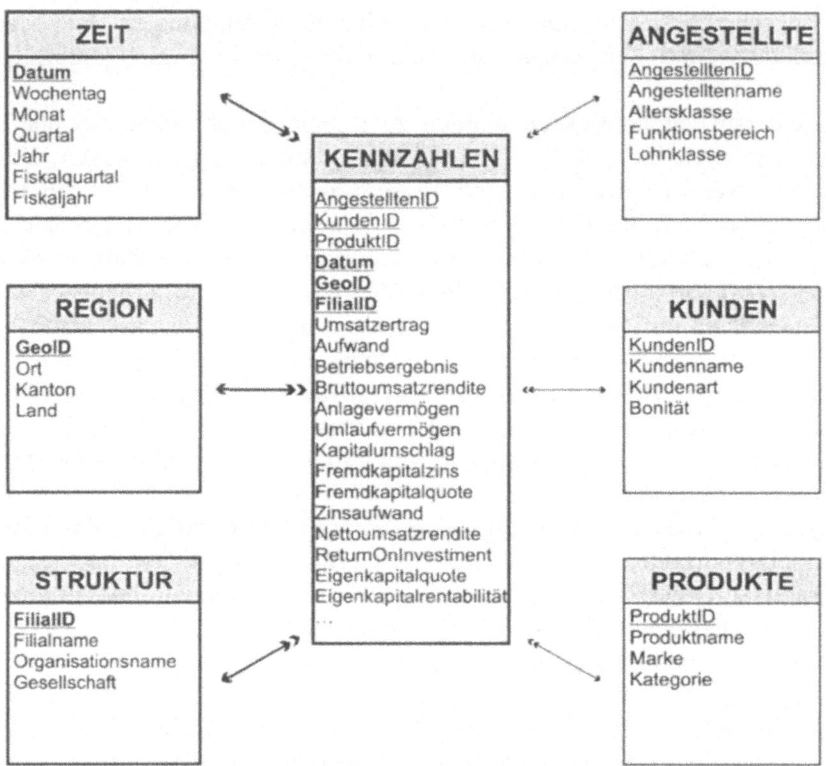

Abbildung 7: Das Sterndatenmodell

Das Sternschema wurde mit den restlichen berechenbaren Fakten sowie mit den drei bereits angesprochenen Dimensionen (nicht fett dargestellt) ergänzt. Die visuelle Unterscheidung der Dimensionen erfolgt aus zwei Gründen: Einerseits wurden die Angestellten-, Kunden- und Produktausprägungen nicht aus einem Datenmodell hergeleitet, und andererseits ist es fragwürdig, ob eine solche Zuordnung überhaupt realisierbar wäre. In diesem Modell wäre es beispielsweise möglich, eine Eigenkapitalrentabilität spezifischen Produkten, Kunden oder auch Mitarbeitern zuzuordnen, was aber selbst mit einer differenzierten Prozesskosten- und Ergebnisanalyse nicht sehr realistisch ist. In diesen Dimensionen müsste, wenn überhaupt, mit Aggregaten gearbeitet werden, die einen Bereich so zusammenfassen, dass eine Zuordnung der Zielgrössen vorstellbar wäre.

3 Ausblick

Die Koordination und die Informationsbeschaffung werden auch in Zukunft zu den zentralen Controlling-Aufgaben gehören [SB98]. Die Entwicklung einer controllingadäquaten informationstechnischen Infrastruktur sowie deren Integration in die betriebliche Anwendungslandschaft stellt viele Betriebe vor bedeutende Herausforderungen.

Das vorgestellte partielle Modell aus dem Finanzcontrolling zeigt eine Methode, wie Daten in Informationssystemen bedarfsgerechter abgebildet und somit für Entscheidungsträger zu einem wirkungsvollen Instrument werden: Die ROI-Kennzahlen können bereits in diesem Partialansatz nach der Zeit, Region und Geschäftsstruktur in dedizierten Programmen untersucht werden (z.B. Was-Wenn-Analyse in einem Tabellenkalkulationsprogramm).

In einer traditionellen Berichtspyramide werden die detaillierten operativen Daten in mehreren Schritten stufenweise zusammengefasst und analysiert, bis sie schliesslich dem strategischen Management als hoch verdichtete Informationen zur Verfügung stehen. In diesem Prozess hat der Controller die Aufgabe, aus grossen Datenmengen die richtigen, im Augenblick auch nachgefragten Informationen herauszulesen [SB98].

In Data Warehouses können diese Informationen in differenzierten Verdichtungsstufen praktisch für alle Anspruchsgruppen bereitgestellt werden: Währenddem das strategische Management beispielsweise den Shareholdervalue des Konzerns über die letzten Jahre verfolgt, ist ein Abteilungsleiter eher an den Quartalsergebnissen seiner Filiale interessiert. Dabei greifen beide auf dieselbe (konsistente) Datenbasis zurück. Die Auswahl der Daten trifft der Informationsnachfrager selbst.

Durch die schnellere Verfügbarkeit der Informationen wird die Zeit auf allen Unternehmensstufen als entscheidender Wettbewerbsfaktor berücksichtigt: Die Informationsgewinnung muss nicht mehr über eine Delegation an Spezialisten erfolgen, sondern kann in einem interaktiven Prozess mit Hilfe von endbenutzerorientierten Auswertungsprogrammen praktisch ohne Zeitverzögerung selbständig durchgeführt werden. Je nach Branche hat jedoch die erste und meist auch zweite Hierarchieebene noch nicht den Bezug zur elektronischen Datenverarbeitung und scheut somit deren Nutzung [SB98]. Neben der technischen Umsetzung ist die breite Nutzung aber einer der entscheidenden Erfolgsfaktoren bei der Implementierung eines Data Warehouses.

Zudem muss berücksichtigt werden, dass Controlling abteilungsübergreifende und vielseitige Aufgaben beinhaltet, die wahrscheinlich nicht in einem spezifischen Data Mart alleine gelöst werden können. Damit stellt sich die Frage, wie ein ganzer Controlling-Bereich und nicht nur eine Funktion daraus effizient in ein Informationssystem integriert werden soll. Das Beispielmodell müsste in einem zweiten Schritt auf andere Funktionsbereiche ausgedehnt, vervollständigt und optimiert werden. Dieser Entwicklungsprozess ist nicht unproblematisch. Ein praxistaugliches Datenmodell kann nicht auf vereinfachenden Annahmen beruhen, sondern muss sich den realen Geschäftsfunktionen stellen. Im dargestellten Modell wurde beispielsweise die Annahme getroffen, dass die Konten der einzelnen Filialen in der Aggregationsfunktion aufsummiert werden können. Wie realistisch ist dies bei konsolidierungspflichtigen Konzernen? Ein anderes Problem betrifft das wachsende Datenvolumen in Data Warehouse-Systemen: Die mehrfach redundant gespeicherten Daten benötigen grosse Speicher- und Rechenkapazitäten. Hier muss beachtet werden, dass der Einsatz von Ressourcen auch im Bereich der Informationsversorgung in einem gesunden Verhältnis zu ihrem Nutzen steht.

Literatur

[Ham97] Hammergren Thomas C.: Data Warehousing on the Internet. International Thomson Computerpress, 1997

[IWG97] Inmon William H., J. D. Welch und Katherine L. Glassey: Managing the Data Warehouse. John Wiley & Sons, 1997

[Lus97] Lusti Markus: Dateien und Datenbanken. Eine anwendungsorientierte Einführung. 3. Auflage, Springer, 1997

[Lus99] Lusti Markus: Data Warehousing und Data Mining. Eine Einführung in entscheidungsunterstützende Systeme. Springer, erscheint Mitte 1999

[Mer98] Mertens Peter: Konzeptionen für ein Data Warehouse. Unternehmensdatenmodell als Basis. In Datenbank Fokus 1/98, Seiten 54-63, 1998

[Mer99] Mertens Peter: Projektierung eines Data Warehouses. In Datenbank Fokus 1/99, Seiten 14-19, 1999

[Sch93] Schierenbeck Henner: Grundzüge der Betriebswirtschaftslehre. 11. Auflage, Oldenbourg, 1993

[SB98] Steinle Claus und Heike Bruch (Hrsg.): Controlling. Schäfer-Poeschel, 1998

[SGI97] Silverston Len, Kent Graziano und William H. Inmon: The Data Model resource Book. John Wiley & Sons, 1997

Reelle und virtuelle Stiere

Dr. Manfred Schlapp

1 Einleitung

Von den vielen Liebesgeschichten, die sich um den Göttervater Zeus ranken, ist die Geschichte von Europa und dem Stier wohl am denkwürdigsten. Der schönen phönizischen Königstochter war Zeus sosehr zugetan, so dass er die anmutige Europa in Gestalt eines Stieres raubte und auf seinem Rücken von Tyros nach Kreta entführte. In seinem historischen Kern verwahrt diese Sage ein Stück Kulturgeschichte, wie sie dramatischer nicht sein könnte. Ja, erst heute, im Zeitalter des Internets, entbirgt der Mythos von Europa und dem Stier seinen explosiven Kern: Aus dem lokalen Liebesabenteuer von einst ist ein globales Ereignis geworden!

Beginnen wir beim Ausgangspunkt des Mythos! Aus Tyros, der damaligen Hauptstadt der Phönizier, entwendet ein Eindringling in der Maske eines Stiers die kostbarste Blüte der Stadt und verschleppt sie nach Kreta. Im Zeichen des Stieres wird also ein phönizisches Kulturgut aus dem Morgenland in Richtung Abendland exportiert, ein Export, der zwar nicht ganz legal verlief, dessen weitere Entwicklung aber ein solches Delikt rechtfertigen sollte. Es stellt sich die Frage: Welches Kulturgut verdanken wir den phönizischen Händlern und was hat es mit einem Stier zu tun? Die Antwort liegt auf der Hand: Die Schrift, genauer: die Buchstabenschrift, unser Alphabet. Welch eine Mitgift! Gibt es für Europäer ein kostbareres Gut als diese Schrift, in der die Sprachen und die Literatur der europäischen Völker über die Jahrtausende hinweg verfasst und überliefert worden sind? Und womit beginnt das Alphabet? Mit einem Stier! Am Anfang unseres Alphabets steht bis zum heutigen Tag der Stier. Unter seiner Ägide versammeln sich die restlichen Buchstaben.

Es lohnt, wenigsten ein, zwei Buchstaben des Alphabets genauer ins Auge zu fassen und somit eine Geschichte Revue passieren zu lassen, die im Sinai, der Landbrücke zwischen Ägypten und Palästina, ihren Ausgang genommen hat. Es waren semitische Nomaden, die der Nachwelt auf dem Sinai die ältesten Zeugnisse der Buchstabenschrift hinterlassen haben. Sie benutzten zum einen ägyptische Hieroglyphen, wie es der Buchstabe M bis zum heutigen Tag dokumentiert, und zum anderen schufen sie neue Symbole, in denen wir Lebewesen und Gegenstände ihres alltäglichen Lebens wiedererkennen. „Alef", der Stier, lieferte die Vorlage für den Laut und den Buchstaben A. Dieses Zeichen symbolisiert einen Stierkopf, und dreht man es in die ursprüngliche Lage, ragen die Hörner wie einst in die Höhe. Ein weiteres Tier lieferte die Vorlage für den Buchstaben C, das griechische Gamma, hinter dem sich das wichtigste Tier der Wüstenbewohner verbirgt: ein „gamal", ein Kamel. Der Höcker dieses Tieres ist bis heute sichtbar geblieben, wenn auch um 90 Grad gedreht. Es wäre der Mühe wert, Buchstabe für Buchstabe unter die Lupe zu nehmen und bei solch geschärfter Betrachtung Einblick zu gewinnen in die Entstehungsgeschichte unserer Schrift. Doch die drängende Zeit verbietet einen solchen Exkurs.

Versetzen wir uns in die Rolle der phönizischen Königstochter Europa und machen wir auf dem Rücken des Stiers eine virtuelle Zeitreise vom urgeschichtlichen Sinai bis an die Schwelle des dritten Jahrtausends christlicher Zeitrechnung! Unser Reittier heisst Alpha, und getreulich folgen ihm das Beta, das Gamma, das Delta und die restlichen Buchstaben. Welch eine liebenswürdige Karawane!

Still und leise durchquerte diese Karawane die Wüste des Sinai. Schon bald traf sie auf phönizische Händler und überliess ihre Zügel weltkundigen Händen. Da trat Göttervater Zeus auf den Plan. Kommen in seinem „stierischen" Gehabe die Begehrlichkeiten der Kreter zum Ausdruck, die neidisch zum pupurreichen Tyros blickten und von dort ihre Bedürfnisse zu stillen suchten? Wie auch immer: Die Buchstabenschrift, die Morgengabe der schönen Königstochter Europa, fand via Kreta ihre Verbreitung über die Länder und Städte, die Hellas Söhne beherrschen und gründen sollten. Das Alphabet nahm seinen Siegeszug, ein Modell für eine Schrift, die schon bald von links nach rechts geschrieben wurde, die sich aber weiterhin der importierten Buchstaben bediente. Deren Form und Position wurden jedoch den neuen Schreibgewohnheiten angepasst.

Als im östlichen Mittelmeerraum die griechische Kultur an Bedeutung und Einfluss gewann, entstand am Ufer des Tibers klammheimlich ein neues Machtzentrum, das lange Zeit kein Mensch ernst nahm. Sowie die Römer ihren Erzfeind Hannibal, den Urenkel der Könige von Tyros, zu Boden gerungen hatten, belehrten sie die Völker in Ost und West, in Nord und Süd eines Besseren. Im Tornister der römischen Legionäre fand das Alphabet seine Ausbreitung über das gesamte Weltreich des Imperium Romanum und zwar in einer Fassung, die noch heute gültig ist: Die Römer rundeten die Kanten der griechischen Buchstaben, getreu ihrer Vorliebe für Rundungen, eine Liebe, die sich auch in den Bögen und Gewölben ihrer Baukunst widerspiegelt.

Mit dem Imperium Romanum hat sich unser Alphabet bis an die Grenzen der damaligen Welt ausgebreitet. Doch die Grenzen der real existierenden Welt waren noch lange nicht erreicht. Ein Millennium nach dem Untergang des römischen Reiches sollte Kolumbus die Tore zu einer neuen Welt aufstossen und mit seiner Antlantiküberquerung die Epoche der grossen Entdeckungen einläuten. Die sogenannten christlichen Seefahrer, die Portugiesen, Spanier, Franzosen, Holländer und Engländer, setzten das Werk der Römer fort. Das römische Alphabet fasste in neuen Kontinenten Fuss und fand Eingang in Amerika, in grossen Teilen Afrikas, in Australien und in Ozeanien, der Inselwelt des Pazifik.

Bereits im letzten Jahrhundert schien Europa, die phönizische Königstochter, in die entlegensten Winkel unseres Planten vorgedrungen zu sein. Dieser Triumph sollte jedoch dem zwanzigsten Jahrhundert vorbehalten bleiben. Heute, mit Blick auf das dritte Jahrtausend, sind wir Zeitzeugen eines globalen Siegeszuges, der im urgeschichtlichen Sinai seinen Ursprung hat. Dank elektronischer List surft Europa mit Lichtgeschwindigkeit rund um den Globus. Weltweit wird mit Hilfe des Alphabets informiert, kommuniziert bzw. „gechattet".

Ein solcher Sieg hat seinen Preis. Was sind wohl die Kosten für diesen globalen Siegeszug? Zwar werden erst die Nachgeborenen Bilanz ziehen und eine ausgewogene Kosten-Nutzen-Rechnung anstellen können. Doch schon heute zeichnen sich Hypotheken ab, die schwer auf dem Gemüte liegen. Diese Last sei aus dreifacher Sicht thematisiert:

2 Sprach(en)verfall

Angesichts der globalisierten Mitgift der phönizischen Prinzessin, die via Internet von Kontinent zu Kontinent surft, erhebt sich die bange Frage: Feiert die Königstochter Europa einen Pyrrhussieg? Mutiert die Menschheit zu einem anglophonen Einheitsbrei, zu jener One-World-Einheitskultur, die schon vor Jahrzehnten im Zeichen von Coca Cola und Big Mac zum globalen Handstreich geblasen hat? Fest steht: Weltweit wird mit Hilfe **eines** sprachlichen Mediums kommuniziert. Dieses Medium begräbt nicht nur regionale Sprachen unter sich, sondern büsst zudem den Charakter einer komplexen Sprache ein. Es ist wohl kein Zufall, dass ausgerechnet amerikanische Kulturkritiker „the death of diversity and variety" beklagen und für dieses Vernichtungswerk „the English-dominated cyberspeak" verantwortlich machen.

Dieser berechtigten Klage sei die Bemerkung hinzugefügt, dass Kulturpessimismus kein Kenn- und Markenzeichen der Amerikaner ist, die schon aufgrund ihrer Verfassung zu Frohsinn und Optimismus verpflichtet sind. Und so darf man als gelernter Europäer, in dessen Herzen naturgemäss die Grundstimmung der Wehmut wohnt, getrost in das Klagelied amerikanischer Kulturkritiker einstimmen und eine Entwicklung brandmarken, die den Befund vom Verlust von „diversity and variety" im doppelten Sinn bestätigt:

Einerseits findet eine globale Sprachenvernichtung statt, wie sie die Menschheit bislang nicht erlebt hat. Schneller denn je verschwinden Jahr für Jahr Sprachen auf Nimmerwiederhören. Nach Meinung von Jim Erickson werden innerhalb des nächsten Jahrhunderts 3000 Sprachen - das bedeutet die Hälfte der derzeit gesprochenen Sprachen - dem Cyberspeak zum Opfer fallen. Mit jeder Sprache aber, die in den Orkus des Nichts versinkt, verschwindet ein unersetzbares Kulturgut. Mit jeder Sprache, die verstummt, erblindet eine einmalige Weltsicht. Der Verlust solcher Welt-Bilder macht die Menschheit essentiell ärmer. Gleichwohl schreibt die Menschheit diesen Verlust mit einer Gleichgültigkeit ab, als handele es sich um ein paar Peanuts, die aus einer Knabberschale gefallen sind.

Andererseits wird eine Sprachverwilderung produziert, die dem Bewusstsein Schaden zufügt. Die Zeiten, in denen etwa ein Briefschreiber um Stil gerungen hat und um Diktion bemüht war, scheinen vorbei zu sein. Kommuniziert wird mit Hilfe von Silben und Kürzeln. An die Stelle sprachlich differenzierter Sätze tritt eine Message, die an Gebell gemahnt. Das Motto lautet: Nachdenken ist out! Chatten ist in! Im Vergleich dazu ist Orwell's „Neusprech" eine Literatensprache.

3   Verlust an Welt-Erfahrung

Der Klage über diesen Verlust sei eine provokante These vorausgestellt: Zwei Kinder, die sich ein paar Minuten im Dreck balgen und wälzen, erfahren sich und die real existierende Welt substantieller und authentischer als wenn sie sich nächtelang in der elektronischen Kunstwelt eines Chat-rooms begegnen würden.

Worin liegt überhaupt der Reiz solcher Chat-rooms? Das Geheimnis dieses Reizes liegt vermutlich in einem menschlichen Urbedürfnis, im Wunsch, sich vor anderen zu verstecken und sein wahres Ich zu verbergen. Das uralte Märchen von der Tarnkappe und das vorösterliche Fasnachtstreiben sind Ausdruck solch naiver Sehnsüchte. Welches Medium bedient derlei Sehnsüchte perfekter als das Internet? Dieses Medium gleicht einem ganzjährigen Mega-Karneval. Optimal getarnt und abgeschirmt von der reellen Welt kann der/die Chatter/in in beliebiger Verkleidung und anonym am buchstabierten Geschwätz teilnehmen und **die** Rolle spielen, nach der es ihm/ihr gerade gelüstet. Heute mimt er/sie das Dornröschen, das wachgeküsst werden will, und morgen macht er/sie den dummen August.

Göttervater Zeus würde vor Neid erblassen, wüsste er um die Verwandlungskünste, die dem chattenden Zeitgenossen an die Hand gegeben sind. Oder befiele ihn eher Mitleid mit den Sterblichen, die ein unsinnliches und somit sinnloses Geschnatter dem erlebten Abenteuer vorziehen? Man muss Zeus nicht in den Zeugenstand rufen, um zur Erkenntnis zu gelangen, dass Welten einen virtueller Stier von einem reellen Stier trennen. Solcher Erkenntnis zum Trotz ist der virtuelle Stier auf dem Vormarsch, und das heisst: Dem Schein-Abenteuer am Bildschirm, das so herrlich keimfrei, unverbindlich und bar jeglichen Risikos ist, wird vermehrt der Vorzug gegeben. Das sterile Null-Erlebnis, das eine Tastatur herstellt, triumphiert über das erlebte Abenteuer reeller Menschenbegegnung und Welterfahrung. Sich des Zugriffs auf das Leben zu enthalten, ist ein Verzicht, zu dem greise Menschen verurteilt sind. Um so befremdlicher mutet es einen an, dass es vorwiegend junge Menschen sind, die es vorziehen, vor dem Bildschirm Platz zu nehmen und sich die Augen zu ruinieren, anstatt sich dem prallen Leben an die Brust zu werfen.

Unter solchen Auspizien gewinnt Platons Höhlengleichnis neue Aktualität. Zur Erinnerung: Plato verglich das menschliche Erkennen mit dem eingeschränkten Gesichtsfeld eines Gefangenen, der in einer Höhle festgehalten wird und an Hals und Schenkeln dergestalt gefesselt ist, so das er nur auf die gegenüberliegende Wand zu blicken vermag. Hinter ihm brennt ein Feuer, dessen Licht Schattenbilder wirft und eine Ahnung von den Gegenständen vermittelt, die in den Lichtschein tauchen. Aus den Schattenbildern schliesst der Gefangene auf das Sein und Aussehen der Dinge, die seiner unmittelbaren Einsicht entrückt sind. Das Gleichnis lehrt: Schein und Schattenriss ist jede Erkenntnis von Welt. Unsere Wahrnehmungen sind trügerische Vorstellungen, die wenig bis nichts mit der „wahren" Welt zu tun haben.

Das Höhlengleichnis ist eine Metapher, die einen Chat-room nicht minder zutreffend beschreibt wie das leidige Erkenntnisproblem: Wer die virtuelle Scheinwelt elektronischer Zauberei mit der real existierenden Welt vor seiner Haustüre verwechselt, der gleicht in der Tat jenem erbarmungswürdigen Gefangenen, wie ihn Plato in seinem Werk verewigt hat.

4 Gib falsches Zeugnis wider Deinen Nächsten!

Nein, es handelt sich um keinen Schreibfehler. Sie haben richtig gelesen: Gib falsches Zeugnis wider Deinen Nächsten und denunziere ihn vor aller Welt! So lautet das Postulat der neuen Moral, seitdem das Internet der weltweiten Denunziation Tür und Tor geöffnet hat. Auf den WWW-Seiten feiert der mittelalterliche Pranger eine schauerliche Auferstehung! Spätestens seit dem Zeitpunkt, da ein Bill Clinton via Internet denunziert und zur allgemeinen Gaudi an den globalen Pranger gestellt wurde, musste es selbst Begriffsstutzigen dämmern, das die Ethik der tradierten Dekaloge ausser Kraft gesetzt ist: Freut Euch, die Ihr bösen Willens seid! Denn Euer ist die Macht und das Reich! Falschmelder aller Länder vereinigt Euch! Was Ihr zu bewirken vermögt, stellt alles in den Schatten, was die Welt bislang an roher, gemeiner und feiger Gesinnung vorgeführt bekommen hat!

Im Schatten solcher Niedertracht stimmt es kaum versöhnlich, das das Internet auch geistreiches Lügen fördert. Unter dem Stichwort „Darwin" ist in Werner Fulds „Lexikon der Fälschungen" ein köstlicher Eintrag nachzulesen: „Der Darwin-Preis wird jährlich dem Pechvogel verliehen, der auf die dümmste Weise ums Leben gekommen ist, allerdings nur im Internet und damit virtuell: Der nicht existierende Preis wird also nur für Meldungen im Internet vergeben, die sich als wahre Nachrichten tarnen, sich jedoch als Fiktion herausstellen. Da Zeitungsredaktionen das Internet als Informationsquelle benutzen, kommt es in der Presse immer häufiger zu Falschmeldungen...Selten lassen sie sich so genau bis zu ihrem Ursprung verfolgen wie im Fall des Darwin-Preisträgers von 1994, der für den absurdesten Selbstmord des Jahres ausgezeichnet wurde: Ein Mann wollte vom 10. Stock eines Hauses springen, als es in der darunterliegenden Wohnung zwischen einem Ehepaar zu einem heftigen Streit kommt. Die Frau greift zur Pistole und schiesst, trifft aber nicht ihren Mann, sondern den Lebensmüden, der in diesem Augenblick an ihrem Fenster vorbeifällt. Er war bereits tot, bevor er auf dem Boden ankam."

Quid fabula docet? Was lehren „Netzmythen", wie solche Stories im Fachjargon heissen? Vermutlich wenig Gutes, wenn man bedenkt, das die Grenzen zwischen Lügengeschichten, die nur der Unterhaltung dienen sollen, und böswilligen Falschmeldungen fliessend sind. „Netzmythen" machen vor allem ein Kernproblem des Konstruktivismus und somit eine menschliche Todsünde sichtbar: Je virtueller Botschaften sind, desto grösser ist die Glaubensbereitschaft der Menschen. Keine Taufe vermag die Menschheit von dieser Erbsünde zu erlösen.

Kehren wir zum Ausgangspunkt des Stier-Europa-Mythos zurück und spielen wir den Advocatus diaboli: War der göttliche Zeus vielleicht ein professioneller Faker? Ist er der Vater aller Netzmythen? Hat er seinerzeit eine getürkte Story in das Internet gehievt? Egal, wie reell oder virtuell sein Sein und Erscheinen war, es sei ihm Respekt bezeugt mit den Worten: Gut gebrüllt, Stier!

Theologie und High-tech - zwei Seiten einer Medaille? - Philipp Matthäus Hahn Genialer Erfinder, Wegbereiter der Informatik, Mitarbeiter am Reich Gottes

Dr. Walter Stäbler

1 Vorbemerkungen

... Er korrespondierte mit den wissenschaftlichen Autoritäten seiner Zeit, er exzerpierte die Schriften des grössten deutschen Philosophen Immanuel Kant, ihn beschäftigten die Erkenntnisse des angesehenen und anerkannten schwedischen Naturforschers Emanuel Swedenborg. Er zählt zu den Persönlichkeiten, denen es gelungen ist, aus der Not ihrer Situation eine Tugend zu machen. Die Rechenmaschine, die er theoretisch konstruierte und auch in der Praxis verwirklichen konnte, markiert einen Meilenstein auf dem innovativen Weg hin zum Computer unserer Tage. ... Die Rede ist von Philipp Matthäus Hahn (1739-1790), jenem genialen Erfinder und kreativen Theologen, den das Herzogtum Württemberg in der Mitte des 18. Jahrhunderts hervorbrachte. Am 20. November 1999 jährt sich zum 260. Mal sein Geburtstag.

Abbildung 1[1]

---

[1] Entnommen aus: Quellen und Schriften zu Philipp Matthäus Hahn, Band 7, Stuttgart 1989; im Auftrag des Württembergischen Landesmuseums Stuttgart Herausgegeben von Christian Väterlein.

Hahns Name verbindet sich nicht nur mit der Konstruktion verschiedenster Grossuhren und Planetarien, deren Schmuckstücke heute in den bedeutendsten Museen gezeigt werden, sondern auch mit dem Bau von präzisen Taschenuhren und anderen mechanischen Kunstwerken.

Des weiteren sehen viele in Hahns Waagenmodellen die Wiege der süddeutschen Waagenindustrie, deren Markenzeichen „Bizerba" oder „Kern/Sauter" Weltruhm erlangt haben. Bis heute profitieren Tausende von Menschen von seinen Erfindungen. Dem Denker Hahn ist es gelungen, Menschen zu Arbeit und damit zur Sicherung ihrer Existenz, zu wirtschaftlichem Fortkommen - über Jahrhunderte - zu verhelfen.

Nicht von ungefähr würdigt der berühmte Schweizer Theologe und Schriftsteller Johann Caspar Lavater das technische und das theologische Schaffen Hahns gleichermassen:

„Unter allen mir bekannten Theologen, der - mit dem ich am meisten sympathisiere - oder vielmehr dessen Theologie zunächst an die meinige grenzt, und der doch so unaussprechlich von mir verschieden ist, als es ein Mensch sein kann. Ein ganz ausserordentlich mechanisches, mathematisches und astronomisches Genie, das immer erfindet, immer schafft - mit ausharrender, allüberwindender Geduld, zum letzten Ziel alles ausführt. Er schafft Welten, und freut sich einfältig seiner stillen Schöpfungskraft ..."[2]

Es ist das Ziel dieser kleinen Arbeit, Hahn als den genialen Techniker vorzustellen, einige Blicke auf sein reiches Leben zu werfen und schliesslich die Theologie Hahns wenigstens in Umrissen zu skizzieren.

2   Philipp Matthäus Hahn - Aspekte seiner technischen Kunstwerke

Wer in einem Computerlehrbuch unserer Tage blättert, dem kann es passieren, dass ihm der Name Philipp Matthäus Hahn in den - historisch orientierten - Vorbemerkungen begegnet. In der Tat ist Hahn es gewesen, der die erste gut funktionierende Rechenmaschine bauen liess. Schon früh zeigte sich Hahns geniale technische und mathematische Begabung.

In dem Lebenslauf, den er seiner „Beschreibung mechanischer Kunstwerke" aus dem Jahr 1774 vorausschickt und in dem er die Frage stellt, wie es komme, „dass ein Pfarrer sich mit solchen Dingen, welche nicht zu seinem Amte gehören, auch Zeit, Sorge und Nachdenken erfordern, abgeben mag und kann", vermerkt Hahn

---

[2] Quellen und Schriften zu Philipp Matthäus Hahn, Band 6, Katalog Teil 1, im Auftrag des Württembergischen Landesmuseums herausgegeben von Christian Väterlein, Stuttgart 1989, S. 27.

weiter: ich kann nichts dafür, "dass mir Gott von Jugend an eine Lust zu den mathematischen Wissenschaften eingepflanzet".[3]

Schon mit acht Jahren beobachtete er den Lauf der Schatten "bey einem jeden Nagel am Hause". Später versuchte er Sternbilder am Himmel zu erkennen, lernte den Lauf der Sonne durch die zwölf himmlischen Zeichen ein wenig verstehen. Mit 13 Jahren bekam er einen kleinen Sonnenuhren-Traktat aus Esslingen, nach dem er dann mit der Zeit Sonnenuhren entwickelte.

Da Hahn nicht das Geld besass, um mathematische Bücher zu erwerben, schrieb er das damals in Geltung stehende mathematische Lehrbuch von Christian Wolff einfach ab.

Hahn begeisterte sich nach seinen eigenen Worten schon als Student in Tübingen für die Sackuhren (Taschenuhren). Er hungerte sich buchstäblich das Geld ab, um ein solches Gerät kaufen zu können, welches er dann zerlegte und wieder zusammensetzte, bis er seine Teile verstand. Er fährt fort: "Ich hörte von allerhand beträchtlichen Erfindungen: die Lust an diesen Sachen verband sich mit der Begierde, mich und meine Familie aus den dürftigen Vermögens-Umständen zu erheben; und hierdurch wurde ich von dem Erfindungs-Geiste besessen."[4]

Man wird das, was hier unverblümt ausgedrückt ist, nicht gering achten dürfen. Hahn besass materielle Interessen, und man wird das umso besser verstehen, je mehr man bedenkt, aus welchen Verhältnissen er kommt und wie er sich in seinem Studium geradezu durchhungern musste.

Hahn wäre in seinem Erfindungsgeist fast James Watt, dem Erfinder der Dampfmaschine, zuvorgekommen. Dass ihm dieser Erfolg und damit auch der Ruhm nicht zuteil wurde, scheiterte wohl an seinen mangelnden finanziellen Möglichkeiten. Hahn schreibt: "Ich las ... von der potterischen Feuer-Maschine, was der Druck der Atmosphäre und der heisse Wasser-Dampf, für eine grosse Gewalt habe, und setzte diese Maschine verkleinert alsobald in meinen Gedanken auf einen Wagen, und glaubte solchen allein durch Wasser und Feuer, ohne weitere Hülfe, über Berge und Thäler in beliebiger Geschwindigkeit bewegen zu können. Die Kosten und die Gelegenheit mangelte mir damalen, es im Kleinen versuchen zu können."[5]

Sein Forschen war aber nicht nur durch materielle Interessen bedingt, sondern letztlich theologisch motiviert. So kam er als Vikar in Breitenholz bei Herrenberg 1761 auf den Gedanken, den Himmelsbau beweglich in einer Maschine darzustellen, "als ich einmal des Nachts den gestirnten Himmel mit Vergnügen an-

---

[3] Philipp Matthäus Hahn, Beschreibung mechanischer Kunstwerke, Stuttgart 1774, S. I [im folgenden: Kunstwerke].

[4] Kunstwerke, S. V [vgl. Anm. 2].

[5] Kunstwerke, S. VII-VIII [vgl. Anm. 2].

schaute".[6] Hahn fing an, "ein Hauptbild einer künftigen Maschine auszusinnen, und die Bewegungen in Rad und Getrieb zu berechnen."[7] Damals schaffte er noch nicht, was ihm in Albstadt-Onstmettingen gelingen sollte: der Bau der astronomischen Uhren.

Der kongeniale und praktisch versierte Philipp Gottfried Schaudt, mit dem Hahn in Onstmettingen zusammenarbeitete, ging daran, die Arbeit mit Messing und Stahl zu erlernen, so dass die technischen Voraussetzungen geschaffen wurden, die Stockuhren oder kleinen astronomischen Uhren in Metall zu bauen. Eines dieser Exemplare befindet sich heute im Besitz S. K. H. Max Markgraf von Baden.[8]

Abbildung 2[9]

Für diese Arbeit bekam er vom Herzog 300 Gulden und dazu den Befehl, "eine grössere dergleichen Maschine für die Herzogliche öffentliche Bibliothek in

---

[6] Kunstwerke, S. VIII [vgl. Anm. 2].

[7] Kunstwerke, S. VIII [vgl. Anm. 2].

[8] Vgl. Philipp Matthäus Hahn, Kurze Beschreibung einer kleinen beweglichen Welt-Maschine, herausgegeben von Reinhard Breymayer, Tübingen 1988.

[9] Entnommen aus: Quellen und Schriften zu Philipp Matthäus Hahn, Band 6, Stuttgart 1989; im Auftrag des Württembergischen Landesmuseums Stuttgart Herausgegeben von Christian Väterlein

Ludwigsburg zu verfertigen."[10] Ausserdem brachte sie Hahn die Anwartschaft auf die Pfarrei in Echterdingen bei Stuttgart ein.

Nachzutragen ist, dass Hahn in Onstmettingen auch genial-einfache Waagenkonstruktionen herausbrachte, mit denen er die Balinger Waagenindustrie begründete. Es verwundert nicht, wenn das Museum in Albstadt-Onstmettingen gerade in der Geschichte der Präzisionswaagen federführend ist im südlichen Teil Deutschlands.

In die Kornwestheimer Zeit, in der Hahn wunderschöne grosse astronomische Uhren konstruierte und fertigen liess, fällt die für die Informatik bahnbrechende Erfindung der Rechenmaschine. Hahn als Konstrukteur stand vor dem kaum lösbaren Problem, die Zahnräder für seine Maschinen berechnen zu müssen: "So waren ganz neue langwührige und sehr beschwerliche Rechnungen hiezu vonnöthen, also, dass ich beynahe stumpf im Denken wurde, und wann ich eine halbe Nacht hindurch gerechnet hatte, nimmer zwo Zahlen zuverlässig zusammen zehlen konnte. Dieses brachte mich auf den Gedanken: ob nicht eine Rechnungs-Maschine möglich sey."[11] Hahn war zunächst der Meinung, diese Arbeit in wenigen Wochen fertigstellen zu können. Es sollte fast zehn Jahre dauern, bis die endgültig ausgeführte Form im „Teutschen Merkur" der Welt vorgestellt wurde (Mai 1779).

Abbildung 3[12]

---

[10] Kunstwerke, S. XI [vgl. Anm. 2].

[11] Kunstwerke, S. XIV-XV [vgl. Anm. 2].

[12] Entnommen aus: Quellen und Schriften zu Philipp Matthäus Hahn, Band 7, Stuttgart 1989; im Auftrag des Württembergischen Landesmuseums Stuttgart Herausgegeben von Christian Väterlein.

Schliesslich sei der Vollständigkeit halber erwähnt, dass Hahn in Echterdingen vor allem durch den Bau der Taschenuhren berühmt wurde und daran auch etliches verdiente.

Abbildung 4[13]

Wir haben vorhin schon gesagt, dass es materielle Interessen waren, die Hahn zum Bau dieser Konstruktionen bewogen. "Wer gantz allein aufs Geistliche siehet, der bekomt einen Rausch darinnen". Hahn stand allerdings seinen mechanischen Produkten in einem gespaltenen Verhältnis gegenüber. Er kann schreiben: "Oft befiel mich ein Eckel an allen mechanischen Dingen, welcher oft etliche Wochen anhalten konnte."[14]

Fest steht aber auch, dass Hahn die Mechanik, das Technische, die Mathematik nicht lassen konnte. Dafür mag es viele Gründe geben: Hahn spricht davon, dass er enorm fleissig war und deshalb auch in diesem Bereich arbeiten konnte, dass er Abwechslung brauchte, dass ihn alle Arten von Amtsgeschäften nicht schwer ankamen, so dass er sie schnell erledigen konnte. „An dem rechten Gebrauch der Zeit und frischem Angriff der Sachen ist alles gelegen. Wann andere Leute schlafen, so wache ich".[15]

---

[13] Entnommen aus: Quellen und Schriften zu Philipp Matthäus Hahn, Band 7, Stuttgart 1989; im Auftrag des Württembergischen Landesmuseums Stuttgart Herausgegeben von Christian Väterlein.

[14] Kunstwerke, S. XX [vgl. Anm. 2].

[15] Kunstwerke, S. XX [vgl. Anm. 2].

3   Philipp Matthäus Hahn - Aspekte seines Lebens

Philipp Matthäus Hahn wurde am 25. November 1739 in Scharnhausen bei Stuttgart geboren. Sein Leben währte wenig mehr als 50 Jahre, er starb am 2. Mai 1790. Auf dem Hintergrund dieser Daten lässt es sich leicht verstehen, dass 1989/90 grosse Hahnjubiläen und Feierlichkeiten mit Repräsentanten von Staat und Kirche begangen wurden, eine Menge von Büchern über Hahn erscheint und dann auch faszinierende Ausstellungen in Scharnhausen, Albstadt-Onstmettingen auf der Balinger Alb, in Kornwestheim, in Stuttgart sowie in Leinfelden-Echterdingen gezeigt wurden. Diese Ausstellungsorte markieren zugleich die wichtigsten Stationen von Hahns Leben.

3.1   Scharnhausen

In seinem jüngst entdeckten Lebenslauf, den er wohl für seine Vorstellung beim Antritt der ersten Pfarrstelle in Onstmettingen entworfen hatte, schreibt er: "Ich, M[agister] Philipp Matthäus Hahn, habe das Licht dieser Welt erblickt, Anno 1739, dem 25.ten Nov[ember]. Mein Vatter ist der noch lebende Pfarrer in Ostdorf, M[agister] Georg Gottfried Hahn. Meine Mutter hiesse Juliana Kunigunda, und war des ehmaligen Pfarrers von Scharnhausen Stuttgardter Amts, M[agister] Johann Philipp Kaufmanns eheliche Tochter, welche mir sehr lieb ge-wesene Mutter aber, schon vor ohngefehr 12 Jahren durch den Tod entrissen worden."
Hahn besuchte die Lateinschule in Esslingen, später in Nürtingen. Sein Ziel war es, das Landexamen, also die Prüfung für das theologische Seminar, zu bestehen.
Hätte Hahn diese Prüfung erfolgreich abgelegt, er hätte im Blick auf die materielle Basis seiner Ausbildung ausgesorgt gehabt, denn die Stipendiaten konnten an den niederen und höheren Seminaren, vor allem dann aber im Stift in Tübingen ko-stenfrei studieren.
Hahn nahm fünf Mal Anlauf, diese Prüfung zu meistern - er fiel jedoch immer durch. Aber er gab nicht auf. Als Autodidakt erwarb er sich im Selbststudium fundamentale Kenntnisse in den damaligen mechanischen und mathematischen Wissenschaften, so dass er sich mit fast 17 Jahren - nunmehr von Onstmettigen aus - an der Universität Tübingen einschreiben konnte.

3.2 Albstadt-Onstmettingen

Für Philipp Matthäus Hahn verband sich mit dem Ortswechsel von Scharnhausen nach Onstmettingen ein glücklicher Umstand. Denn er lernte dort den für seine technischen Arbeiten entscheidend wichtigen Philipp Gottfried Schaudt kennen, der dann später, als Hahn selbst Pfarrer in Onstmettingen wurde, auch als Schulmeister dort tätig war. Während Hahn die theoretischen Grundlagen schuf, wird es Schaudt sein, der für Hahn die technischen Gerätschaften bauen und die Werkstatt betreuen wird.

Hahn studierte von 1756-1760 Philosophie und Theologie, wirkte in den folgenden vier Jahren von 1760 an in verschiedenen Vikariaten, unter anderem in Breitenholz und Herrenberg, und erhält bereits mit 25 Jahren - für damalige Verhältnisse eine Sensation! - seine erste Pfarrstelle im heutigen Albstadt-Onstmettingen. Hier wirkt er von 1764-1770.

Hahn gelang es durch intensive seelsorgerliche Tätigkeit, den Gemeindeaufbau voranzutreiben. Er legte in dieser Zeit bereits sein Theologisches Notizbuch an, in dem er sich als äusserst kundiger Theologe ausweist. So exzerpierte er eine wichtige Schrift Kants (Träume eines Geistersehers), er beschäftigte sich intensiv mit Swedenborg und vor allem mit den Schriften Oetingers, bei dem er 1762 in Herrenberg Vikar gewesen war.

Bedeutsam für Hahns äusseren Werdegang wurden allerdings seine technischen Erzeugnisse, von denen der Herzog über den Balinger Dekan Wind bekam und die Hahn schliesslich die am zweitbesten dotierte Pfarrstelle einbrachte: Kornwestheim.

3.3 Kornwestheim (1770-1781)

Hahns Arbeit konzentrierte sich ab jetzt auf den Aufbau des „Stundenwesens", vor allem aber auf die Veröffentlichung theologischer Schriften. Bedeutsam und bis heute in weiten Kreisen gelesen ist sein 1774 erschienenes Predigtbuch. Weniger bekannt dagegen ist seine Übersetzung des Neuen Testaments, die drei Jahre später herauskam. Daneben verfasste er viele theologische Aufsätze und vor allem die bedeutsamen Auslegungen des Epheser- und Kolosserbriefes.

Hahn beschäftigte hier in seiner Werkstatt - der Schulmeister Schaudt liess sich vom Herzog nicht nach Kornwestheim bewegen - seine Brüder und Söhne, aber auch zum Teil Gesellen aus dem Dorf, mit denen der Umgang nicht leicht war.

Zweimal versuchte der Herzog, Hahn von seinem Pfarramt weg zu locken und ihm eine Professur in Mathematik oder Philosophie in Tübingen anzubieten. Aber Hahn blieb seinem Pfarramt treu. "Ach, dachte ich heute schon, mit wieviel onnöthigen Hindernissen bistu umgeben und hastu dich selbst verwickelt, da doch das Evangelii zu predigen, auseinanderzuwickeln und in demselben zu arbeiten eine tausendmal interessantere Sache ist! Was Rechenmaschine, was astronomische Maschine, das ist Dreck! Jedoch um Ruhm und Ehre zum Eingang und Ausbreitung des Evangelii zu erlangen, will ich die Last noch weiter tragen ... Herr, lass mich doch leben, dass ich dein Evangelium der gantzen Welt verkündige!" - schreibt Hahn am 10.8.1773.

Es muss allerdings angemerkt werden, dass wohl auch materielle Gründe eine Rolle spielten. In einem jüngst entdeckten Brief Hahns an den berühmten Philosophen und Dichter Johann Gottfried von Herder schreibt er: "Ich bin jezo seit 14 Tagen 42 Jahre alt und habe 7 Kinder, bin ohne Schulden und von mittelmässigem Vermögen. Meine hiesige Besoldung beträgt 1500 Gulden, wenn ich den Zehnten an Geld einziehe; käme aber auf 2000, wenn ich die Mühe eines Naturaleinzugs über mich nehmen könnte und möchte ... Mithin kann ich wohl stehen, was das Äussere betrifft." Als Professor in Tübingen hätte er 600 Gulden verdient.

3.4 Echterdingen (1781-1790)

1781 wurde Hahn, wohl durch die Gunst des Herzogs Carl Eugen als Pfarrer nach Echterdingen bestellt. Die Flügel waren ihm infolge eines Lehrzuchtverfahrens durch die Oberkirchenbehörde kräftig beschnitten, nur noch heimlich und unter falschem Namen konnte er zwei kleinere Schriften veröffentlichen.
Auch die Erbauungsstunden im Pfarrhaus waren ihm bei seinem Konflikt mit dem Kirchenrat untersagt worden, so dass er - gleichsam im Untergrund - nach anderen Möglichkeiten suchte und sie auch fand. Zeitenweise dachte er daran, ob er nicht nach Amerika auswandern und dort eine eigene Heilige Gemeinde gründen sollte.
Hahn verstarb am 2. Mai 1790 - wohl an Lungenkrebs - in Echterdingen, wo sein Grab auf dem Friedhof bei der Kirche lange Zeit als verschollen galt, Hahns Ruhestätte allerdings bei den Vorbereitungen zum Jubiläum 1989/90 in mühsamer Kleinarbeit wieder ausfindig gemacht werden konnte.

4   Philipp Matthäus Hahn - Aspekte seiner Theologie

Versucht man, Hahns Theologie, seine Art, in seiner Zeit verantwortlich von Gott zu reden, systematisch darzustellen, so muss man ausgehen von einem Grundbegriff, der sein Denken zentral bestimmt und den er vor allem aus dem Neuen Testament, speziell aus dem Epheserbrief gewonnen hat.
Für Hahn steht fest, dass sich Gott von Ewigkeit her vorgenommen hat, seinen Liebesplan mit seiner Welt zu verwirklichen. "Bin aufs neue bestätiget worden im ewigen Liebesvorsatz Gottes und wie nöthig eine gantze Erkentnis des gantzen Evangelii sey, und wie ein stücklichtes (in Stücke zerteiltes) Evangelium nicht stärcke und auch dem allgemeinen Wahrheitsgefühl nicht genug thue" - so vertraut er seinem Tagebuch am 8.1.1773 an.
In diesem kurzen Zitat ist jeder Begriff entscheidend. Hahn spricht von ganzer Erkenntnis des ganzen Evangeliums, er spricht davon, wie ein "stücklichtes Evangelium" nicht stärkt. Hier grenzt er sich von einseitigen Frömmigkeitsformen ab,

die sich mit dem ewigen Einerlei von Sünde und Gnade begnügt. Hahn will mehr. Hahn will hineinsehen in den - kosmischen - Liebesratschluss und Heilsplan Gottes. Und an dieser Stelle sind ihm besonders die theologischen Aussagen des Epheserbriefes hilfreich, den er immer wieder - vor allem in den Erbauungsstunden - auslegt und dessen Kommentare er auch publiziert. Diesem Drang nach Erkenntnis entspricht gleichsam als Organ oder Sensorium im Menschen das allgemeine Wahrheitsgefühl (sensus communis).

In Hahns erstem Kommentar zum Epheserbrief, der den bezeichnenden Titel trägt: "Fingerzeig zum Verstand des Königreiches Gottes und Christi" ersieht man auf einen Blick das Grundanliegen von Hahns Theologie:

"Gott will das ganze Schöpfungsall mit seiner Herrlichkeit erfüllen ... oder: der unsichtbare Gott ..., das allervollkommenste geistliche Wesen, hat sich von Ewigkeit vorgesetzt, aus seinen unergründlichen und unfasslichen Tiefen in die Sichtbarkeit hervorzutreten, sich zu offenbaren und sich stufenweise in einer Reihe von unzähligen Ewigkeiten fasslich, leibhaft und mitteilbar zu machen. Der Beweis hierfür ist das Wort 'zu Lobe seiner Herrlichkeit', das Epheser 1 dreimal vorkommt. ... Sein Lob kann nicht ohne seine Erkenntnis und Offenbarung sein. Auf diesen grossen Zweck der Erkenntnis und Offenbarung Gottes gründet sich die Schöpfung und Erlösung und sein ganzer Vorsatz oder das Geheimnis seines Willens. ... Gott will sich offenbaren, zeigen und sichtbar machen".[16]

Halten wir fest: Ausser seiner Offenbarung ist Gott ohne allen Raum, ohne Zeit und Ort zu denken. Da ist er für den Menschen unfassbar, Gott in seiner Tiefe!

Da sich nun aber Gott geoffenbart hat und offenbart, aus sich heraustritt und zeigt, so kann Hahn von lauter Offenbarungen Gottes reden, durch die er als geoffenbarter Gott "in dem unendlichen Raum Himmels und der Erde, in allen Menschen, Engeln und Geschöpfen, in jedem nach seiner Art"[17] wohnt.

Hahn geht es in diesen Ausführungen also darum verstehbar darzulegen, weshalb Gott aus seiner Unsichtbarkeit herausgetreten ist. Recht verstanden versucht Hahn somit als Theologe der Aufklärungszeit, im Gefolge des Theosophen Jakob Böhme eine Antwort auf **die** Frage aller philosophischen und theologischen Fragen zu geben: „Warum ist überhaupt etwas und nicht vielmehr nichts?"

In Entsprechung zu diesem "Modell Gottes" versteht Hahn den Menschen. Wenn Gott in allen Menschen wohnt, so ist jeder verständige Geist "ein kleiner Gott, der einen Abgrund von verborgenen Vollkommenheiten in sich liegen hat, die er ebenso wie Gott an das Licht zu bringen und seine Herrlichkeit zu offenbaren bemüht ist".[18]

---

[16] Philipp Matthäus Hahn, Die gute Botschaft vom Königreich Gottes, Zeugnisse der Schwabenväter, Band VIII, herausgegeben von Julius Roessle, S. 130 f [im folgenden: Rössle].

[17] Roessle, S. 137 [vgl. Anm. 12].

[18] Roessle, S. 137 [vgl. Anm. 12].

Im Blick auf die Person Jesu redet Hahn recht menschlich: Jesus hatte Hunger, bekam Anfälle und Affekte, fühlte wie ein Mensch, doch er war ohne Sünde. Ungeachtet dessen wuchs in ihm die Gotteserkenntnis von Stufe zu Stufe bis zu ihrer höchsten Entfaltung in seiner Auferstehung.

Jesus erreichte als erster Mensch den schon für Adam vorgesehenen Weg der Herrlichkeit und Verherrlichung. Nachdem Jesus in seinem Tod für die Menschen eingetreten ist, ist es für alle Menschen möglich, dieselbe Vollendung zu erlangen wie Jesus. In Gottes Plan sind alle Menschen dazu bestimmt, Söhne und Töchter Gottes zu werden und in seiner Herrlichkeit zu leben. Der im Menschen schlafende geistliche Same - Hahn nennt ihn auch Lichtfunke - kann durch das Wort der guten Botschaft wiedergeweckt und damit das innere geistliche Leben entzündet werden. Durch die Erneuerung im Glauben gelangt der Mensch auf dem Weg der Nachfolge Jesu, auf dem es manche Hindernisse zu überwinden gilt, allmählich zur Ähnlichkeit Gottes als seinem Ebenbild. Hahn hat in seiner Lehre von den Lebensstufen den Weg des neuen Menschen genau beschrieben.

Die Hoffnung auf das kommende Reich Gottes teilt der Theologe Hahn mit den philosophischen und literarischen Grössen seiner Zeit, insonderheit mit Georg Friedrich Wilhelm Hegel und Friedrich Hölderlin.

Aus der Feder Hölderlins stammt folgender Auszug aus dem Brief, den er am 10. Juli 1794 an Hegel richtet:

„Ich bin gewiss, dass Du indessen zuweilen meiner gedachtest, seit wir mit der Losung - Reich Gottes! voneinander schieden. An dieser Losung würden wir uns nach jeder Metamorphose, wie ich glaube, wiedererkennen."[19]

Reich Gottes, Königreich Jesu - der Inhalt dieser theologischen Begriffe ist nach Hahns eigenen Worten "die Hauptsache in der Schrift". Zum Verstand des Königreiches Christi gehört "der ewige Liebes Vorsatz, ewige Erwählung und die Wiederherstellung aller Dinge: ohne welche die Lehre nicht in ihrer grossen Kraft und Umfang kan verstanden und angenommen werden."[20]

So steht auch hinter Hahns Lehre vom Königreich Christi der grosse Plan und die Absicht Gottes, wie sie sich schon ergibt aus seinem Vorsatz. Gott nahm sich vor, so schreibt er in seinem Predigtbuch, "alles geschaffene mit seiner Herrlichkeit zu erfüllen: dass das ganze Schöpfungsall ein Tempel Gottes werde, da sich Gott in seinen Tiefen der Vollkommenheit, Süssigkeit, Schönheit, Weisheit und Kraft, offenbaret, und seinen Geschöpfen mittheilet". Dieser Tempel Gottes ist unermesslich gross, und das Königreich reicht weit hinaus. „Himmel und Erde, alle Geschöpfe, Engel und Menschen gehören zu diesem Königreich".

---

[19] Zitiert nach Reinhard Breymayer, Von Hiller zu Hölderlin. Das Netzwerk altwürttembergischer Ehrbarkeit als Vermittler pietistischer Traditionen, in: Martin Brecht [Hg.], Philipp Friedrich Hiller, Gott ist mein Lobgesang, Metzingen 1999, S. 150.

[20] Philipp Matthäus Hahn, Theologische Notizen und Exzerpte, S. 347.

Dabei spielt der Mensch eine herausgehobene Rolle als Ebenbild Gottes. Durch ihn als seinen Tempel will Gott in alle anderen Geschöpfe wirken, sich in sie abglänzen und sie mit seiner Herrlichkeit stufenweise erfüllen.

Die Erneuerung, die sich zuerst an der Erde vollzieht, dehnt sich nach Hahn auf das Sonnensystem wie auch auf den ganzen Kosmos aus. Wenn nun aber das ganze Schöpfungsall zum Tempel Gottes werden und also das Königreich Jesu nach seinem weiten Umfang alles umfassen wird, kann es schliesslich keinen Bereich mehr geben, der nicht in Verbindung mit Gott stünde, so dass Gott sein wird alles in allem: "Bis Gottes Licht uns gantz durchscheinet und die Finsternis gantz von dem Licht durchdrungen ist, ... dass es eine solche Haushaltung wird, da Gott aus seiner Tiefe - endgültig - heraustritt und als Vatter mit Kindern in lauter und ewiger Liebe mit uns spielt und Jesus selbst seinen allervollkommensten Sieg und Herrlichkeit erlangt."

Es fällt auf, dass Hahns "Sympathisanten", die in ganz Deutschland verbreitet waren und auch in der Schweiz gelebt haben, seine Theologie in einem neuen, hellen Licht gesehen haben. Nur ein Beispiel sei angeführt: Es ist bekannt, dass der Landwirt und spätere Erweckungsprediger Heinrich Bosshard in Rümikon bei Winterthur, der bestimmt war, Hahns wichtigster Anhänger in der Schweiz zu werden, in der herkömmlichen Lehre immer die Menschheit Christi, wie er sie in der Bibel fand, arg verkürzt gefunden hatte und nun jubelte, als er bei Hahn ein begeistertes Zeugnis von Christi wahrer Menschheit fand.

Hahns Theologie ist in seiner Zeit auf breite Zustimmung gestossen. Dafür spricht schon äusserlich die Tatsache, dass sein Predigtbuch überaus geschätzt und über Deutschland hinaus weite Verbreitung fand.

5 Synthese - oder: Zwei Seiten einer Medaille!

Man geht sicher nicht fehl, wenn man die letzte Motivation für die Wunderwerke, die Hahn schuf, im Religiös-Theologischen sieht: Ausschlaggebend dürfte Hahns Sicht vom Menschen als kleinem Gott gewesen sein. Dieser Gedanke geht auf die Philosophie von Gottfried Wilhelm Leibniz zurück. Der Mensch als Gottes Ebenbild sieht hinein in den Plan Gottes vom Anfang an bis in die Herrlichkeit der Vollendung. Und dem Menschen als kleinem Gott eignen dann auch die Schöpfungsqualitäten, die Gott auszeichnen. Der Mensch in seiner "hohen Warte" baut im kleinen nach, was Gott im grossen vorgebaut hat.

Zusammenfassend wären also vier Motivationen für Hahns mechanische Forschungen zu nennen:

Zunächst die Freude an der Mathematik, die er schon als Kind verspürte. Später dann der finanzielle Anreiz. Vor allem aber das Streben, den Schöpfungsplan Gottes nachzuvollziehen in seinen Erfindungen. Und sicher spielte auch das Bedürfnis eine Rolle, sich bei dieser Arbeit von seinen theologischen Überlegungen zu entspannen.

Die Seh- und Denkweise Hahns gehört in die Zeit der Maschinenbücher. Und es ist kennzeichnend für Hahn, dass er es wagte, den Bereich der Theologie bzw. des Glaubens **und** den der Naturwissenschaft mitsamt der Technik nicht auseinanderdriften zu lassen, obwohl er mitunter in grosse Schwierigkeiten geriet. Dennoch sah er in beiden Bereichen zwei Seiten einer Medaille.

Als Theologe war es ihm ein Anliegen, zeitgemäss und verstehbar von Gott zu reden, Aufklärung zu betreiben - sowohl aus der Vernunft als auch aus dem Glauben heraus. Das fasziniert Menschen an Hahn, je länger sie an seinem Gedankenreichtum teilhaben können. Es verwundert nicht, dass die Person Philipp Matthäus Hahns und die immense Denkleistung geistes- wie naturwissenschaftlicher Art in der Gegenwart erneut die Aufmerksamkeit zahlreicher junger Forscher/innen innerhalb Deutschlands wie auch der Schweiz auf sich zieht.

Die neuen liechtensteinischen Rechnungslegungs-, Eigenmittel- und Risikoverteilungsvorschriften für Banken

Dr. Hans-Werner Gassner
Liechtensteinische Landesbank

1 Ausgangslage und Zielsetzung der Gesetzesrevision

1.1 Rahmenbedingungen

Im Zuge der zunehmenden Internationalisierung und Globalisierung haben in den neunziger Jahren im regulatorischen Umfeld der Banken grundlegende Umwälzungen stattgefunden, nachdem sich in den Jahrzehnten vorher in dieser Beziehung relativ wenig getan hatte. Von dieser Entwicklung ist auch Liechtenstein nicht verschont geblieben. Mit der Unterzeichnung des Abkommens über den Europäischen Wirtschaftsraum (EWRA) hat sich Liechtenstein unter anderem verpflichtet, die für Banken relevanten EU-Richtlinien in nationales Recht zu transformieren.

Aufgrund des Zoll- und des Währungsvertrages mit der Schweiz ist die liechtensteinische Wirtschaft und damit insbesondere auch der liechtensteinische Bankenplatz stark mit der schweizerischen Wirtschaft und dem schweizerischen Finanzplatz verflochten. In Bezug auf die bankengesetzlichen Vorschriften Liechtensteins bedeutete dies in der Vergangenheit, dass diese jeweils mehr oder weniger eins zu eins von der Schweiz übernommen wurden.

Wegen dieser historisch gewachsenen, sehr engen Beziehungen zur Schweiz und der internationalen Ausrichtung der liechtensteinischen Banken ist es nicht verwunderlich, dass sich die im Liechtensteinischen Bankenverband zusammengeschlossenen Banken im Rahmen der im November letzten Jahres abgeschlossenen Revision des Bankengesetzes mit Nachdruck dafür eingesetzt haben, die liechtensteinischen Rechnungslegungs-, Eigenmittel- und Risikoverteilungsvorschriften - soweit möglich - von der Schweiz zu übernehmen.

1.2 Zielsetzung der Gesetzesrevision

Der liechtensteinische Gesetzgeber ist dem Anliegen der Banken, sich bei der Revision des Bankengesetzes am schweizerischen Vorbild zu orientieren, weitgehend nachgekommen. Die Rechnungslegungs-, Eigenmittel- und Risikoverteilungsvorschriften basieren auf den entsprechenden Vorschriften des schweizerischen Bankengesetzes und der dazugehörigen Verordnung sowie den Richtlinien der Eidgenössischen Bankenkommission. Von den schweizerischen Vorschriften abweichende Regelungen wurden nur insoweit getroffen, als dies aufgrund der von Liechtenstein im Rahmen des EWRA umzusetzenden EU-Richtlinien zwingend notwendig war.

Bei den massgeblichen EU-Richtlinien handelt es sich um die EU-Richtlinie über den Jahresabschluss und den konsolidierten Abschluss von Banken und anderen Finanzinstituten (86/635; Bankbilanzrichtlinie), die EU-Richtlinie über die Eigenmittel von Kreditinstituten (89/299), die EU-Richtlinie über einen Solvabilitätskoeffizienten für Kreditinstitute (89/647), die EU-Richtlinie über die angemessene Eigenkapitalausstattung von Wertpapierfirmen und Kreditinstituten (93/6; Kapitaladäquanzrichtlinie) und deren Änderungen (insbesondere 98/31 und 98/33) sowie um die EU-Richtlinie über die Überwachung und Kontrolle der Grosskredite von Kreditinstituten (92/121).

Das revidierte Gesetz über die Banken und Finanzgesellschaften ist am 1. Januar 1999 in Kraft getreten. Die neuen Rechnungslegungs-, Eigenmittel- und Risikoverteilungsvorschriften sind erstmals auf Geschäftsjahre anzuwenden, die nach dem 1. Januar 2001 beginnen.

2 Konzeption und Systematik der Vorschriften

2.1 Überblick

Die neuen bankengesetzlichen Risikoverteilungsvorschriften gehen in Bezug auf die Definition der Klumpenrisiken und deren zulässige Obergrenzen von den anrechenbaren Eigenmitteln aus, wie sie sich aufgrund der neuen Eigenmittelvorschriften ergeben. Die Eigenmittelvorschriften ihrerseits bauen - zumindest teilweise, insbesondere was die Bezugnahme auf einzelne Bilanzpositionen betrifft - auf den bankengesetzlichen Rechnungslegungsvorschriften auf. Diese wiederum basieren auf den zukünftigen Rechnungslegungsvorschriften des Personen- und Gesellschaftsrechtes (PGR).

Die zukünftigen Rechnungslegungsvorschriften des PGR sowie die bankengesetzlichen Rechnungslegungs-, Eigenmittel- und Risikoverteilungsvorschriften bilden demzufolge ein in sich abgeschlossenes Ganzes, dessen einzelne Teile auf vielfältige Weise untereinander verbunden und aufeinander abgestimmt sind.

2.2 Ausgestaltung der Rechnungslegungsvorschriften

2.2.1 Im Allgemeinen

Der Grundsatz, wonach die liechtensteinischen Banken die Rechnungslegungsvorschriften des PGR zu befolgen haben, wird auch im neuen Bankengesetz beibehalten. Bei der Umsetzung der EU-Bankbilanzrichtlinie im Rahmen des Bankengesetzes war zu berücksichtigen, dass diese keine eigenständige Richtlinie darstellt, sondern lediglich die Abweichungen von der 4. und 7. EU-Richtlinie über den Einzel- und den Konzernabschluss regelt, deren Umsetzung im PGR (Art. 1045 ff.) vorgesehen ist. Aufgrund dieser Verflechtung können die neuen Rechnungslegungsvorschriften für Banken nur in Zusammenhang mit den neuen Rechnungslegungsvorschriften des PGR gesehen werden. Die Tatsache, dass die Rechnungslegungsvorschriften für Banken auf den Rechnungslegungsvorschriften des PGR beruhen, letztere aber vom Gesetzgeber noch nicht verabschiedet worden sind, hat zur Folge, dass die bankengesetzlichen Rechnungslegungsvorschriften erst in Kraft treten können, wenn das PGR vom Landtag verabschiedet worden ist. Deshalb wurde in der Bankenverordnung auch eine dreijährige Übergangsfrist für diese Bestimmungen vorgesehen. In diesem Zeitraum sollte die Revision des PGR abgeschlossen werden können.

2.2.2 Im Besonderen

In Bezug auf die Rechnungslegung sind für Banken die vier folgenden, miteinander verknüpften Teile von Bedeutung.

Die Rechnungslegungsvorschriften des PGR setzen sich (gemäss Gesetzesvorlage) aus drei Abschnitten zusammen: den allgemeinen Vorschriften zur Rechnungslegung (Art. 1045 - 1062a PGR), den ergänzenden Vorschriften für bestimmte Gesellschaftsformen (Art. 1063 - 1130 PGR) und den ergänzenden Vorschriften für bestimmte Wirtschaftszweige (Art. 1131 - 1138 PGR). Der erste Abschnitt gilt für alle Buchführungspflichtigen; er enthält die bereits heute geltenden Vorschriften. Der zweite Abschnitt stellt die Umsetzung der 4. und 7. EU-Richtlinie dar und regelt im wesentlichen die Rechnungslegung der AG, der GmbH und der Kommandit-AG. Der dritte Abschnitt enthält ergänzende Vorschriften für Banken und Finanzgesellschaften sowie für Versicherungsunternehmen und setzt Teile der EU-Bank- und der EU-Versicherungsbilanzrichtlinie um.

Im Bankengesetz wird lediglich die Pflicht zur Erstellung von (konsolidierten) Geschäftsberichten, von (konsolidierten) Zwischenabschlüssen und von (konsolidierten) Mittelflussrechnungen aufgestellt, wobei diese Unterlagen offenzulegen und bei der Dienststelle für Bankenaufsicht einzureichen sind (Art. 10).

Die Rechnungslegungsvorschriften im Rahmen der Verordnung zum Bankengesetz konkretisieren Art. 10 des Bankengesetzes und sind im Grossen und Ganzen analog zu den entsprechenden Bestimmungen der Verordnung zum schweizerischen Bankengesetz aufgebaut.

Der Anhang 3 der Verordnung zum Bankengesetz ist wie die Richtlinien der Eidg. Bankenkommission zu den Rechnungslegungsvorschriften der Art. 23 bis 27 BankV (RRV-EBK) vom 14. Dezember 1994 mit Änderungen vom 14. November 1996 und vom 22. Oktober 1997 strukturiert und konkretisiert die Gliederungsvorschriften der Verordnung.

2.3 Ausgestaltung der Eigenmittelvorschriften

Die Eigenmittelvorschriften sind ähnlich wie die Rechnungslegungsvorschriften aufgebaut. Im Bankengesetz wird lediglich verlangt, dass die vorgeschriebenen eigenen Mittel in einem angemessenen Verhältnis zu den Risiken stehen müssen, die der Bilanz und dem Ausserbilanzgeschäft anhaften (Art. 4 Abs. 1).

Diese Forderung wird in der Verordnung präzisiert. Die Eigenmittelvorschriften der Verordnung sind wie die entsprechenden Bestimmungen der schweizerischen Bankenverordnung strukturiert.

Anhang 1 der liechtensteinischen Bankenverordnung wiederum konkretisiert diese in Bezug auf die Eigenmittelunterlegung von Marktrisiken im Sinne der Richtlinien der Eidg. Bankenkommission zur Eigenmittelunterlegung von Marktrisiken (REM-EBK) vom 22. Oktober 1997.

2.4 Ausgestaltung der Risikoverteilungsvorschriften

Der Grundsatz über die Risikoverteilung wird ebenfalls im Bankengesetz aufgestellt. Er besagt, dass die Forderung einer Bank gegenüber einem einzelnen Kunden in einem angemessenen Verhältnis zu ihren eigenen Mitteln stehen muss (Art. 8 Abs. 1).

Auch dieser Grundsatz wird in der Verordnung konkretisiert. Die Risikoverteilungsvorschriften der Verordnung entsprechen den diesbezüglichen Bestimmungen der schweizerischen Bankenverordnung.

Die Vorschriften der Verordnung werden nicht mehr weiter in einem Anhang ausgeführt.

3 Die Rechnungslegungsvorschriften im einzelnen

Im folgenden wird lediglich auf wesentliche Änderungen gegenüber der bisher geltenden Rechtslage und auf wichtige Unterschiede zu den schweizerischen Rechnungslegungsvorschriften für Banken eingegangen.

3.1 Ergänzende Vorschriften für Banken im PGR

3.1.1 Geltungsbereich und anzuwendende Vorschriften

In den ergänzenden Vorschriften für Banken wird zunächst festgelegt, wer als Bank gilt und welche Rechnungslegungsvorschriften des ersten und zweiten Abschnittes grundsätzlich von einer Bank anzuwenden sind (Art. 1131 Abs. 1 PGR). Banken im Sinne des Bankengesetzes haben unabhängig von ihrer Rechtsform ausser den Rechnungslegungsvorschriften des ersten Abschnittes die Vorschriften des zweiten Abschnittes für grosse Gesellschaften zu befolgen. Als Banken gelten dabei auch Mutterunternehmen, deren einziger Zweck der Erwerb, die Verwaltung und die Verwertung ihrer Tochterunternehmen ist, sofern diese Tochterunternehmen ausschliesslich oder überwiegend Banken oder Finanzgesellschaften sind. Die Vorschriften des ersten und zweiten Abschnittes sind auf die Bedürfnisse von Industrie- und Handelsunternehmen ausgelegt. Für Banken machen deshalb insbesondere die in den beiden ersten Abschnitten enthaltenden Gliederungsschemata für Bilanz und Erfolgsrechnung sowie bestimmte, im Anhang zu machende Angaben keinen Sinn. Die für Banken nicht relevanten Bestimmungen werden für sie deshalb als nicht anwendbar erklärt (Art. 1131 Abs. 2 PGR). Von Banken ebenfalls nicht anzuwenden sind die Offenlegungsvorschriften. Die Offenlegung der (konsolidierten) Geschäftsberichte wird für Banken im Bankengesetz bzw. in der Verordnung zum Bankengesetz abweichend vom PGR geregelt.

Abgesehen von der Aufzählung der von den Banken anzuwendenden bzw. nicht anzuwendenden Vorschriften der ersten beiden Abschnitte enthalten die ergänzenden Vorschriften für Banken zusätzliche oder von den Bestimmungen der ersten beiden Abschnitte abweichende Regelungen (siehe nachfolgend 3.1.3 und 3.1.4). Nicht in den ergänzenden Vorschriften für Banken enthalten sind die Gliederungsvorschriften, die im Anhang zu machenden Angaben und die Vorschriften zu einzelnen Posten von Bilanz, Erfolgsrechnung und Ausserbilanzgeschäften. Diese finden sich in der Verordnung zum Bankengesetz.

3.1.2 True and fair view

Anders als in den entsprechenden Vorschriften des Schweizerischen Obligationenrechtes (OR) hat eine aufgrund der ergänzenden Vorschriften des PGR für bestimmte Gesellschaftsformen aufgestellte (konsolidierte) Jahresrechnung stets ein den tatsächlichen Verhältnissen entsprechendes Bild der Vermögens-, Finanz-

und Ertragslage (true and fair view) der Gesellschaft zu vermitteln. Wenn, in seltenen Fällen, dieses Ziel trotz Befolgung der Rechnungslegungsvorschriften nicht erreicht werden kann, muss zwingend von einzelnen Bestimmungen abgewichen werden, um den true and fair view dennoch zu gewährleisten ('overriding principle'). Der 'true and fair view'-Grundsatz ist auch für die Rechnungslegung der Banken massgebend.

3.1.3 Stille Reserven

Stille Reserven dürfen, von zwei Ausnahmen abgesehen, nicht gebildet werden. Die erste Ausnahme betrifft die aus steuerrechtlichen Gründen über das betriebswirtschaftlich notwendige Ausmass hinaus vorgenommenen Abschreibungen auf Sachanlagen und Wertberichtigungen auf Forderungen. Diese nur steuerrechtlich zulässigen Abschreibungen und Wertberichtigungen sind jedoch im Anhang offenzulegen. In der Konzernrechnung sind die nur steuerrechtlich zulässigen stillen Reserven nicht erlaubt (Art. 1135 PGR).

Die zweite Ausnahme vom Verbot, stille Reserven zu bilden, stellt die Möglichkeit dar, zur Sicherung gegen allgemeine Bankrisiken einen Posten 'Rückstellungen für allgemeine Bankrisiken' zu bilden, soweit dies aus Gründen der Vorsicht wegen der besonderen Risiken des Bankgeschäftes nötig ist (Art. 1132 PGR). Da dieser Posten in der Bilanz gesondert auszuweisen ist sowie die Bildung und Auflösung dieser Rückstellungen in der Erfolgsrechnung offen ausgewiesen werden muss, kann jedoch nicht von stillen Reserven im eigentlichen Sinne gesprochen werden.

3.1.4 Bewertung

Die einzelnen in den Aktiven enthaltenen Vermögensgegenstände sind grundsätzlich höchstens zu den Anschaffungskosten zu bewerten. Die gemäss schweizerischem OR unter bestimmten Voraussetzungen gestattete Aufwertung von Liegenschaften und Beteiligungen über den Anschaffungswert hinaus ist nicht zulässig.

Nach den alten bankengesetzlichen Bewertungsvorschriften nicht zulässig, nach neuem Recht in Anlehnung an entsprechende schweizerische Bestimmungen und in Abweichung von den ersten beiden Abschnitten der Rechnungslegungsvorschriften des PGR jedoch vorgeschrieben ist die Bewertung von Positionen im Rahmen des Handelsgeschäftes (Handelsbestand) zum Marktkurs des Bilanzstichtages (Art. 1133 Abs. 5 PGR).

Eine weitere Abweichung von den allgemeinen Bewertungsvorschriften betrifft die festverzinslichen Wertpapiere, die dazu bestimmt werden, dauernd dem Geschäftsbetrieb zu dienen, und deren Haltung bis zur Endfälligkeit beabsichtigt ist. Diese sind stets zum Rückzahlungsbetrag zu bewerten. Ein allfälliges Agio bzw.

Disagio ist zeitanteilig über die Laufzeit abzuschreiben bzw. als Ertrag zu verbuchen (Art. 1133 Abs. 4 PGR).

Als Finanzanlagen gelten in Übereinstimmung mit Art. 35 Abs. 2 der EU-Bankbilanzrichtlinie lediglich Beteiligungen, Anteile an verbundenen Unternehmen sowie Wertpapiere, die dazu bestimmt werden, dauernd dem Geschäftsbetrieb zu dienen (Art. 1133 Abs. 3 PGR). Damit ist der Begriff 'Finanzanlagen' gemäss liechtensteinischem Recht nicht deckungsgleich mit dem gleichlautenden Begriff gemäss schweizerischem Bankengesetz.

3.2 Bankengesetz

Die Banken haben jährlich einen Geschäftsbericht (Jahresrechnung und Jahresbericht) zu erstellen, wobei sich die Jahresrechnung aus Bilanz, Erfolgsrechnung und Anhang zusammensetzt (Art. 10 Abs. 1). Sofern ein Bankkonzern vorliegt, ist auch ein konsolidierter Geschäftsbericht zu erstellen (Art. 10 Abs. 2). Zusätzlich zu erstellen ist eine (konsolidierte) Mittelflussrechnung (als Bestandteil der (konsolidierten) Jahresrechnung) und ein (konsolidierter) Zwischenabschluss, sofern die von der Regierung in der Verordnung festgelegten Voraussetzungen erfüllt sind (Art. 10 Abs. 3). Die (konsolidierten) Geschäftsberichte und die (konsolidierten) Zwischenabschlüsse sind nach den Vorschriften des PGR und nach den Bestimmungen des Bankengesetzes bzw. der dazugehörigen Verordnung zu erstellen (Art. 10 Abs. 4 und 6). Die (konsolidierten) Geschäftsberichte und die (konsolidierten) Zwischenabschlüsse sind innerhalb der von der Regierung mit Verordnung festgelegten Fristen und in der von ihr festgelegten Form offenzulegen sowie bei der Dienststelle für Bankenaufsicht einzureichen (Art. 10 Abs. 5, 6 und 7).

3.3 Verordnung zum Bankengesetz

3.3.1 Mittelflussrechnung, Zwischenabschluss und Grundsätze ordnungsmässiger Rechnungslegung

Banken mit einer Bilanzsumme von wenigstens 100 Millionen Schweizer Franken, die zudem das Bilanzgeschäft in wesentlichem Umfange betreiben, haben als weiterer Bestandteil der Jahresrechnung neben Bilanz, Erfolgsrechnung und Anhang zusätzlich eine Mittelflussrechnung zu erstellen; eine konsolidierte Mittelflussrechnung ist immer zu erstellen, wenn eine Konzernrechnung erstellt werden muss (Art. 23).

Ein aus Bilanz und Erfolgsrechnung bestehender Zwischenabschluss ist halbjährlich von allen Banken zu erstellen, die eine Bilanzsumme von wenigstens 100 Millionen Schweizer Franken ausweisen; konsolidierungspflichtige Banken müssen in jedem Fall einen Zwischenabschluss erstellen (Art. 24 Abs. 1 und 2).

Für die Erstellung eines (konsolidierten) Zwischenabschlusses sind die gleichen Vorschriften massgebend wie für die Erstellung der (konsolidierten) Jahresrechnung (Art. 24 Abs. 3).

Die (konsolidierte) Jahresrechnung ist nach den Grundsätzen ordnungsmässiger Rechnungslegung aufzustellen (Art. 24a Abs. 1). Als Grundsätze ordnungsmässiger Rechnungslegung werden aufgezählt: ordnungsmässige Erfassung der Geschäftsvorfälle, Vollständigkeit, Klarheit, Wesentlichkeit, Vorsicht, Fortführung der Unternehmenstätigkeit, Stetigkeit in Darstellung und Bewertung, periodengerechte Abgrenzung, Verrechnungsverbot, wirtschaftliche Betrachtungsweise (Art. 24a Abs. 2). Als wesentlich gelten dabei Sachverhalte und Beträge, die geeignet sind, den Adressaten der (konsolidierten) Jahresrechnung in der Einschätzung und in den Entscheiden gegenüber der Bank zu beeinflussen (Art. 24a Abs. 3). Als Vorjahreszahlen sind in der (konsolidierten) Zwischenbilanz die Zahlen der letzten (konsolidierten) Bilanz und in der (konsolidierten) Zwischenerfolgsrechnung die Zahlen der letzten (konsolidierten) Zwischenerfolgsrechnung einzusetzen (Art. 24a Abs. 4).

3.3.2 Gliederung der Bilanz und der Ausserbilanzgeschäfte

Der Gliederung der Bilanz und der Ausserbilanzgeschäfte (Art. 24b Abs. 1) liegt das Gliederungsschema der EU-Bankbilanzrichtlinie zugrunde. Die in der Schweiz aufgrund von Art. 25 der Verordnung zum Bankengesetz erforderlichen Posten wurden, sofern sie in der Gliederung gemäss EU-Bankbilanzrichtlinie nicht vorgesehen sind, soweit möglich als Unterposten oder Davon-Vermerke in das Gliederungsschema gemäss liechtensteinischem Recht integriert.

Schweizerische Banken haben die Handelsbestände in Wertschriften und Edelmetallen in einem eigens dafür vorgesehenen Aktivposten auszuweisen. Einen solchen Posten sieht die EU-Bankbilanzrichtlinie und damit auch das neue liechtensteinische Bilanzgliederungsschema für Banken nicht vor. Da die Handelsbestände in verschiedenen Aktivposten enthalten sein können, wurde auch davon abgesehen, entsprechende Davon-Vermerke vorzusehen, um die Bilanz nicht unnötig aufzublähen. Eine Annäherung an die entsprechenden schweizerischen Vorschriften wurde jedoch trotzdem erreicht, und zwar dadurch, dass die Handelsbestände betragsmässig und aufgegliedert nach den Bilanzposten, in denen sie enthalten sind, im Anhang anzugeben sind.

In der liechtensteinischen Bilanzgliederung ebenfalls nicht vorgesehen ist der gemäss schweizerischem Recht zwingend aufzuführende Aktivposten 'Finanzanlagen', da die in Liechtenstein und in der Schweiz gleichlautenden Begriffe unterschiedliche Begriffsinhalte haben (siehe weiter oben unter 3.1.4).

In der Schweiz können Wertberichtigungen zusammen mit den Rückstellungen in einem eigenen Passivposten ausgewiesen werden. Aufgrund der inskünftig grundsätzlich auch für Banken geltenden ergänzenden Rechnungslegungsvorschriften des PGR für bestimmte Gesellschaftsformen dürfen Wertberichtigungen nicht auf der Passivseite ausgewiesen, sondern müssen zwingend von den betreffenden Posten auf der Aktivseite abgesetzt werden (Art. 1085 Abs. 3 PGR). Insofern sind nach liechtensteinischem Recht auf der Passivseite lediglich Rückstellungen auszuweisen. Der gemäss der schweizerischen Verordnung zum Bankengesetz zulässige Ausweis der Rückstellungen (Reserven) für allgemeine Bankrisiken unter den Wertberichtigungen und Rückstellungen ist nach liechtensteinischem Recht ebenfalls nicht zulässig.

Gemäss liechtensteinischem Recht sind die nachrangigen Verbindlichkeiten in einem eigens dafür vorgesehenen Posten unter den Passiven auszuweisen. In der Schweiz sind sie unter dem Bilanzstrich anzugeben.

Der gemäss schweizerischem Recht vorgesehene Passivposten 'Aufwertungsreserve' ist nach liechtensteinischem Recht nicht nötig, da - wie bereits weiter oben ausgeführt - die Aufwertung von Liegenschaften und Beteiligungen über die Anschaffungskosten hinaus nicht vorgesehen bzw. nicht zulässig ist.

Die Forderungen und Verbindlichkeiten gegenüber verbundenen Unternehmen und Tochtergesellschaften sind ähnlich wie in der Schweiz offenzulegen; gleiches gilt für nachrangige Forderungen (Art. 24b Abs. 2 und 3).

Die mit kleinen Buchstaben versehenen Posten der Aktiven und Passiven können zusammengefasst werden, wenn sie unwesentlich sind, oder wenn dadurch die Klarheit der Darstellung verbessert wird; im letzteren Fall sind jedoch die zusammengefassten Posten im Anhang gesondert auszuweisen (Art. 24b Abs. 7).

3.3.3 Gliederung der Erfolgsrechnung

Die Erfolgsrechnung ist in Staffelform (vertikale Gliederung) aufzustellen (Art. 24c Abs. 1). Die in der Schweiz aufgrund von Art. 25a der Verordnung zum Bankengesetz erforderlichen Posten wurden, sofern sie in der Gliederung gemäss EU-Bankbilanzrichtlinie nicht vorgesehen sind, soweit möglich als Unterposten oder Davon-Vermerke in das Gliederungsschema gemäss liechtensteinischem Recht integriert.

Die mit kleinen Buchstaben versehenen Posten der Aufwendungen und Erträge können zusammengefasst werden, wenn sie unwesentlich sind, oder wenn dadurch die Klarheit der Darstellung verbessert wird; im letzteren Fall sind jedoch die zusammengefassten Posten im Anhang gesondert auszuweisen (Art. 24c Abs. 4).

3.3.4 Gliederung der Mittelflussrechnung

Die liechtensteinische Bestimmung über die Gliederung der Mittelflussrechnung (Art. 24d) stimmt mit der entsprechenden schweizerischen Vorschrift (Art. 25b) überein. Die Mittelflussrechnung muss die Mittelflüsse aus dem operativen Ergebnis (Innenfinanzierung), aus Eigenkapitaltransaktionen, aus Vorgängen im

124

Anlagevermögen und aus dem Bankgeschäft aufzeigen, wobei die Refinanzierung ersichtlich sein muss.

3.3.5 Gliederung und Inhalt des Anhanges

Die Gliederung und der Inhalt des Anhanges (Art. 24e Abs. 1) entsprechen Art. 25c der Verordnung zum schweizerischen Bankengesetz, wobei insbesondere die aufgrund der unterschiedlichen Regelungen bezüglich der Gliederung von Bilanz und Erfolgsrechnung nötigen Anpassungen vorgenommen wurden. Die zusätzlich aufgrund der EU-Bankbilanzrichtlinie nötigen Angaben sind soweit möglich im Gliederungsschema für den Anhang zu integrieren (Art. 24e Abs. 2). Zusätzlich in den Anhang aufzunehmen sind alle aufgrund der Rechnungslegungsvorschriften des PGR sowie der Bestimmungen der Verordnung (einschliesslich Anhang 3) entweder im Anhang oder wahlweise im Anhang anzugebenden Informationen (Art. 24e Abs. 3).

3.3.6 Erstellung und Gliederung der konsolidierten Jahresrechnung

Die konsolidierte Jahresrechnung ist nach den Vorschriften über den Einzelabschluss zu erstellen, soweit im Rahmen der Rechnungslegungsvorschriften nichts anderes bestimmt ist und soweit die Bedürfnisse der Konzernrechnung keine Abweichungen bedingen (Art. 24f).

Für die Gliederung der konsolidierten Bilanz und der konsolidierten Erfolgsrechnung sind Gliederungsschemata vorgeschrieben (Art. 24g und Art. 24h). Sie entsprechen, abgesehen von konzernrechnungslegungsspezifischen Erfordernissen, denjenigen des Einzelabschlusses. In Bezug auf die konsolidierte Mittelflussrechnung und den konsolidierten Anhang wird auf die entsprechenden Vorschriften des Einzelabschlusses verwiesen, wobei gewisse im Einzelabschluss geforderte Anhangangaben an die Bedürfnisse einer Konzernrechnung angepasst und zusätzliche Angaben verlangt werden (Art. 24i und Art. 24k).

Hat die Bank einen konsolidierten Zwischenabschluss und eine konsolidierte Mittelflussrechnung zu erstellen, ist sie im Rahmen des Einzelabschlusses von der Erstellung eines Zwischenabschlusses und einer Mittelflussrechnung befreit. Ausserdem dürfen der Anhang des Einzelabschlusses und derjenige der Konzernrechnung zusammengefasst werden, sofern Einzelabschluss und Konzernrechnung gemeinsam offengelegt werden (Art. 24l).

3.3.7 Offenlegung

Der (konsolidierte) Geschäftsbericht ist innert vier Monaten nach Abschluss des Geschäftsjahres in gedruckter Form zu veröffentlichen und bei der Dienststelle für Bankenaufsicht einzureichen (Art. 24m Abs. 1 und 2). Der (konsolidierte) Zwischenabschluss ist innert zwei Monaten in den amtlichen Publikationsorganen zu veröffentlichen und bei der Dienststelle für Bankenaufsicht einzureichen (Art. 24m Abs. 1 und 2).

Der ordnungsgemäss gebilligte (konsolidierte) Jahresabschluss und der Prüfungsbericht sind innert fünf Monaten nach Abschluss des Geschäftsjahres beim Öffentlichkeitsregisteramt einzureichen; in den amtlichen Publikationsorganen ist zusätzlich bekanntzugeben, unter welcher Registernummer diese Unterlagen beim Öffentlichkeitsregisteramt eingereicht worden sind (Art. 24m Abs. 3 und 4).

Der (konsolidierte) Jahresbericht muss nicht beim Öffentlichkeitsregisteramt eingereicht, sondern kann am Sitz der Gesellschaft zur Einsichtnahme für jedermann bereitgehalten werden (Art. 24m Abs. 5).

Die Banken sind verpflichtet, die (konsolidierte) Jahresrechnung, den (konsolidierten) Jahresbericht und den Bericht über die Prüfung der (konsolidierten) Jahresrechnung in jedem EWR-Vertragsstaat, in dem sie eine Zweigstelle betreiben, nach dessen Vorschriften offenzulegen (Art. 24m Abs. 6).

Liechtensteinische Zweigstellen ausländischer Banken haben die in Art. 24m Abs. 6 bezeichneten Unterlagen ihrer Hauptniederlassung, die nach deren Recht aufgestellt und geprüft worden sind, nach den liechtensteinischen Vorschriften offenzulegen. Liechtensteinische Zweigstellen von EWR-Banken brauchen auf ihre eigene Geschäftstätigkeit bezogene gesonderte Rechnungslegungsunterlagen nicht offenzulegen. Gleiches gilt für liechtensteinische Zweigniederlassungen von Nicht-EWR-Banken, sofern die Rechnungslegungsunterlagen ihrer Hauptniederlassung nach auf der Umsetzung der EU-Bankbilanzrichtlinie beruhenden Vorschriften oder nach zu diesen Bestimmungen gleichwertigen Vorschriften erstellt und geprüft worden sind. Ist die Gleichwertigkeit nicht gegeben, hat die liechtensteinische Zweigstelle einer Nicht-EWR-Bank die auf ihre eigene Geschäftstätigkeit bezogenen gesonderten Rechnungslegungsunterlagen nach liechtensteinischem Recht offenzulegen

3.4 Anhang 3 der Verordnung zum Bankengesetz

3.4.1 Inhalt

Im Anhang 3 werden zunächst die Grundsätze ordnungsmässiger Rechnungslegung im einzelnen erörtert.

Anschliessend werden die (Buchungs-)Regeln für die Bildung, Auflösung und Offenlegung der stillen Reserven, bei denen es sich nur um die lediglich steuerrechtlich zulässigen stillen Reserven handeln kann, aufgestellt.

Den Hauptteil von Anhang 3 bilden die Vorschriften über die Gliederung von Bilanz und Erfolgsrechnung. In ihnen ist im wesentlichen definiert, welche Geschäftsvorfälle bzw. welche Aktiven, Passiven, Ausserbilanzgeschäfte, Aufwendungen und Erträge unter welchen Positionen zu verbuchen sind.

In den Vorschriften über den Anhang wird zunächst festgelegt, wie der Anhang zu gliedern ist. Anschliessend werden die in den Bestimmungen über den Anhang immer wieder verwendeten Begriffe definiert. Daran schliessen sich die Bestimmungen über die einzelnen Anhangangaben an, in denen im Detail aufgeführt wird, welche Angaben im einzelnen zu machen sind.
Über die Gliederung der Mittelflussrechnung und der konsolidierten Jahresrechnung finden sich nur einige wenige zusätzliche Vorschriften im Anhang 3.

3.4.2 Wesentliche Unterschiede zu den schweizerischen Vorschriften
Die Vorschriften des Anhanges 3 entsprechen den Richtlinien der RRV-EBK in materieller Hinsicht. Allerdings enthält der Anhang 3, anders als die RRV-EBK, keine Vorschriften über die Schwankungsreserve für Kreditrisiken. Ihre Bildung ist nach EU-Recht nicht zulässig. Nicht zulässig ist in Liechtenstein ausserdem die nach schweizerischem Recht erlaubte Anwendung von internationalen Rechnungslegungsnormen (International Accounting Standards, Generally Accepted Accounting Principles der USA, Rechnungslegungsvorschriften der EWR-Staaten) anstelle der bankengesetzlichen Rechnungslegungsvorschriften.

4 Die Eigenmittelvorschriften im einzelnen

4.1 Einhaltung der Vorschriften

Die Eigenmittelvorschriften sind sowohl einzeln als auch auf konsolidierter Basis einzuhalten (Art. 4 Abs. 2 des Bankengesetzes). In begründeten Fällen kann die Regierung Erleichterungen gewähren oder Verschärfungen anordnen, soweit diese nicht EU-Recht verletzen (Art. 4 Abs. 3 des Bankengesetzes).

4.2 Definition der anrechenbaren Eigenmittel

4.2.1 Bestandteile
Nach Art. 4 der Verordnung zum liechtensteinischen Bankengesetz setzen sich die Eigenmittel aus dem Kernkapital (tier 1), dem ergänzenden Kapital (tier 2), welches aus dem oberen (upper tier 2) und dem unteren ergänzenden Kapital besteht (lower tier 2), sowie dem Zusatzkapital (tier 3) zusammen. Von der Summe dieser drei Bestandteile sind bestimmte Beträge abzuziehen.
Für das ergänzende Kapital und das Zusatzkapital bestehen folgende Einschränkungen:

- das ergänzende Kapital und das Zusatzkapital dürfen zusammen das Kernkapital nicht übersteigen;

- das untere ergänzende Kapital ist auf 50% des Kernkapitals limitiert;

- das Zusatzkapital darf ausschliesslich zur Unterlegung von Marktrisiken verwendet werden und ist auf 250% des zur Unterlegung der Marktrisiken verwendeten Kernkapitals begrenzt;

- Nicht anrechenbares unteres ergänzendes Kapital darf unter bestimmten Voraussetzungen bis auf 250% des zur Unterlegung der Marktrisiken verwendeten Kernkapitals als Zusatzkapital angerechnet werden.

4.2.2 Kernkapital

Als Kernkapital (Art. 4a) gelten das Aktienkapital, die Gewinn- und Kapitalreserven, die Rückstellungen für allgemeine Bankrisiken und der Gewinnvortrag. Der Gewinn des laufenden Geschäftsjahres gilt nur im Umfang des Betrages, welcher netto nach Abzug des geschätzten Dividendenanteils verbleibt, als Kernkapital, sofern ein geprüfter Zwischenabschluss vorliegt. Vom Kernkapital sind die eigenen Aktien und Partizipationsscheine, die immateriellen Anlagewerte, der Verlustvortrag und der Verlust des laufenden Geschäftsjahres sowie ein ungedeckter Wertberichtigungs- und Rückstellungsbedarf des laufenden Geschäftsjahres abzuziehen.

4.2.3 Ergänzendes Kapital

Als oberes ergänzendes Kapital gelten die nur steuerrechtlich anerkannten stillen Reserven auf Forderungen, die nur steuerrechtlich anerkannten stillen Reserven auf Sachanlagen (wobei der als oberes ergänzendes Kapital anrechenbare Betrag 45% der Differenz zwischen dem Markt- und dem Buchwert nicht übersteigen darf), die Eigen- und Fremdkapitalcharakter aufweisenden hybriden Instrumente sowie die kumulativen Vorzugsaktien ohne feste Laufzeit (Art. 4b Abs. 1).
Als unteres ergänzendes Kapital gelten kumulative Vorzugsaktien mit fester Laufzeit sowie, unter bestimmten Voraussetzungen, nachrangige Anleihen mit einer Ursprungslaufzeit von mindestens fünf Jahren. Wenn das untere ergänzende Kapital 25% des Kernkapitals übersteigt, ist die Dienststelle für Bankenaufsicht zu benachrichtigen (Art. 4b Abs. 2 und 3).

4.2.4 Zusatzkapital

Als Zusatzkapital (Art. 4c) gelten ungesicherte, nachrangige und vollständig eingezahlte Verbindlichkeiten mit einer Ursprungslaufzeit von mindestens zwei Jahren. Diese dürfen nur dann zurückbezahlt werden, wenn die Eigenmittelerfordernisse auch nach deren Rückzahlung erfüllt sind und die Dienststelle für Bankenaufsicht zugestimmt hat. Fallen die anrechenbaren Eigenmittel unter 120% der erforderlichen Eigenmittel, ist dies der Dienststelle für Bankenaufsicht zu melden.

4.2.5 Abzüge

Gemäss Art. 4d sind von der Summe aller drei Eigenmittel-Bestandteile die Netto-Longpositionen der zu konsolidierenden Beteiligungen an im Bank- oder Finanzbereich tätigen Unternehmen und der diesen Unternehmen gegenüber bestehenden nachrangigen Forderungen sowie die als ergänzendes und als Zusatzkapital angerechneten, selbst ausgegebenen nachrangigen Anleihen ausserhalb des Handelsbuches abzuziehen. Zusätzlich abzuziehen sind unter bestimmten Voraussetzungen die Netto-Longpositionen der nicht zu konsolidierenden Beteiligungen an im Bank- oder Finanzbereich tätigen Unternehmen. Die Netto-Longpositionen von nur vorübergehend und ausschliesslich zu Sanierungszwecken gehaltenen Beteiligungen an im Bank- oder Finanzbereich tätigen Unternehmen sind nicht abzuziehen.

4.3 Erforderliche Eigenmittel insgesamt

Die anrechenbaren Eigenmittel müssen dauernd mindestens der Summe aus 8% der risikogewichteten Positionen und dem Betrag der nicht risikogewichteten erforderlichen Eigenmittel zur Unterlegung von Marktrisiken entsprechen (Art. 5 Abs. 1). Die Eigenmittelerfordernisse sind sowohl von der Bank selbst als auch auf konsolidierter Basis zu erfüllen (Art. 6q und Art. 7).

4.4 Eigenmittelanforderungen für Kreditrisiken

4.4.1 Zusammensetzung

Der Betrag in Höhe von mindestens 8% der risikogewichteten Positionen stellt die Eigenmittelanforderung für die Kreditrisiken dar. Als risikogewichtete Positionen gelten dabei gemäss Art. 5 Abs. 2 die

- mit 0%, 25%, 50%, 75%, 100% oder 250% gewichteten Forderungen; die Gewichtung ist dabei abhängig von der Gegenpartei (Art. 6),

- nicht gegenparteibezogenen Aktiven wie der Saldo des Ausgleichskontos, die Bankgebäude, andere Liegenschaften sowie übrige Sachanlagen, immaterielle Werte und andere abschreibungspflichtige Aktivierungen, die mit 0%, 250%, 375% bzw. 625% zu gewichten sind (Art. 6a),

- in ihr Kreditäquivalent umgerechneten Ausserbilanzgeschäfte,

- Nettoforderungen aus Darlehens- und Repo-Geschäften mit Effekten und Rohstoffen,

- Nettopositionen in Beteiligungstiteln und Zinsinstrumenten ausserhalb des Handelsbuches und im Handelsbuch nach De-Minimis sowie

- Nettopositionen in eigenen Titeln und qualifizierten Beteiligungen im Handelsbuch.

Grundsätzlich ist bei einer Gegenpartei unabhängig von der Geschäftsart der gleiche Risikogewichtungssatz anzuwenden. Wenn die Bank nicht in der Lage ist, eine Position nach Gegenparteien aufzugliedern, ist diese Position mit 100% zu gewichten (Art. 5 Abs. 3).

4.4.2 Ausserbilanzgeschäfte

Bei der Umrechnung der Ausserbilanzgeschäfte in ihr Kreditäquivalent ist wie folgt vorzugehen (Art. 6b - 6e):

- Bei Eventualverbindlichkeiten und unwiderruflichen Zusagen errechnet sich das Kreditäquivalent, indem der Nominal- oder Barwert des jeweiligen Geschäftes mit dessen Kreditumrechnungsfaktor, der je nach Geschäft 0, 0.25, 0.5, 1.0, 1.25, 2.5 oder 6.25 betragen kann, multipliziert wird.

- Bei gekauften Optionen und Terminkontrakten mit Aktien, Aktienindizes, Edelmetallen (ohne Gold) und übrigen Rohstoffen als Basiswerten ist das Kreditäquivalent unter Anwendung der Marktbewertungsmethode zu berechnen. Dabei wird der aktuelle Wiederbeschaffungswert des jeweiligen Kontraktes um eine Sicherheitsmarge (Add-on) zur Abdeckung des zukünftigen potentiellen Kreditrisikos während der Restlaufzeit des Kontraktes erhöht. Das Add-on ist dabei abhängig von der Restlaufzeit des Kontraktes und dem Basiswert. Es beträgt zwischen 4% und 15%.

- Bei Terminkontrakten mit Zinsen, Devisen und Gold als Basiswerten kann das Kreditäquivalent entweder unter Anwendung der Marktbewertungs- oder der Ursprungsrisikomethode berechnet werden. Banken, welche die De-Minimis-Grenze überschreiten, müssen jedoch auch für diese Arten von Terminkontrakten immer die Marktbewertungsmethode anwenden. Bei der Ursprungsrisikomethode ergibt sich das Kreditäquivalent aus der Multiplikation des Nennwertes des jeweiligen Kontraktes mit dessen Kreditumrechnungsfaktor, der pro Jahr Restlaufzeit je nach Basiswert um einen bestimmten Prozentsatz erhöht wird.

- Für an anerkannten Börsen gehandelte Kontrakte, an welchen sie einer täglichen Margennachschusspflicht unterliegen, sowie für Devisenkontrakte mit einer Ursprungslaufzeit von weniger als 14 Tagen braucht kein Add-on berechnet zu werden.

- Liegen bestimmte Voraussetzungen vor, kann auch bei ausserbörslich gehandelten Kontrakten auf die Berechnung eines Add-ons verzichtet werden.

- Sofern mit der entsprechenden Gegenpartei eine anerkannte und durchsetzbare
  bilaterale Nettingvereinbarung besteht, können bei Terminkontrakten und
  Optionen mit derselben Gegenpartei, falls die Marktbewertungsmethode angewendet wird, positive Wiederbeschaffungswerte und sämtliche Add-ons mit
  negativen Wiederbeschaffungswerten verrechnet werden. Die Verrechnung
  kann unter den gleichen Voraussetzungen auch bei Anwendung der Ursprungsrisikomethode erfolgen.

Das Kreditäquivalent ist mit dem Risikogewichtungssatz der jeweiligen Gegenpartei zu multiplizieren, wobei im Falle von Terminkontrakten und gekauften Optionen die Risikogewichtungssätze zu halbieren sind (Art. 6b Abs. 2).

4.4.3 Darlehens- und Repo-Geschäfte

Bei Darlehens- und Repogeschäften mit Effekten und Rohstoffen ist nur die Differenz zwischen der Deckung und der Effekten- oder Rohstoffposition mit eigenen Mitteln zu unterlegen, wobei jedoch verschiedene Voraussetzungen (Sicherstellung, Bewertung zu Marktwerten, tägliche Margenausgleichszahlungen oder
Veränderung der Hinterlagen) erfüllt sein müssen (Art. 6f).

4.4.4 Nettopositionen ausserhalb des Handelsbuches und im Handelsbuch
nach De-Minimis

Bei Zinsinstrumenten ausserhalb des Handelsbuches und bei Zinsinstrumenten im
Handelsbuch nach De-Minimis sind die Nettopositionen pro Emittent wie die
Forderungen gemäss Art. 6 zu gewichten, wobei die an einer anerkannten Börse
gehandelten nachrangigen Zinsinstrumente zur Hälfte gewichtet werden können.
Beteiligungstitel sind pro Emittent mit 125%, 250% oder 500% zu gewichten
(Art. 6h).

4.4.5 Eigene Titel und qualifizierte Beteiligungen im Handelsbuch

Die Nettoposition der im Handelsbuch gehaltenen eigenen nachrangigen Zinsinstrumente ist mit 1250% zu gewichten, diejenige der im Handelsbuch gehaltenen
Beteiligungstitel mit 250%, sofern es sich um eine qualifizierte Beteiligung (Be-
teiligungsquote grösser 10%) handelt (Art. 6i).

4.4.6 Nettoposition

Die Nettoposition ist zu berechnen, indem zum physischen Bestand (einschliesslich Titelforderungen aus Securities Lending abzüglich Titelverpflichtungen aus
Securities Borrowing) die nicht erfüllten Kassa- und Terminkäufe, die festen
Übernahmezusagen aus Emissionen (abzüglich abgegebene Unterbeteiligungen
und feste Zeichnungen), die deltagewichteten Lieferansprüche aus Call-Käufen
und die deltagewichteten Lieferansprüche aus geschriebenen Puts hinzugezählt

und die nicht erfüllten Kassa- und Terminverkäufe, die deltagewichteten Lieferverpflichtungen aus geschriebenen Calls und die deltagewichteten Lieferverpflichtungen aus Put-Käufen abgezogen werden (Art. 6g).

4.5 Eigenmittelanforderungen für Marktrisiken

4.5.1 Zusammensetzung und Berechnung im allgemeinen

Die Eigenmittelanforderungen für die Marktrisiken (Art. 5 Abs. 5) setzen sich zusammen aus den Eigenmittelanforderungen für

- Zinsinstrumente und Beteiligungstitel des Handelsbuches,
- Devisen, Gold und Rohstoffe des Bankenbuches,
- Abwicklungs- und Lieferrisiken in Zusammenhang mit
- Zinsinstrumenten und Beteiligungstiteln im Handelsbuch und
- Rohstoffen für die gesamte Bank sowie
- Optionen.

Die Eigenmittelanforderungen sind entweder nach dem Standard- oder dem Modellverfahren zu berechnen (Art. 6k Abs. 1 und Art. 6p).

4.5.2 De-Minimis

Die Marktrisiken der Zinsinstrumente und Beteiligungstitel im Handelsbuch sind nicht in jedem Fall, sondern nur dann mit Eigenmitteln zu unterlegen, wenn das Handelsbuch 6% der Summe aller bilanziellen und ausserbilanziellen Positionen und 30 Millionen Schweizer Franken überschreitet (De-Minimis-Regel). Wird diese Grenze nicht überschritten, sind für die Positionen des Handelsbuches lediglich die Kreditrisiken mit Eigenmitteln zu unterlegen, und zwar mit 8% der risikogewichteten Nettoposition je Gegenpartei (Art. 6k Abs. 2).

4.5.3 Definition des Handelsbuches

In Zusammenhang mit der De-Minimis-Regel kommt der Definition des Handelsbuches entscheidende Bedeutung zu. Dieses besteht aus Positionen, welche sämtliche der folgenden Bedingungen erfüllen (Art. 7a Bst. e):

- die Positionen werden aktiv bewirtschaftet und mit der Absicht gehalten, von Marktpreisschwankungen zu profitieren;
- es ist beabsichtigt, die Positionsrisiken auf kurze Sicht zu halten;
- die Positionsrisiken können an einer anerkannten Börse oder an einem repräsentativen Markt gehandelt werden;

- die Positionen werden täglich zu Marktpreisen bewertet.

Die Positionen des Handelsbuches sind nicht a priori identisch mit den unter den Aktiven auszuweisenden Handelsbeständen, da diese auch zum Niederstwert zu bewertende Positionen enthalten können, die keine Handelsbuchpositionen im Sinne der Eigenmittelvorschriften sind.

4.5.4 Eigenmittelanforderung nach dem Standardverfahren

Die Eigenmittelanforderung für Marktrisiken nach dem Standardverfahren setzt sich aus der Addition folgender Einzelanforderungen zusammen.

a   Eigenmittelanforderungen für Zinsinstrumente und Beteiligungstitel im Handelsbuch (Art. 6l)

Die Eigenmittelanforderung für Zinsinstrumente im Handelsbuch setzt sich aus der Summe der Eigenmittelanforderungen für das allgemeine Marktrisiko und das spezifische Risiko zusammen. Die Eigenmittelanforderung für das allgemeine Marktrisiko ist entweder nach der Laufzeitmethode oder nach der Durationsmethode zu berechnen. Die Eigenmittelanforderung für das spezifische Risiko ergibt sich, indem die Nettoposition pro Emittent (je nach Emittent) mit 0%, 2.5%, 8% oder 10% multipliziert wird. Die Eigenmittelanforderungen sind dabei getrennt für jede Währung zu berechnen.

Die Eigenmittelanforderung für Beteiligungstitel im Handelsbuch setzt sich ebenfalls aus der Summe der Eigenmittelanforderungen für das allgemeine Marktrisiko und das spezifische Risiko zusammen. Die Eigenmittelanforderung für das allgemeine Marktrisiko beträgt 8% der Nettoposition pro nationalen Markt oder pro einheitlichen Währungsraum. Für das spezifische Risiko beträgt die Eigenmittelanforderung 8% der Nettoposition pro Emittent; für diversifizierte und liquide Aktienportfolios und für Aktienindexkontrakte reduziert sich die Anforderung auf 4% bzw. 2% der Nettoposition pro Emittent.

b   Eigenmittelanforderungen für Devisen, Gold und Rohstoffe (Art. 6m)

Die Eigenmittelanforderung für Devisenpositionen beträgt 10% der Summe der Netto-Longpositionen oder 10% der Summe der Netto-Shortpositionen, wobei der höhere der beiden Werte massgebend ist.

Die erforderlichen Eigenmittel für Goldpositionen betragen 10% der Nettoposition.

Die Eigenmittelanforderung für Rohstoffpositionen setzt sich zusammen aus 20% der Nettoposition pro Rohstoff-Gruppe und 3% der Bruttoposition pro Rohstoff-Gruppe. Bei der Berechnung der Bruttoposition sind die absoluten Werte der Long- und der Shortpositionen zusammenzuzählen.

c   Eigenmittelanforderungen für Abwicklungs- und Lieferrisiken (Art. 6o)

Die Höhe der erforderlichen Eigenmittel für Abwicklungs- und Lieferrisiken betreffend Zinsinstrumente, Beteiligungstitel, Rohstoffe und Gold ist abhängig von der Anzahl Arbeitstage, die eine Lieferung in den genannten Instrumenten überfällig ist.

d   Eigenmittelanforderungen für Optionen

Tritt bei Finanzinstrumenten der Optionscharakter materiell und dominant in Erscheinung, sind sie analytisch in Optionen und Basisinstrumente zu zerlegen. Zulässig ist es auch, das Risikoprofil der betreffenden Finanzinstrumente mittels synthetischer Portfolios aus Optionen und Basisinstrumenten zu approximieren.

Gemäss Anhang 1 der Bankenverordnung sind drei Verfahren zur Ermittlung der Eigenmittelanforderungen für Optionspositionen zulässig: das vereinfachte Verfahren, das Delta-Plus-Verfahren sowie die Szenario-Analyse.

4.5.5 Eigenmittelanforderung nach dem Modellverfahren (Art. 6n; Anhang 1: Ziff. 24 ff.)

a   Eigenmittelanforderungen

Zur Bestimmung der Eigenmittelanforderungen für Zins- und Aktienkursrisiken im Handelsbuch und für Währungs- und Rohstoffrisiken für die ganze Bank nach dem Modellverfahren ist zunächst zum einen der Value-at-Risk des Vortrages und zum anderen der mit dem von der Dienststelle für Bankenaufsicht festgelegten bankspezifischen Multiplikationsfaktor multiplizierte Durchschnitt der täglichen Value-at-Risk-Werte der vorangegangenen sechzig Handelstage zu berechnen. Die Eigenmittelanforderung entspricht dann dem höheren der beiden Beträge. Werden die spezifischen Risiken von Aktien- und Zinsinstrumenten nicht in die Value-at-Risk-Berechnung einbezogen, bestehen für diese zusätzliche Eigenmittelanforderungen.

Der Multiplikationsfaktor beträgt mindestens drei und hängt von der Erfüllung der Mindestanforderungen und der Prognosegenauigkeit des bankeigenen Risikoaggregationsmodelles ab.

b   Bewilligungsvoraussetzungen

Die Verwendung von bankinternen Modellen bedarf der Genehmigung durch die Dienststelle für Bankenaufsicht. Ein diesbezüglicher Antrag der Bank ist zusammen mit der von der Dienststelle für Bankenaufsicht verlangten Dokumentation einzureichen.

Damit die Dienststelle für Bankenaufsicht die Bewilligung erteilt, müssen folgende Voraussetzungen dauernd erfüllt sein:

- Es muss eine ausreichende Zahl von Mitarbeiterinnen und Mitarbeitern, die mit komplexen Modellen umgehen können, in allen betroffenen Bereichen (Handel, Risikokontrolle, interne Revision, Back Office) vorhanden sein;

- Alle tangierten Bereiche verfügen über eine hinreichende Informatik-Infrastruktur;

- Das interne Risikoaggregationsmodell basiert auf einem soliden Konzept und ist korrekt implementiert;

- Die Messgenauigkeit des Risikoaggregationsmodells muss hinreichend sein;

- Grundsätzlich muss das Risikoaggregationsmodell sämtliche für die Bank relevanten Risikofaktoren berücksichtigen; eine Ausnahme besteht für die spezifischen Risiken von Aktien- und Zinsinstrumenten, deren Eigenmittelanforderungen auch nach dem Standardverfahren berechnet werden können;

- Das Risikoaggregationsmodell entspricht den quantitativen Mindestanforderungen;

- Die vorgegebenen qualitativen Mindestanforderungen sind erfüllt.

c Quantitative Mindestanforderungen

Für den Aufbau des Risikoaggregationsmodells ist keine bestimmte Methodik vorgeschrieben. Die Banken können den Value-at-Risk auf der Basis von Varianz-Kovarianz-Modellen, historischen Simulationen, Monte-Carlo-Simulationen oder anderen Konzepten bestimmen.

Das Risikoaggregationsmodell hat jedoch in jedem Fall die folgenden quantitativen Mindestanforderungen zu erfüllen:

- Der Value-at-Risk ist täglich auf der Basis der Positionen des Vortages zu berechnen;

- Die Berechnung des Value-at-Risk hat für ein einseitiges Prognoseintervall mit einem Konfidenzniveau von 99% zu erfolgen;

- Es ist von einem Zeitraum bzw. einer Haltedauer von zehn Tagen auszugehen;

- Der historische Beobachtungszeitraum für die Daten, die der Berechnung des Value-at-Risk zugrundegelegt werden, muss mindestens ein Jahr betragen; die verwendeten Datenreihen sind quartalsweise zu aktualisieren; falls es die Marktbedingungen erfordern, hat dies jedoch unverzüglich zu geschehen;

- Das Korrelations-Messsystem muss auf einem soliden Konzept beruhen und korrekt implementiert sein; der Value-at-Risk ist unter Berücksichtigung von empirischen Korrelationen zu berechnen; diese sind laufend zu überwachen; ausserdem sind regelmässig Stresstests durchzuführen.

d Qualitative Mindestanforderungen

Banken, die das Modellverfahren anwenden wollen, müssen zusätzlich zu den allgemeinen Mindestanforderungen, wie sie in den Richtlinien der Schweizerischen Bankiervereinigung für das Risikomanagement im Handel und bei der Verwendung von Derivaten festgelegt sind, Voraussetzungen in Bezug auf die Datenintegrität, die unabhängige Risikokontrollabteilung, die Geschäftsleitung, das Risikoaggregationsmodell, das tägliche Risikomanagement, die Limitensysteme, das Back- und Stresstesting, die Dokumentation, das interne Kontrollsystem und die interne Revision erfüllen.

Die Bank hat der Dienststelle für Bankenaufsicht sowie der bankengesetzlichen Revisionsstelle unverzüglich zu melden, wenn wesentliche Änderungen am Risikoaggregationsmodell vorgenommen werden, sich beim Backtesting nicht zulässige Ergebnisse ergeben oder die Risikopolitik geändert wird. Innerhalb von 15 Handelstagen nach dem Ende eines jeden Quartals sind den gleichen Adressaten ausserdem die Ergebnisse des Backtestings zu melden.

4.6 Eigenmittelausweis

Die Banken haben den Eigenmittelausweis vierteljährlich zu erstellen und der Dienststelle für Bankenaufsicht innert zwei Monaten nach Ende eines jeden Quartals einzureichen. Der konsolidierte Eigenmittelausweis ist halbjährlich zu erstellen und ebenfalls innert zwei Monaten bei der Dienststelle für Bankenaufsicht einzureichen (Art. 6 Abs. 1).

Von international tätigen Banken kann die Dienststelle für Bankenaufsicht zusätzlich eine Berechnung der nach den geltenden Mindeststandards des Basler Ausschusses für Bankenaufsicht auf konsolidierter Basis anrechenbaren und erforderlichen eigenen Mittel verlangen (Art. 6 Abs. 2).

4.7 Unterschiede zu den Eigenmittelvorschriften der Schweiz

Sowohl die schweizerischen Eigenmittelvorschriften als auch diejenigen der EU orientieren sich an der Eigenkapitalvereinbarung des Basler Ausschusses. Diese Tatsache hat es dem liechtensteinischen Gesetzgeber ermöglicht, die relevanten EU-Richtlinien - im Grossen und Ganzen - im Sinne der schweizerischen Vorschriften umzusetzen.

In Bezug auf die Eigenmittelvorschriften sind insbesondere die folgenden wichtigen Unterschiede zwischen den Regelungen in der Schweiz und in Liechtenstein zu nennen:

* Die liechtensteinische Verordnung zum Bankengesetz übernimmt die Risikogewichtungssätze für Aktiven und Ausserbilanzgeschäfte gemäss der schweizerischen Bankenverordnung. Diese sind in der Regel höher als diejenigen der relevanten EU-Richtlinien. Eine höhere Gewichtung ist nach EU-Recht jedoch zulässig.

- Das Kreditäquivalent von Terminkontrakten darf in der Schweiz entweder nach der Marktbewertungs- oder der Ursprungsrisikomethode berechnet werden. Nach liechtensteinischem und EU-Recht besteht diese Wahlmöglichkeit nur bei Terminkontrakten mit Zinsen, Devisen und Gold als Basiswerten. Bei Terminkontrakten mit Aktien, Aktienindizes, Edelmetallen (ohne Gold) und Rohstoffen als Basiswerten ist zwingend die Marktbewertungsmethode anzuwenden. Diese ist auch von Banken anzuwenden, deren Handelsbuch den De-Minimis-Grenzwert überschreitet.

- In der EU und damit in Liechtenstein, nicht aber in der Schweiz vorgesehen ist die Unterlegung von Abwicklungs- und Lieferrisiken mit Eigenmitteln.

- Für Devisenkontrakte mit einer Ursprungslaufzeit von höchstens 14 Kalendertagen entfällt die Berechnung des Add-ons. In der Schweiz gilt diese Ausnahmeregelung für alle Kontrakte.

- Bei Terminkontrakten und gekauften Optionen sind die Risikogewichte der Gegenparteien nur mit 50% anzusetzen; in der Schweiz müssen die Risikogewichte der Gegenparteien zu 100% übernommen werden.

- In der Schweiz können die Schwankungsreserven, deren Bildung in Liechtenstein nicht zulässig ist, bis zu 1.25% der risikogewichteten Positionen dem oberen ergänzenden Kapital angerechnet werden.

- Nach liechtensteinischem Recht sind sämtliche von der Bank gehaltenen eigenen Aktien vom Kernkapital abzuziehen. In der Schweiz hingegen ist dies nur für die ausserhalb des Handelsbestandes gehaltenen eigenen Aktien der Fall.

- In Liechtenstein sind sämtliche immateriellen Anlagewerte vom Kernkapital abzuziehen. In der Schweiz hingegen trifft dies nur für den Goodwill zu.

- Weitere Unterschiede zwischen Liechtenstein und der Schweiz ergeben sich in Bezug auf die Risikogewichtung von Hypothekaranlagen (z. B. landwirtschaftliche Liegenschaften), Lombardkrediten (volle Gewichtung) und Ausserbilanzgeschäften.

In einigen weiteren Punkten sieht die EU und damit auch die neue liechtensteinische Bankenverordnung weitergehende bzw. detailliertere Regelungen als das schweizerische Bankengesetz vor. Zu nennen sind insbesondere die Nettingvorschriften und die Aufgaben der internen Revision in Zusammenhang mit der Prüfung von internen Modellen im Rahmen des Modellverfahrens.

5 Die Risikoverteilungsvorschriften im einzelnen

5.1 Einhaltung der Vorschriften

Die Risikoverteilungsvorschriften sind nicht nur von jeder einzelnen Bank sondern auch auf konsolidierter Basis einzuhalten, wenn und soweit die Bank verpflichtet ist, die Eigenmittelanforderungen auf konsolidierter Ebene einzuhalten (Art. 8 Abs. 2 des Bankengesetzes). Die Regierung kann in begründeten Fällen Erleichterungen gewähren oder Verschärfungen anordnen, soweit sie nicht EU-Recht verletzen (Art. 8 Abs. 3 des Bankengesetzes und Art. 20 der Verordnung).

5.2 Definition und Meldung von Klumpenrisiken sowie Obergrenzen

5.2.1 Definition und Meldung von Klumpenrisiken

Ein Klumpenrisiko liegt vor, wenn die Risikoposition gegenüber einer Gegenpartei 10% der gesamten anrechenbaren eigenen Mittel erreicht oder überschreitet (Art. 19 Abs. 1).

Vierteljährlich - die Stichtage sind von der Bank frei wählbar - ist ein Verzeichnis aller bestehenden Klumpenrisiken zu erstellen, das dem Verwaltungsrat sowie innert einem Monat auch der bankengesetzlichen Revisionsstelle und der Dienststelle für Bankenaufsicht zuzustellen ist (Art. 19 Abs. 2). Auf konsolidierter Basis ist das Verzeichnis der bestehenden Klumpenrisiken halbjährlich zu erstellen, wobei die Meldung an die bankengesetzliche Revisionsstelle und die Dienststelle für Bankenaufsicht innert zwei Monaten zu erfolgen hat (Art. 19m). Zu melden sind alle Klumpenrisiken, auch solche, die von den Obergrenzen gemäss nachfolgendem Punkt 5.2.2 ausgenommen sind.

Betreffen die Klumpenrisiken Organe oder qualifiziert Beteiligte, sind sie als 'Organgeschäft' zu kennzeichnen. Handelt es sich um ein Klumpenrisiko gegenüber verbundenen Gesellschaften, ist es als 'Gruppengeschäft' zu bezeichnen (Art. 19 Abs. 3 und 4).

5.2.2 Obergrenzen für Klumpenrisiken (Art. 19a und Art. 19b)

Eine Risikoposition darf 25% und die Gesamtheit aller Klumpenrisiken darf 800% der anrechenbaren eigenen Mittel nicht überschreiten.

Ausgenommen von diesen Obergrenzen sind - unter bestimmten Voraussetzungen - Forderungen gegenüber verbundenen Unternehmen. Ausgenommen sind ferner Positionen, die aufgrund der Eigenmittelvorschriften mit 0% zu gewichten sind sowie einzelne mit 25% zu gewichtende Forderungen, soweit diese eine Restlaufzeit von weniger als einem Jahr haben. Ebenfalls ausgenommen sind schliesslich die durch freie anrechenbare eigene Mittel gedeckten Anteile einer

Risikoposition und Risikopositionen, die nach den zulässigen Abzügen kein Klumpenrisiko mehr darstellen.

Wird eine Obergrenze überschritten, ist dies unverzüglich der Revisionsstelle und der Dienststelle für Bankenaufsicht zu melden. Überschreitungen als Folge einer Fusion sind innert zwei Jahren zu beseitigen. Ist die Überschreitung vollständig durch freie anrechenbare eigene Mittel gedeckt, braucht dies nicht sofort gemeldet zu werden; im Eigenmittelausweis ist dieser Sachverhalt jedoch aufzuführen.

5.3 Risikoposition (Art. 19d)

Die Risikoposition einer Gegenpartei setzt sich aus den risikogewichteten Forderungen, den in ihr Kreditäquivalent umgerechneten und gewichteten Ausserbilanzgeschäften und der Netto-Longposition in Effekten gegenüber dieser Gegenpartei zusammen. Die gegenüber den Mitgliedern einer Gruppe von verbundenen Gegenparteien bestehenden Forderungen sind zu einer Risikoposition zusammenzufassen (Art. 19c).

Vom Kernkapital oder von der Summe der eigenen Mittel abzuziehende oder mit 1250% zu gewichtende Beteiligungstitel und nachrangige Schuldtitel sind nicht in die Risikoposition einzubeziehen. Zu berücksichtigen sind demgegenüber die ohne einen weiteren Kreditentscheid benutzbaren Limiten. Verrechnungen sind nur zulässig, sofern sie aufgrund der Rechnungslegungs- und Eigenmittelvorschriften erlaubt sind. Einzelwertberichtigungen können von der Risikoposition (vor Risikogewichtung) abgezogen werden. Für Handelsgeschäfte und Forderungen aus dem Zahlungsverkehr und aus Handelsgeschäften gelten zusätzliche Regelungen.

5.4 Risikogewichtung

Die gegenüber einer Gegenpartei bestehende Position ist mit einem Risikogewichtungssatz von 100% in die Risikoposition einzubeziehen. Ausnahmen bestehen lediglich für gewisse Forderungen gegenüber öffentlich-rechtlichen Körperschaften in EWR-Staaten und Forderungen mit einer Restlaufzeit von mehr als einem, aber weniger als drei Jahren gegenüber Banken mit Hauptsitz in OECD-Ländern; diese Forderungen sind mit 20% ihres Buchwertes in die Risikoposition einzubeziehen (Art. 19e Abs. 1).

Ist eine Position durch Schuldtitel von Dritten bzw. Treuhandanlagen bei Dritten gedeckt oder durch diese garantiert, ist der gedeckte Teil der Position in die Risikoposition dieses Dritten einzubeziehen; von dieser Regelung ausgenommen sind Lombardkredite (Art. 19e Abs. 2 und 3).

Eventualverpflichtungen und unwiderrufliche Zusagen sowie Terminkontrakte und gekaufte Optionen sind in ihr Kreditäquivalent umzurechnen und mit 100%

zu gewichten (Art. 19f, Art. 19g und Art. 19h). Bei Darlehens- und Repo-Geschäften mit Effekten, Edelmetallen und Rohstoffen ist nur die Differenz zwischen der Deckung und der Effekten-, Edelmetall- oder Rohstoffposition in die Berechnung einzubeziehen (Art. 19i).

Übernahmezusagen aus Emissionen können mit reduzierten Kreditumrechnungsfaktoren von 0.05, 0.1, 0.25, 0.5, 0.75 und 1.0 - je nach Anzahl Bankwerktage vor oder nach der Liberierung der Emission - multipliziert werden (Art. 19k).

5.5 Risikomanagement

Jede Bank hat ein Reglement zu erstellen, in welchem sie die Grundzüge des Risikomanagements sowie die Zuständigkeit und das Verfahren für die Bewilligung von risikobehafteten Geschäften regelt. Die Banken haben insbesondere die Markt-, Kredit-, Ausfall-, Abwicklungs-, Liquiditäts- und Imagerisiken sowie die operationellen und rechtlichen Risiken zu erfassen, zu begrenzen und zu überwachen (Art. 19n Abs. 1).

Die Geschäftsleitung ist verpflichtet, alle für die Beschlussfassung und die Überwachung nötigen Unterlagen so zusammenzustellen, dass sich die bankengesetzliche Revisionsstelle ein zuverlässiges Urteil über die finanzielle Lage der Bank bilden kann (Art. 19n Abs. 2). Die Revisionsstelle hat jährlich zum Risikomanagement Stellung zu nehmen (Art. 19n Abs. 3).

5.6 Unterschiede zu den schweizerischen Risikoverteilungsvorschriften

Die wichtigsten Unterschiede zwischen den liechtensteinischen und den schweizerischen Risikoverteilungsvorschriften betreffen die Risikogewichtung und die Ausnahmen von der 25%-Obergrenze für Klumpenrisiken.

Für die Ermittlung der Klumpenrisiken müssen in Liechtenstein Forderungen und Ausserbilanzgeschäfte stets, von den zwei erwähnten Ausnahmen (Gewichtung mit 20%) abgesehen, zu 100%, d. h. zum Nennwert (nicht risikogewichtet), in die Berechnung einbezogen werden. In der Schweiz hingegen sind die für die Berechnung der erforderlichen eigenen Mittel vorgeschriebenen Risikogewichtungssätze je Gegenpartei auch bei der Ermittlung der Klumpenrisiken zu verwenden.

Nach der schweizerischen Bankenverordnung gilt für die Summe der unterjährigen Forderungen gegenüber einer Bank mit Sitz in einem OECD-Land die Obergrenze von 25% der anrechenbaren Eigenmittel. In Liechtenstein ist für diese Forderungen die 25%-Grenze nicht massgebend.

6 Umsetzung der neuen Vorschriften

Die von den heute noch geltenden Eigenmittel- und Risikoverteilungsvorschriften verlangten Berechnungen können aus den vom Rechnungswesen ohnehin bereitzustellenden Informationen gewonnen werden. Der Einsatz einfacher Sachmittel ist hierzu in der Regel ausreichend. Vielfach ist auch noch eine manuelle Abwicklung möglich. Besonderes Know how ist nicht erforderlich.
Dies wird sich in Zukunft grundlegend ändern. Die neuen Rechnungslegungs-, Eigenmittel- und Risikoverteilungsvorschriften stellen hohe Anforderungen an das Management und an das Personal. Zur Erfüllung der gesetzlichen Anforderungen sind zahlreiche Informationen nötig, die mittels komplexer Berechnungsmodelle bzw. Berechnungen verarbeitet werden müssen. Dies macht eine automatische Abwicklung durch entsprechende Informatiksysteme unumgänglich. Die neuen Rechnungslegungs- Eigenmittel- und Risikoverteilungsvorschriften sind erstmals auf Geschäftsjahre anzuwenden, die nach dem 1. Januar 2001 beginnen. Schweizerische Erfahrungen zeigen, dass die Umstellung auf die neuen Vorschriften bis zu ein Jahr oder noch länger dauern kann. Die Banken werden also bald einmal mit der konzeptionellen, technischen und organisatorischen Umsetzung der neuen Rechnungslegungs-, Eigenmittel- und Risikoverteilungsvorschriften beginnen müssen. Die notwendigen Anpassungen an die neuen Vorschriften dürften nicht immer einfach zu bewerkstelligen sein. Im Sinne eines kurzen Überblicks sei auf einige wenige Problembereiche hingewiesen:

- Die neuen Rechnungslegungsvorschriften verlangen die valutamässige Verbuchung der Geschäftsvorfälle. Dies bedeutet, dass Geschäfte bis zum Valutadatum als Ausserbilanzgeschäfte behandelt werden müssen. Dies erfordert eine grundlegend andere Verbuchungsphilosophie als heute, die eine Herausforderung für die Informatik darstellen dürfte.

- Aufgrund der neuen Gliederungsvorschriften für die Bilanz und die Erfolgsrechnung und der Bestimmungen zu einzelnen Aktiven und Passiven sowie Aufwendungen und Erträgen müssen sämtliche relevanten Applikationen angepasst werden, um eine gesetzeskonforme Zuweisung der einzelnen Transaktionen zu den einzelnen Posten der Bilanz und der Erfolgsrechnung sicherzustellen.

- Die neuen Eigenmittelvorschriften verlangen eine Fülle von Finanzinformationen, die in Hostsystemen in der Regel nicht verfügbar sind, wie z. B. das Delta, das Gamma oder das Vega von Optionen.

- Ausserdem dürfte die Cash-Flow-Zerlegung bei Zinsinstrumenten ebenso wie die im Rahmen der Eigenmittelvorschriften geforderte Zerlegung von strukturierten Produkten in den Hostsystemen nur schwer realisierbar sein.

- Im Rahmen der Risikoverteilungsvorschriften sind die gegenüber den Mitgliedern einer Gruppe verbundener Unternehmen bestehenden Forderungen zu einer Risikoposition zusammenzufassen. Dies bedeutet, dass zunächst die Gruppenmitglieder eruiert werden müssen und anschliessend die Zusammenfassung zu einer Risikoposition technisch zu realisieren ist.

7 Ausblick

Sowohl in der Schweiz als auch seitens des Basler Ausschusses für Bankenaufsicht zeichnen sich weitere Veränderungen im regulatorischen Umfeld der Banken ab. Diese Entwicklungen werden früher oder später ihren Niederschlag auch im liechtensteinischen Bankengesetz bzw. in der dazugehörigen Verordnung finden.

In der Schweiz sollen die Liquiditätsvorschriften grundlegend überarbeitet werden. Die heutige starre gesetzliche Regelung in Bezug auf die Gesamtliquidität soll aufgehoben und durch eine allgemein gehaltene Verpflichtung zu einer angemessenen Liquiditätspolitik in der Bankenverordnung ersetzt werden. Die Schweizerische Bankiervereinigung beabsichtigt, darauf aufbauend entsprechende Richtlinien zum Liquiditätsmanagement zu erlassen.

Die Eidgenössische Bankenkommission hat vor kurzem Richtlinien zur Messung, Bewirtschaftung und Überwachung der Zinsrisiken erlassen; diese werden am 1. Juli dieses Jahres in Kraft treten. Mit den Richtlinien sollen die Zinsrisiken des gesamten Bankenbuches (und nicht nur diejenigen des Handelsbuches, wie dies bereits in der liechtensteinischen Verordnung vorgesehen ist) besser in den Griff bekommen werden.

In Bezug auf die Rechnungslegungsvorschriften zeichnet sich in der Schweiz eine Anpassung der RRV-EKK ab. Diskutiert werden insbesondere die folgenden Problemkreise: Bewertung von Wertschriften ohne repräsentativen Markt zum fair value anstatt zum Niederstwert, Verbuchung von Repo-Geschäften sowie valutamässige Verbuchung der Geschäftsvorfälle.

Der Basler Ausschuss für Bankenaufsicht beabsichtigt, die Richtlinien für die Eigenmittelunterlegung für Kreditrisiken grundlegend zu überarbeiten. Diese sind nach seiner Ansicht heute nicht mehr als risikoadäquat zu betrachten. Denkbar ist, dass die Eigenmittelanforderungen für Kreditrisiken in Zukunft, ähnlich wie bereits heute für Marktrisiken, nach einem Standard- oder einem Modellverfahren zu ermitteln sind. Diskutiert wird auch, ob und allenfalls wie operationelle Risiken mit Eigenmitteln unterlegt werden können. Bis Ende 1999 sollen erste Vorschläge vorliegen. Das neue Konzept für die Unterlegung von Kreditrisiken soll Ende 2000 in Kraft treten.

8 Schlussfolgerung

Mit den neuen Rechnungslegungs-, Eigenmittel- und Risikoverteilungsvorschriften für Banken hat es der Gesetzgeber geschafft, die Anforderungen der relevanten EU-Richtlinien und die entsprechenden Regelungen des schweizerischen Bankengesetzes unter einen Hut zu bringen.

Im Hinblick auf das Image des Bankenplatzes Liechtenstein, die internationale Ausrichtung der liechtensteinischen Banken und die traditionell sehr engen Verbindungen bzw. Verflechtungen mit der Schweiz bzw. dem Finanzplatz Schweiz hat der Gesetzgeber in Bezug auf die Rechnungslegung, die Eigenmittel und die Risikoverteilung bewusst einen sehr hohen Massstab angelegt. Die neuen Vorschriften stellen zwar hohe Anforderungen an die Banken, sie gewährleisten dafür aber im Gegenzug ein - im internationalen Umfeld erforderliches - hohes Mass an Sicherheit sowie Qualität und Transparenz in der finanziellen Berichterstattung.

Es zeichnet sich allerdings bereits heute ab, dass insbesondere die in Bezug auf die Eigenmittelunterlegung, das Risikomanagement und die Liquidität bestehenden gesetzlichen Regelungen in Zukunft noch anspruchsvoller werden.

Balanced Scorecard
am Beispiel der LGT

lic.iur., MBA Bruno Pfister
LGT Bank in Liechtenstein

1   Einleitung

Balanced Scorecard oder abgekürzt BSC ist eine Fachbezeichnung, welche in letzter Zeit immer häufiger auch in der deutschsprachigen Wirtschaftsliteratur und Wirtschaftspresse in Erscheinung tritt. Wieso ist es zur Erfindung der Balanced Scorecard gekommen? Was bedeutet BSC überhaupt? Welche Vorteile bringt sie? Wie kann dieses Konzept in einer Bank umgesetzt werden? Welche Rolle spielt dabei die Informatik? Und worauf ist im Hinblick auf eine wirksame und somit erfolgreiche Nutzung der Balanced Scorecard besonderes Augenmerk zu richten? Zu diesen Fragen versucht dieses Referat Antworten zu geben, welche auf den praktischen Erfahrungen der Konzipierung und Einführung eines BSC-Modells bei der LGT gründen.

2   Ausgangslage - die Suche nach unternehmerischer Leistungssteigerung

Die Globalisierung setzt Unternehmen unter stetig wachsenden Leistungsdruck. So wurden in den vergangenen Jahren eine Reihe von betriebswirtschaftlichen Konzepten entwickelt, um die strategische Positionierung, die interne Leistungfähigkeit und letztlich die finanziellen Ergebnisse der dem verschärften Wettbewerb ausgesetzten Unternehmen laufend zu verbessern. In der Praxis wurden unterschiedlichste Organisationseinheiten mit der Umsetzung solcher Konzepte betraut:

- Unternehmensplanungsabteilungen entwarfen sogenannte Mittelfristpläne aufgrund von Analysen der strategischen Portfoliomatrix (mit den Dimensionen Wachstumsrate des Marktes und relativer Marktanteil), des Produktlebenszyklus oder aufgrund von Überlegungen zur Kostenführerschaft bzw. den nutzenbasierten Differenzierungsmöglichkeiten. Damit sollte die strategische Positionierung nachhaltig verbessert und das langfristige Überleben einer Unternehmung sichergestellt werden.

144

- Verkaufsabteilungen ihrerseits haben eine kundenorientierte Organisationsstruktur verpasst bekommen und mussten mittels Verkaufsstimulationsprogrammen ihre Absatzleistung erhöhen.

- Produktionsabteilungen wiederum sind dem „Total Quality Management" unterzogen worden oder wurden aufgefordert, Zeit zu sparen mit der Einführung von „Time based competition" bzw. Lagerkosten zu reduzieren durch „Just-in-time-delivery". Mit dem Ansatz von „Business Reengineering" wurde versucht, alle drei Dimensionen (Qualität, Zeit und Kosten) gleichzeitig zu verbessern.

- Auch Personalabteilungen wurden nicht verschont. Sie wollten mit der Einführung von „Management by objectives"-Prozessen die Entlöhnung näher an die individuelle Leistung bringen und dadurch allgemein das Performancedenken stärker verankern. „Employee empowerment" sollte die Mitarbeiterzufriedenheit verbessern und den Verlust von Leistungsträgern mindern.

- Schliesslich wurde im Controlling versucht, mit Deckungsbeitragsrechnungen sowie Activity-based Costing die Transparenz über Erträge und Kosten zu erhöhen und so über eine bessere Basis für strategische und operative Entscheide sowie Planung und Budgetierung zu verfügen.

In vielen Fällen führten diese Ansätze zu messbarem Erfolg, machten deren Erfinder zu Managementgurus, brachten die umsetzungsverantwortlichen Manager die Karriereleiter weiter nach oben oder liessen Aktienkurse überdurchschnittlich steigen. Auf der anderen Seite gab es aber ebensoviele Beispiele, wo diese Konzepte enttäuschende Resultate abwarfen. Solche Misserfolge lassen sich durch einen oder mehrere der folgenden Faktoren begründen:

- Fragmentierung der Programme bzw. der Ansätze
- fehlende Einbettung in die Unternehmensstrategie
- abteilungsbedingtes Gärtchendenken
- defizitäre Ausrichtung auf konkrete Aktionen mit entsprechend quantifizierten Zielen
- Fortschreiben der Vergangenheit und, damit verbunden, ungenügende Zukunftsorientierung.

Quantensprünge in der Leistungsfähigkeit einer Unternehmung, worauf die vorerwähnten Ansätze im Grunde letztlich allesamt abzielen, erfordern tiefgreifende, unternehmensweite Veränderungen. Dies verlangt auch fundamentale Änderungen in der Leistungsmessung und den entsprechenden Managementsystemen weg von der traditionellen vergangenheitsorientierten Finanzbuchhaltung hin zu einem integrierenden, holistischen und zukunftsgerichteten Datenmodell. Der unwiderstehliche Druck, nachhaltig kompetitive Fähigkeiten aufzubauen, ist mit dem zurückblickenden Buchhaltungsmodell kollidiert. Daraus ist Anfang der neunziger Jahre das vom Harvard-Professor Robert S. Kaplan und von David P. Norton entwickelte Balanced Scorecard Konzept entstanden, das zusätzlich zur finanziellen Optik auch immaterielle Aktiva wie zufriedene, loyale Kunden, Produktqualität und Dienstleistungsgrad, motivierte und qualifizierte Arbeitskräfte sowie anpassungsfähige und absehbare interne Prozesse bewertet.

3 Beschreibung - Ausgewogenheit durch vier Perspektiven

Eine Balanced Scorecard ist ein umfassendes Instrumentenpanel wie etwa das Cockpit eines Flugzeuges. Sie erlaubt den Entscheidungsträgern aller Unternehmensstufen vom Verwaltungsrat über die Geschäftsleitung bis hin zum Teamleiter, das Unternehmen wirksam zu führen. In kundenorientierten Bereichen wie dem Vertrieb kann es durchaus sinnvoll sein, die BSC bis zum einzelnen Mitarbeiter zu definieren, um den Absatz optimal zu steuern.
Ausgangspunkt für eine BSC ist eine klare und eindeutige Strategie einer Unternehmung. Diese muss von der gesamten Geschäftsleitung verstanden und getragen werden. Fehlt dieses gemeinsame Strategieverständnis, so ist dieses in einem ersten Schritt zu erarbeiten. Nur wenn die Geschäftsleitung einen Konsens über die Unternehmensstrategie erreichen kann, ist sie auch imstande, konkrete und griffige Teilziele zu formulieren. Die Strategie wird nämlich in einem zweiten Schritt in eine kausale Kette umgewandelt und somit in verschiedene Ziele bzw. Indikatoren heruntergebrochen, welche gleichzeitig in einer konsistenten Gesamtheit verbunden bleiben. Die Teilziele und einzelnen Indikatoren werden entlang vier Perspektiven strukturiert, wodurch sich ein ausgewogenes Paket von finanziellen und nichtfinanziellen Messgrössen ergibt. Die vier Perspektiven sind so gewählt, dass die grundsätzlichen Hauptanliegen und Leistungsdimensionen einer Unternehmung abgedeckt sind:

- die finanziellen Resultate
- die Leistungen auf dem Markt
- die interne Leistungen
- die Fähigkeiten zu Innovation und Anpassung.

Im folgenden werden die vier Dimensionen kurz beschrieben.

Die erste Perspektive betrifft die herkömmliche Sichtweise, nämlich die **finanziellen Resultate:** Die Balanced Scorecard stützt sich auf finanzielle Indikatoren, um die betriebswirtschaftlichen Konsequenzen vergangener Entscheide und Handlungen der Unternehmung zu messen. Das Ziel dieser Indikatoren ist es festzustellen, inwieweit die Stossrichtung der Strategie und ihre Umsetzung dazu beitragen, die finanzielle Lage der Unternehmung zu verbessern. Generell gesprochen beziehen sich die finanziellen Indikatoren auf die Rentabilität gemessen am betriebswirtschaftlichen Gewinn, an der Rendite auf dem Eigenkapital oder am erzielten Mehrwert. Die finanzielle Perspektive beantwortet zudem die strategische Frage, welches Ziel eine Unternehmung gegenüber ihren Kapitalgebern erreichen soll.

Die zweite Perspektive ist im Finanzdienstleistungsbereich wahrscheinlich die entscheidende: sie betrachtet die **Marktleistungen** und wird auch die **Kundenperspektive** genannt. Die Indikatoren zur Messung der Marktleistungen erlauben es den Entscheidungsträgern der Unternehmung die Wirksamkeit der Produkt-/Marktstrategie zu messen. Gemessen werden nebst Marktanteil, Kunden- und Produktprofitabilität, Kundenpenetration und Produktnutzung auch Kundenzufriedenheit und Kundentreue. Diese Achse widerspiegelt die Kundenperspektive und zwar nicht nur die Sichtweise externer sondern auch interner Kunden. Diese Achse liefert obendrein die Antwort auf die strategischen Fragen nach Wachstums- und Marktanteilszielen in den Zielmärkten.

Die dritte Perspektive nimmt die Ablauforganisation - eine wichtige betriebliche Voraussetzung - unter die Lupe, nämlich die **Interne Leistungen**, auch als **interne Prozesse** bezeichnet. Die Führung und übrigen Entscheidungsträger eines Unternehmens stützen sich auf die interne Perspektive - man könnte sie auch die Nabelschau nennen - , um die Leistung einer Unternehmung in ihren Schlüssel- oder Kernprozessen zu messen. Es handelt sich dabei um Prozesse, in denen sich ein Unternehmen gegenüber ihrer Konkurrenz besonders auszeichnet oder auszeichnen will, um hervorragende finanzielle Resultate und hohe Kundenzufriedenheit zu erzielen. Während sich die herkömmlichen Kennzahlen ausschliesslich auf die bestehenden Prozesse konzentrieren, hat BSC den Vorteil, dass sie diejenigen Prozesse - manchmal völlig neue - einbezieht, welche unumgänglich sind, um einen nachhaltigen Erfolg zu erzielen. Typische Messgrössen sind Produktivität, Trefferquoten im Verkaufsprozess sowie Einhaltung von inhaltlichen Vorgaben und Budgetrahmen im Projektmanagement. Dazu kommen Aussagen zu Qualität (z.B. Fehlerquoten) und Zeitaspekten (z.B. Durchlaufzeiten), welche Rückschlüsse zulassen, inwieweit ein Unternehmen die diesbezüglichen Erwartungen des Marktes erfüllt. Diese Achse definiert schliesslich strategische Kostenziele aufgrund von Produktivitäts- und Qualitätszielen sowie von Vorgaben zu Durchlaufzeiten.

Last but not least kommt, was in der betrieblichen Leistungsmessung oft vernachlässigt wird, die Perspektive der **Innovations- oder Anpassungsfähigkeiten**. Die vierte BSC-Perspektive versucht sicherzustellen, dass ein Unternehmen permanent an sich arbeitet, so dass es sich auch in Zukunft erfolgreich entwickelt. Diese Achse versucht die Innovationskraft eines Unternehmens zu messen. Sie will auch etwas aussagen über die Fähigkeiten ihres Humankapitals und die Kapazität der Systeme, Informationen sachgerecht zu verarbeiten. Ebenfalls berücksichtigt wird die Unternehmenskultur, welche Motivation und Innovation fördert. Indikatoren, die aufgrund dieser Perspektive in die BSC aufgenommen werden, sind in der Regel Umsatzanteil von Produkten, die jünger als zwei Jahre sind, Anzahl neu eingeführter, aber auch von der Angebotsliste gestrichener Produkte, Anteil Ausbildungstage, Mitarbeiterzufriedenheit und Fluktuationsrate sowie Qualifikations- und Erfahrungsniveau der Belegschaft. Mit dieser vierten Dimension können auch strategische Ziele bezüglich Produktentwicklung, Knowledge-Management, Rekrutierung und Ausbildung festgehalten werden.

4 Vorteile - Dialog dank faktenbasierter Transparenz

In der Praxis laufen, wie eingangs schon erwähnt, der Planungsprozess und die Erarbeitung der Unternehmensstrategie meist separat und unkoordiniert ab. Das bedeutet, dass die unternehmerische Planung sich vielfach einzig auf den Budgetprozess stützt und wenig mit der angestrebten strategischen Stossrichtung zu tun hat, geschweige denn sich darauf abstützt. Dabei sollte eigentlich das Budget ausschliesslich dazu dienen, der Unternehmung die nötigen Mittel zu gewähren, um ihre strategischen Ziele zu erreichen. Der Strategiedefinitions- und der Planungsprozess sollte somit in einem einzigen Ablauf zusammengefasst sein, der bei der Definition der Ziele anfängt, daraus die strategischen Massnahmen ableitet und schliesslich die Verbindung mit den notwendigen Ressourcen herstellt. Ein erster bedeutender Vorteil des BSC-Prozesses liegt eben gerade darin, dass er die Disziplin zu einem solch konsistenten Vorgehen einem Unternehmen quasi aufzwingt.

Erfolgreiche Unternehmensführung ist die Fähigkeit, unternehmerische Perspektiven aufzuzeigen, eine erfolgsversprechende Strategie zu wählen und diese konsequent umzusetzen. Für die Strategiefindung stellt die Betriebswirtschaftslehre zahlreiche Methoden und Hilfsmittel zur Verfügung. Erfolgreiche Strategieumsetzung hingegen wurde meist den persönlichen Fähigkeiten der Manager oder Unternehmer zugeschrieben. Mit der Balanced Scorecard wurde ein Hilfsmittel geschaffen, das die Unternehmensleitung in der Umsetzung ihrer Strategie wirksam unterstützt - ein zweiter wesentlicher Vorteil von BSC.

Eine Strategie wird normalerweise auf hohem unternehmerischem Niveau festgelegt. Vielfach erreichen die strategischen Ideen und Ziele die unteren Ränge der Unternehmung kaum. Da das Gros der Mitarbeiter die Strategie nicht kennt und somit nicht verstehen kann, wird im Unternehmen auch nicht nach ihr gelebt. Mit Hilfe einer BSC dagegen durchdringen die Ziele des Unternehmens alle unternehmerischen Schichten. Durch die Darstellung der wichtigsten Wirkungen zwischen einzelnen Zielen wird die Verständlichkeit und Logik der Strategie stark erhöht - die Strategie lässt sich plötzlich erzählen. Darin liegt ein dritter wichtiger Vorteil der Balanced Scorecard. Jeder Mitarbeiter versteht, was von ihm erwartet wird, damit die Strategie der Firma verwirklicht wird. Dies erhöht zweifelsohne das unternehmerische Denken eines jeden Mitarbeiters. Zudem ist der Mitarbeiter erheblich motiviert, weil es ihm die Leistungsindikatoren erlauben, sich und seine Leistung zu messen.

Die BSC liefert allen Entscheidungsträgern eines Unternehmens in umfassender und präziser Weise die nötige Information, um objektiv zu entscheiden. Diese zusätzlichen, äusserst relevanten Informationen erlauben zudem einen sachlichen, problemlösungsorientierten Dialog auf allen und zwischen allen Stufen eines Unternehmens. Statt Meinungen setzen sich mit BSC faktenbasierte Argumente durch. Ein vierter unübersehbarer Vorteil der BSC ist ihr Beitrag zur Verbesserung der Entscheidungsqualität quer durch das ganze Unternehmen hindurch.

Mit einer BSC erfährt die Geschäftsleitung nicht nur das Gesamtergebnis der Firma, sondern auch die Ergebnisbeiträge der verschiedenen Bereiche und wie diese ihren Beitrag erzielt haben. Die Führung kann somit vorausschauend, aktiv die Bestimmungsfaktoren der Leistung beeinflussen. Unter anderem sieht die Führung auch, ob die Leistungsverbesserung in einem Bereich einfach zu Lasten eines anderen Bereiches erfolgt ist. Dies erhöht die Transparenz und ermöglicht schnellere, treffsichere Entscheide, ein fünfter grosser Vorteil der BSC.

Die Abbildung einer Strategie durch die einzelnen Ziele und ihre Steuer- und Messgrössen innerhalb der vier Perspektiven bildet die Grundlage, um durch strategiekonforme Aktivitäten und Projekte notwendige Veränderungen zu initiieren. Das durch die BSC dargestellte Wirkungsgefüge von strategischen Zielen ermöglicht die Triage und Priorisierung bereits bestehender und in Planung befindlicher Projekte - ein sechster fühlbarer Vorteil von BSC. Projekte, welche sich innerhalb der BSC keinem Ziel zuordnen lassen, tragen offensichtlich nicht dazu bei, die beschlossene Strategie umzusetzen und können aus der Pendenzenliste des Unternehmens bedenkenlos gestrichen werden. Eine Balanced Scorecard dient dem Management dazu, die Kräfte des ganzen Unternehmens zu konzentrieren und wirkungsvoll auf die strategischen Ziele auszurichten.

5 Umsetzung - der Weg ist das Ziel

Auch bei der LGT haben wir uns selbstverständlich an die Vorgabe gehalten, zuerst die Unternehmensstrategie festzulegen. Diese sei hier nochmals kurz in Erinnerung gerufen:
„Die LGT will einer der führenden europäischen Finanzdienstleister, spezialisiert auf das internationale Private Banking, werden. Im Kern, basierend auf den Hauptstandorten in Liechtenstein und der Schweiz, wird die LGT primär europäische vermögende Privatkunden betreuen, die höchste Ansprüche an Diskretion, Stabilität sowie Vermögensschutz stellen und Vortrefflichkeit im Portfoliomanagement verlangen. Um diese Ziele zu erreichen, wird die LGT auf die drei Kernkompetenzen - Portfoliomanagment, Vermögensstrukturierung und Management der Distributionskanäle - bauen. LGT strebt an, das Volumen der betreuten Vermögen in den kommenden Jahren substantiell zu vergrössern".
„Structure follows Strategy"! Diesem Imperativ gehorchend, entschied sich die LGT ihre Organisation auf die neuen strategischen Ziele auszurichten. Die wichtigsten organisatorischen Massnahmen, welche den zweiten Umsetzungsschritt darstellen, sollen hier kurz zusammengefasst werden:

- Eine kundenorientierte Organisationform trat anstelle der früheren produktorientierten Struktur. Dies führte zur Trennung der Produktions- und Verwaltungsaufgaben von den Aufgaben am Markt und im Kundenkontakt.

- Das vorhandene Investment Know-how der Gruppe wurde in einen eigenen Verantwortungsbereich eingebracht. Dadurch wurde ein Kompetenzzentrum geschaffen, welches als Plattform zum weiteren Ausbau der Kernkompetenz Portfoliomanagement innerhalb der LGT fungiert und die für die Bank wichtigen Anlageprodukte herstellt.

- Einzelne Kundensegmente mit mehr oder weniger homogenen Kundenbedürfnissen wurden definiert. Die Vertriebsorganisation wurde auf diese Kundensegmente ausgerichtet. Damit betreut der Kundenberater die ihm zugeteilten Kunden vollumfänglich. Da alle seine Kunden demselben Segment entstammen und damit ähnliche Produktnutzungsmuster aufweisen, können beim Berater trotz breiter Betreuung fachliche Schwerpunkte gesetzt und kann eine qualitativ hochwertige Kundenbetreuung sichergestellt werden.

Diese letzte Massnahme war vor dem Hintergrund der BSC-Ziele nicht zuletzt deswegen notwendig, weil sie die Voraussetzungen für den Markterfolg und somit die Erreichung der Wachstumsziele schafft. Eine kundenorientierte Organisationsform hat nämlich folgende marktseitigen Vorteile:

- Die vollumfängliche Kundenverantwortung bildet einen Anreiz, den Kunden systematischer auszuschöpfen, allein schon deswegen, weil die interne Konkurrenz zwischen den Produkten wegfällt.
- Gleiches gilt analog für die Akquisition von Neukunden.
- Zudem eröffnet die kundenorientierte Organisation die Möglichkeit, den Kunden gesamtheitlich zu umwerben und ihn dadurch zu einer dauerhafteren persönlichen Bindung an die Bank zu motivieren.

Im dritten Schritt wurde ein detailliertes Businessmodell entwickelt, welches die Identifikation der verschiedenen Werttreiber zulässt. Unter Zuhilfenahme dieses Modells wurden die langfristigen strategischen Ziele auf operative Indikatoren umgesetzt und dann einerseits auf die organisatorischen Einheiten und andererseits auf die einzelnen Jahre heruntergebrochen. Die so errechneten Indikatoren wurden danach von den Umsetzungsverantwortlichen diskutiert und auf ihre Plausibilität geprüft. Diese Verifikationsrunde war für die Akzeptanz der Ziele unabdingbar. An der Grundphilosophie, wonach die strategischen Zielsetzungen „stretched targets" sind, also Ziele, welche nur mit äusserster Anstrengung zu erreichen sind, durfte in dieser Abstimmungsrunde allerdings nicht gerüttelt werden.

An dieser Stelle ist es interessant zu vermerken, dass die jährlichen Zielvereinbarungen zwar vom Budgetprozess beeinflusst werden und umgekehrt. Da der Budgetprozess aber in erster Linie die zur Verfügung stehenden Mittel (Personalbestand, Investitionen, laufende Sachkosten, etc.) definiert, muss er sich auf ein realistisches Ertragsszenario abstützen, d.h. ein Szenario, welches eine hohe Eintrittswahrscheinlichkeit aufweist. Die BSC-Ziele, wie eben gesagt, sind sogenannte „stretched targets", von denen man im vornherein annehmen muss, dass sie nur in Ausnahmefällen vollständig erreicht werden, ansonsten die Ziele ja gar nicht „stretched" wären. Deren Eintrittswahrscheinlichkeit ist deshalb zu tief, um davon den gesamten Kostenblock abhängig zu machen. Vor diesem Hintergrund hat sich die LGT entschieden, den Budgetprozess vom Zielvereinbarungsprozess zu trennen. Zudem basiert der Budgetprozess auf hochgerechneten Daten per Ende drittes Quartal, derweilen die Zieldaten von aktuellen Jahresendzahlen abgeleitet werden. All dies ändert nichts an der Tatsache, dass der Budgetprozess im strategischen Zielrahmen eingebettet bleibt, genauso wie der Zielvereinbarungsprozess. Dadurch ist sichergestellt, dass die beiden Prozesse aufeinander abgestimmt bleiben.

Ein weiteres bemerkenswertes Ausgestaltungsdetail betrifft die Anzahl Zielkategorien, welche in einem praxisorientierten BSC-Modell zur Anwendung gelangen. In der Literatur gibt es Hinweise, wonach die Zahl von sechs Zielen pro Perspektive nicht überschritten werden soll. Diese Einschränkung ist damit zu begründen, dass die BSC mit einer Zielproliferation massiv an Prägnanz und

Klarheit verlieren würde. Die LGT hat sich auf sechs Ziele auf der Kundenachse und für die Messung der internen Leistungen, auf fünf Ziele bezüglich der Innovationsperspektive und auf vier finanzielle Ziele geeinigt.

Im jetzigen Umsetzungsstadium der BSC bei der LGT Bank in Liechtenstein werden 125 Mitarbeiter mittels einer Scorecard gemessen. Auf jeden Mitarbeiter entfallen im Durchschnitt drei bis vier Ziele, was ein Total von rund 450 Messpunkten ergibt. Über die Hälfte der Messpunkte betreffen die Kundendimension, rund ein Viertel haben mit internen Leistungen zu tun, der restliche knappe Viertel verteilt sich gleichmässig auf Lernindikatoren und finanzielle Resultate. Der Gesamtpersonalbestand beläuft sich auf rund 550 Mitarbeiter; die BSC erfasst somit direkt fast einen Viertel der Belegschaft. Je nach Organisationseinheit ist die Durchdringung unterschiedlich: jedes Geschäftsleitungsmitglied wird gemessen; dies ist eine Selbstverständlichkeit. In der Distribution, dem Geschäftsfeld zuständig für Kundenakquisition und Kundenpflege, erhalten mehr als die Hälfte der Mitarbeiter eine Scorecard. In den übrigen Organisationseinheiten (Produktion, Finanzen&Informatik sowie Stabsstellen) oszilliert die BSC-Durchdringung um zehn Prozent. Dies hängt einerseits mit den strategischen Zielen zusammen, welche sich vor allem auf das Kundengeschäft beziehen, aber auch mit der Verfügbarkeit der Daten bzw. mit Kosten/Nutzen-Überlegungen, welche Daten es sich überhaupt lohnt, verfügbar zu machen. Mit der Datenbereitstellung sind wir bei einem weiteren wichtigen Umsetzungsthema angelangt: der zentralen Rolle der Informatik.

6 Rolle der Informatik - die Conditio sine qua non

Ohne Informatik wäre BSC undenkbar. Erstens ist es nur mit Hilfe der Informationstechnologie möglich die riesigen Datenmengen bereitzustellen, welche in die Balanced Scorecard einfliessen. Und zweitens ist der Einsatz von IT auch für ein zeitgerechtes und effizientes Berichtswesen unabdingbar.

Bei der Umsetzung der BSC erarbeiten Informatiker zusammen mit Vertretern aus dem Controlling zuerst ein Datenmodell, welches den einzelnen Kunden als Angelpunkt nimmt. Dem Kunden werden dann alle Produkte zugeordnet, die er nutzt. Dies erlaubt, auf Einzelkundenbasis das produktmässige Mengengerüst festzustellen. Dabei ist zwischen Bestandesprodukten (wie Depotvolumen, Saldo auf Passivkonti oder Kreditausstände) und Transaktionsprodukten (wie Wertschriftentransaktionen oder Zahlungsverkehr) zu unterscheiden. Diese Unterscheidung ist insbesondere für die Berechnung der Ertrags- und Kostenmechanik von allergrösster Bedeutung. Bei den Bestandesprodukten ergeben sich die Erträge aus dem Volumen multipliziert mit einer Zinsmarge oder einer bestandesabhängigen Kommission (wie z.B. die Depotgebühren) und die Kosten ermitteln sich aufgrund der Konto- oder Depotführung. Im Falle der Transaktionsprodukte präsentiert sich die Lage völlig anders: Erträge werden aufgrund des Transaktionsvolumens (wie bei der Courtage) oder der Anzahl Transaktionen (wie normalerweise im Zahlungsverkehr) erwirtschaftet, während die Kosten einzig und allein durch die Transaktionszahl und den entsprechenden Abwicklungsprozess verursacht werden. Der hier dargelegte Ansatz erlaubt auch gleich die Erstellung einer Deckungsbeitragsrechnung auf Produkt- und Kundenebene. Zudem liefert er präzise Aussagen zum Produktnutzungsmuster eines jeden Kunden. Durch die Zuordnung von Kunden zu den verantwortlichen Kundenberatern, werden diese individuell messbar. Weitere Aggregationen ermöglichen Auswertungen auf Team-, Bereichs- und Geschäftsfeldstufe, wodurch die Basis für BSC quer durch die ganze Organisation gelegt wird.

Für die Umsetzung dieses Ansatzes müssen eine Reihe sehr aufwendiger Vorarbeiten bezüglich der Grunddaten geleistet werden:

- Zum einen ist ein vollständiger Produktekatalog zu erstellen. Er umfasst bei der LGT 21 Passivprodukte, weitere 26 bilanzindifferente Anlageprodukte, 34 Aktivprodukte und 32 Transaktionsprodukte, also zusammen über 110 Produkte bzw. Produktgruppen.

- Zum zweiten müssen parallel dazu die kundenbezogenen Daten bereinigt werden: Stammdaten wie Domizil, Branchencode etc. sind zu überprüfen, die Kundenverantwortlichkeit ist festzulegen und korrekt zu codieren und der Segmentcode ist für jeden einzelnen Kunden zu ermitteln und auf dem EDV-System festzuhalten.

Während die Grunddaten bereinigt werden, können die Systementwickler bereits damit beginnen, das für BSC notwendige Datawarehouse zu bauen. Das Datawarehouse ist so zu konzipieren, dass

- es als dezentrale Datenbank fungiert,
- im vornherein festgelegte Berichte generiert,
- gleichzeitig aber auch so flexibel zu handhaben ist, dass ad-hoc Auswertungen (nach welchen Dimensionen und Kriterien auch immer) kostengünstig und zeitgerecht produziert werden können und
- die Historisierung der Daten (auch hier wieder nach verschiedensten Kriterien) zulässt.

Dieser letzte Punkt ist nicht nur bezüglich dem Nachvollzug der volumenmässigen Kundenentwicklung (Vermögenszufluss bzw. -abfluss) notwendig, sondern

auch in Bezug auf Umsegmentierung eines Kunden und dementsprechender Änderung der Verantwortung in der Kundenberatung.
Das Datawarehouse bezieht die Daten aus drei Quellen:

- dem Host (wo grundsätzlich die meisten Daten gespeichert sind),
- den dezentralen Abwicklungssystemen (die immer wichtiger werden) und
- den maschinell nicht vorhandenen Daten, welche manuell erhoben (wie Kundenzufriedenheit) und direkt in das Datawarehouse eingegeben werden.

Für das Berichtswesen beabsichtigt die LGT, neuste Intranet-Technologie für die stufengerechte Verbreitung der BSC-Berichte anzuwenden. Durch feingliedrige Zugriffsberechtigungen ist die Vertraulichkeit der Daten zu wahren.
Mit der heute verfügbaren Informationstechnologie lassen sich die grossen datentechnischen Herausforderungen, welche das BSC-Konzept stellt, durchaus meistern. Für eine erfolgreiche Umsetzung dieses führungstechnischen Ansatzes steht somit eigentlich nichts mehr im Wege, wären da nicht gewisse politische oder menschliche Prämissen, die es zu beachten gilt.

7   Beachtenswertes - aller Anfang ist schwer

Was in der Theorie einfach klingt, ist in der Praxis nicht immer leicht umzusetzen. Was sind die Erfolgsvoraussetzungen oder umgekehrt, wo sind die Klippen auf dem Weg der erfolgreichen Strategieumsetzung mit der Balanced Scorecard?
An erster Stelle muss der Wille stehen, Leistungen zu messen. Eine BSC ist im Kern ein System zur Messung der Unternehmensleistung. Diese Unternehmensleistung muss qualitativ und quantitativ definiert sein, andernfalls lässt sie sich nicht messen und schon gar nicht steuern. Alle weiteren Effekte, welche die Einführung einer BSC mit sich bringt - die gute Kommunizierbarkeit der Strategie, der interne Dialog, das Verständnis für interne Prozesse - sind Honig auf das Butterbrot. Dieses Verständnis des BSC-Prozesses ist auch für die richtige personelle Besetzung der Projektorganisation unabdingbar.
Eine Gemeinsamkeit mit allen anderen Strategieprojekten ist die zweite Voraussetzung, nämlich die Verankerung des Projektes auf höchster Geschäftsleitungsebene.
Drittens haben Firmen, welche die BSC erfolgreich eingeführt haben, einen strengen Top-Down-Ansatz befolgt. Dieser ist nicht notwendig, weil die BSC ein besonders hierarchisches System wäre, sondern weil die Strategieumsetzung eine Schlüsselfunktion der Geschäftsleitung ist. Dies bedeutet jedoch nicht, dass im Rahmen eines BSC-Projektes keine rege Kommunikation in allen Richtungen

stattfindet, ganz im Gegenteil. Diese unternehmensdurchdringende Auseinandersetzung mit dem BSC-Thema ist für den Aufbau von Vertrauen in das BSC-System auf allen Stufen und die damit einhergehende unternehmensweite Akzeptanz unerlässlich.

Die BSC ist kein Allerweltsmittel, mit dem alle offenen Wunden geheilt oder chronische Krankheiten eines Unternehmens therapiert werden können. Diese Feststellung führt mich zur Schlussfolgerung, dass trotz aller hochmoderner betriebswirtschaftlicher Konzepte, trotz aller verfügbarer Informationstechnologie, die Balanced Scorecard mit dem Konzipierer, dem Umsetzer, dem Anwender und der Akzeptanz des Gemessenen steigt oder eben fällt. Der Regler im Informationskreislauf ist und bleibt der Mensch.

Literatur

Robert S. Kaplan and David P. Norton, Balanced Scorecard, HBS Press, Boston Massachusetts, 1996

Harvard Business Review, Measuring Corporate Performance, Reprint Collection # 49516

Pierre-Alain Cardinaux und Adrien Hofmann, Balanced Scorecard, wirksames Entscheidungswerkzeug auf allen Stufen der Unternehmung, ATAG Ernst&Young, Praxis 3/**98**

Ulrich Krings, Controlling- Mehr als nur Performancemessung, Schweizer Bank 99/2, Seite 38f

Andreas Beuthner, Balanced Scorecard - Unternehmensziele unter Kontrolle, Informationweek Nr. 2, 21.1.99, Seite 30ff

Thomas Peter, Benjamin Wall und John Geanuracos, Strategien umsetzen - Kunst oder Methode? Nutzen der Balanced Scorecard im unternehmerischen Alltag, NZZ Nr. 39 vom Freitag 17.2.99 Seite 25

Software- und Service-Markt - IT-Beratung

Prof. Dr. Georg Rainer Hofmann
FH Aschaffenburg

1 Einführung

So wie der Gesamtmarkt für Unternehmensberatung (engl.: consulting oder management consulting) zunehmend von der Wirtschaftsinformatik bestimmt wird wird umgekehrt der Markt für Wirtschaftsinformatik zunehmend ein Beratungsmarkt. Dies bedeutet für die klassischen Ingenieurberufe, insbesondere aber für Informatiker und Wirtschaftsinformatiker, dass die Projekt- und Beratungstätigkeiten in zunehmendem Masse die klassischen Software- und Hardware-Produktentwicklungstätigkeiten ergänzen oder ersetzen.

Zum Wirtschaftsinformatik-Grundwissen gehört daher auch ein Verständnis der elementaren Strukturen und Prozesse in einem Beratungsbetrieb (synonym: Beratungsunternehmen; engl.: professional service firm).

2 Was ist ein (IT-)Berater? - Was ist ein Beratungsbetrieb?

Ein Berater (engl.: consultant oder management consultant) bearbeitet individuelle betriebswirtschaftliche Problemstellungen als externe, unabhängige Person für einen um Rat nachsuchenden Kunden (Klienten; engl.: client) im Auftragsverhältnis (so sinngemäss nach Gablers Wirtschaftslexikon, Artikel "Consulting", 1997).

Es gibt selbständig tätige Einzelberater; mehrere Berater - bis hin zu einigen hundert bis tausend Personen - können sich in einem gemeinsamen Beratungsbetrieb (oder Beratungsunternehmen, engl.: consulting practice oder management consulting practice) organiseren.

Der Nimbus der Beratungsbranche ist stark von ihrem wirtschaftlichen Erfolg und einer smart reputation gekennzeichnet. So kann es nicht verwundern, dass unter den Hochschulabsolventen und auch unter berufserfahrenen Personen der Einstieg oder der Umstieg in das Beraterfach als sehr lukrativ gilt, es wird allenthalben vom "Traumjob Berater" gesprochen. Dieser - unstrittige - wirtschaftliche Erfolg der Berater und Beratungsbetriebe nur zu einem relativ kleinen Teil durch die fachliche und technologische Kompetenz - zum Beispiel im Bereich der Wirtschaftsinformatik - verursacht zu sein, der weitaus grössere Teil resultiert aus

- der "Definiertheit" der Prozesse und der Kultur des Beratungsunternehmens,
- der effektiven, non-coersive Disziplin und Kontrolle der Mitarbeiter,
- der Selbstdisziplin der Mitarbeiter, und
- dem eigenverantwortlichen Handeln der Mitarbeiter.

Dies soll in den nächsten Abschnitten erläutert werden, indem ein Abriss der für einen Beratungsbetrieb erforderlichen und typischen Geschäftsprozesse dargestellt wird. Dabei wird die Tätigkeit des Einzelberaters als eine Sonderform des Beratungsbetriebs aufgefasst - als ein Beratungsunternehmen mit einem einzigen Mitarbeiter.

3 Eine Typisierung des IT-Beratungsmarktes

Es ist für einen Beratungsbetrieb kennzeichnend, dass er das Beratungsprojekt als wesentliche organisatorische Komponente kennt. Insofern ist - speziell im Bereich der Wirtschaftsinformatik - die Unterscheidung zwischen IT-Produkten und IT-Projekten von zentraler Bedeutung.
IT-Produkte können durch die folgenden Charakteristika gekennzeichnet werden:

- IT-Produkte basieren auf einer (Informations-) Technologie; es steht eine gewisse Ingenieurleistung bei der Umsetzung der Anforderungen der Applikation, beim Entwurf, der Erstellung oder der Verbesserung des Produkts als wertbestimmend im Vordergrund.
- Das "Ziel" der Ingenieurleistung sind Maschinen (Datenverarbeitungs-Anlagen, oder ähnliches).
- Es ist eine hohe technologische und auch Applikationsspezifische fachliche Kompetenz zur Erstellung des IT-Produkts erforderlich.
- Das IT-Produkt ist - als lieferbares Stück Hardware oder lizenzierbare Software - geprägt durch einen relativ fixen Preis am Markt (abzüglich eventueller Rabatte, etc.); es werden allenthalben im IT-Produktgeschäft relativ niedrige Verdienstspannen beklagt; es herrscht ein hoher Preisdruck und Wettbewerb am Markt.
- Die Markttransparenz ist hoch - die Hersteller und Anbieter der IT-Produkte kennen in der Regel den unmittelbaren Wettbewerb.

Hingegen lässt sich in Bezug auf die IT-Projekte, insbesondere IT-Beratungsprojekte, konstatieren:

- Dass sie auf einer Dienstleistung basieren, der Dialog und die Interaktion zwischen Berater und Klient stehen im Vordergrund.
- Das "Ziel" der Beratungsleistung sind daher weniger technische Einrichtungen (wie DV-Anlagen), sondern vielmehr das Unternehmen des Klienten als Ganzes mitsamt den dort tätigen Personen.
- Es ist für die Durchführung von IT-Beratungsleistungen eine hohe soziale Kompetenz erforderlich; diese ist von der technischen und fachlichen Kompetenz unabhängig.
- Es herrscht eine niedrigere Markttransparenz; nicht immer sind alle Wettbewerber bekannt, es kann passieren, dass sich ein bis dahin unbekannter Wettbewerber - quasi out of the blue - neu am Markt auftritt und sich zu positionieren versucht.
- Für Beratungsleistungen gelten gemeinhin flexiblere Preise, diese sind verhandelbar. Allerdings gilt eine höhere Verdienstspanne, im Sinne einer höheren Umsatzrendite, als beim IT-Produktgeschäft. Zuweilen lässt sich sogar ein als "Uhrmacher-Effekt" bezeichnetes Phänomen beobachten: Es gelingt dem Berater, einen zuvor selbst - per eigener Diagnose, durchaus auch in einem Vor-Projekt - ermittelten Beratungsbedarf beim Kunden zu decken.

In Abbildung 1 ist der Versuch einer Taxonomie des IT-Marktes im Spannungsfeld zwischen IT-Produkt- und IT-Projektgeschäft dargestellt. Bei dieser Taxonomie wurde als Leitkriterium gewählt, welche Hierarchieebene im Klientenunternehmen - mit einer gewissen Wahrscheinlichkeit - über den Einkauf welcher IT-Produkte oder externen IT-Beratungsleistung entscheidet, und welche Hierarchieebene der Ansprechpartner des Beraters im - dann folgenden - operativen Projekt ist. Dies ist im unteren Teil der Abbildung dargestellt: Die Einkaufsentscheidungsebene verweist dabei auf die operative Ebene.
Die Abbildung 2 illustriert, welche Anbieter das jeweilige Marktsegment dominieren, wie hoch die Vorlaufinvestitionen sind, und welche Vorlaufzeit erforderlich ist, um ein bestimmtes Produkt oder Beratungsprojekt am Markt anbieten zu können. Der "Invest-Index" in der Abbildung ist die Zehnerpotenz des Verhältnisses zwischen zu tätigenden Vorlaufinvestitionen zum Umsatzerlös eines erst- oder einmaligen Verkaufs dieses Produkts oder Projekts am Markt.

158

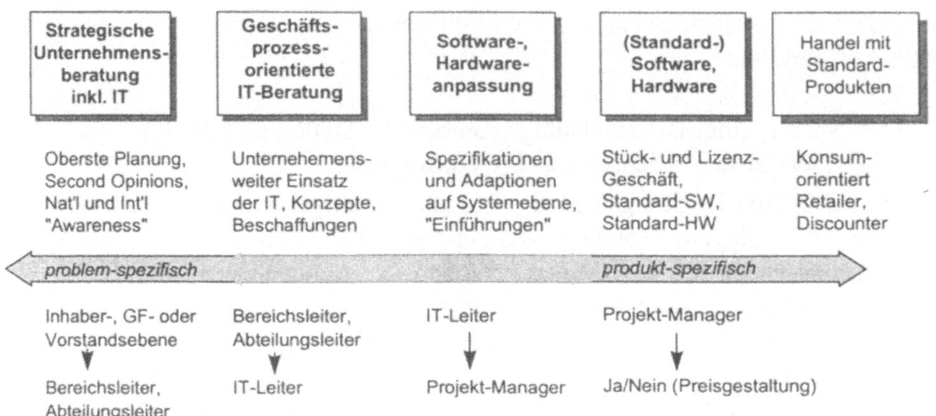

Abbildung 1: Taxonomie des IT-Marktes zur Positionierung einer IT-Beratungsleistung im Spannungsfeld zwischen IT-Produkt- und IT-Projekt-Geschäft.

Es entstehen über dieses Kriterium fünf Segmente im IT-Markt, diese sind:

- Strategische Unternehmensberatung inkl. IT-Beratung: Dies ist vor allem gutachterliche Tätigkeit und die Erstellung von Studien zu Fragen der strategischen Unternehmensführung, die Bereitstellung von internationaler Expertise und das Aufzeigen von alternativen Handlungsmöglichkeiten für die Unternehmensführung.
Als Anbieter treten als in der jeweiligen Branche ausgewiesene Experten als Einzelberater - durchaus auch Hochschullehrer - und die internationalen Strategieberatungen, wie McKinsey, ATKearney, Boston Consulting, und andere mehr, auf. Von diesen wird erwartet, dass sie unmittelbar, faktisch ohne Vorbereitungszeit, auf Anforderungen im Beratungsmarkt reagieren können.

- Geschäftsprozess-orientierte IT-Beratung: In diesem Segment werden IT-Fragestellungen adressiert, die für das gesamte Klienten-Unternehmen von Bedeutung sind, hierzu zählt insbesondere die Erarbeitung von IT-Gesamtstrategien für ein Unternehmen, die Begleitung grosser IT-Beschaffungsprojekte, und ähnliches. Als Anbieter treten die "IT-Geschäftsbereiche" der oben genannten Beratungsunternehmen auf, aber auch IT- und Softwarehäuser, die sich eine Expertise in IT-Gesamtstrategieberatung erarbeiten konnten - es sei hier auf die periodisch erscheinende "Luenendonk-Liste" verwiesen, welche die umsatzstärksten "Top 25" Software-Häuser listet. Aufgrund der in diesem Bereich zum Teil unumgänglichen IT-Methodenentwicklung kann eine gewisse Vorlaufinvestition erforderlich sein; die Mobilisierungszeit beträgt unter Umständen einige Wochen.

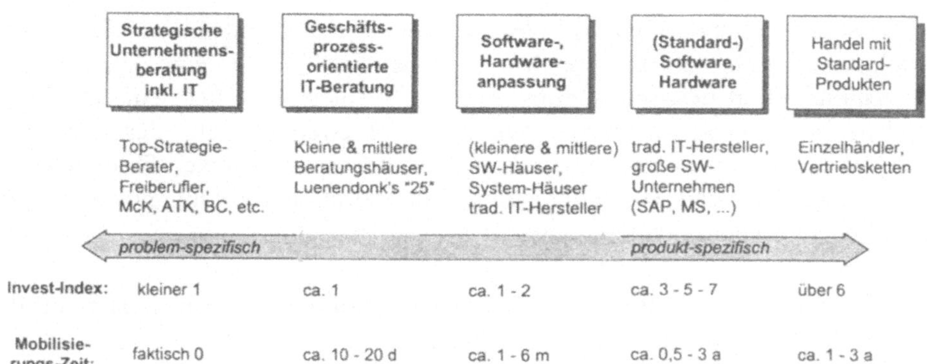

Abbildung 2: Typische Anbieter im IT-Markt, Investitionsindex und Mobilisierungszeit.

- Das Software- und Hardwareanpassungs-Segment adressiert meist eine lokale, abgrenzbare IT-Fragestellung im Klientenunternehmen. Es handelt sich hierbei um die typischen Einführungsprojekte, z. B. von Standard-Software für einen bestimmten Bereich im Unternehmen. Als Anbieter treten die im vorigen Segment genannten Anbieter auf, hinzu kommen nunmehr auch kleinere Softwarehäuser und die "Professional Services"-Abteilungen der traditionellen IT-Hersteller, wie IBM, Hewlett Packard, SAP, Compaq, Oracle, und ähnliche. Hier ist nicht nur eine Methodenentwicklung, sondern zum Teil eine umfangreiche und zeitaufwendige technische Ausbildung der Berater zu gegenwärtigen, daher erhöhen sich Invest-Index und Mobilisierungszeit.

- Im Lizenz- und Stückgeschäft der IT-Produkthersteller mit (Standard-) Software und Hardware nimmt die Dienstleistung und Beratung nur eine untergeordnete Rolle ein. Hier dominieren als Anbieter die traditionellen IT-Hersteller, wie im vorigen Segment benannt, hinzu kommen Anbieter von Büro- und Heim-Lösungen für den Massenmarkt, wie Microsoft, Apple, Dell, und ähnliche. Die Vorlaufinvestitionen sind zum Teil sehr hoch - wie man sich leicht an den Entwicklungs- vs. den Lizenzkosten (im Sinne von Kosten für "ein Stück Lizenz") für ein Produkt wie "Microsoft Office" klarmachen kann.

- Der Handel mit (Standard-) IT-Produkten schlussendlich markiert den rechten Rand der Taxonomie. Hier ist der Beratungsanteil äusserst gering, es dominiert ein vor allem über den Stückpreis definierter Markt im Einzelhandel. Als Anbieter treten Einzelhandelsketten und Elektronikkaufhäuser auf.

Es ist nun interessant zu beobachten, dass der IT-Markt - nach Massgabe der oben dargestellten Taxonomie - keinesfalls als statisch zu betrachten ist. Vielmehr ist es so, dass der gesamte IT-Markt - wiederum in der Nomenklatur der obigen Abbildungen gesprochen - nach "links tendiert", und eine zunehmende Konzentration und Oligopolisierung von der "rechten Seite her" einsetzt. Diese Tendenz ist schon seit mehreren Jahren (in der zweiten Hälfte der 1990-ziger Jahre) zu beobachten und kann durchaus als eine Gesetzmässigkeit für die nächste Zeit aufgefasst werden. Dieser Trend der Konzentration und Oligopolisierung ist insbesondere gekennzeichnet durch:

- Einen zunehmenden Preis- und Wettbewerbsdruck in den Segmenten auf der "rechten Seite" der obigen Abbildungen.

- Durch den abnehmenden Wirkungsgrad von Aquisitionsbemühungen und insbesondere von Werbemassnahmen in den "rechten" Segmenten.

- Durch das niedrigere Ranking der direkten Ansprechpartner und operativen Projektleiter in den Klientenunternehmen, typischerweise werden die Produkte auf der "rechten Seite" nicht von den Unternehmensführungen der Klientenunternehmen wahrgenommen.

- Die Produkt-Palette im rechten Bereich ist kleiner und "standardisierter", daher sind die Angebote im direkten Wettbewerb leicht miteinander vergleichbar; der Preis als Kaufkriterium tritt in den Vordergrund.

Dieser Entwicklung kann ein Anbieter im IT-Markt dadurch Rechnung tragen, dass er sich "nach links orientiert" und - zum Beispiel durch Lernen vom linken Nachbarn - sich zu einer professionellen IT-Beratung entwickelt.

4 Zum Beratungsbetrieb

Der Beratungsbetrieb ist gekennzeichnet durch das Projektgeschäft der IT-Beratung, daher nimmt das Projekt eine zentrale Stellung in der Organisation des Beratungsbetriebs ein.
Die Projekte sind entweder Kundenprojekte (einem Kunden in Rechnung stellbare Projekte, weiterberechenbarer Projektaufwand; engl.: client projects oder billable projects) oder interne Projekte (Eigenprojekte des Beratungsunternehmens, nicht-weiterberechenbarer Projektaufwand; engl.: development projects oder non-billable projects); die Projektgrösse wird in Projektstunden oder Projekttagen gemessen, daraus ergibt sich nach Multiplikation mit den Stunden- oder Tageshonorarsätzen die Projektgrösse in monetären Einheiten.
Ein Beratungsbetrieb sollte über eine gewisse Pluralität, ein gewisses Portfolio an Projektkunden verfügen; schon im Sinne einer wirtschaftlichen - und der damit

verbundenen fachlichen - Unabhängigkeit sollte ein Beratungsbetrieb nicht nur einen einzigen (oder ganz wenige) Kunden haben.

Damit einher geht eine Definiertheit der Expertise des Beratungsunternehmens. Es ist klar, dass ein Beratungsunternehmen eine gewisse Fokussierung der Expertise braucht, dies kann auch durch eine Diversifizierung in Geschäftsbereiche erreicht werden; es ist jedenfalls kaum vertretbar, dass ein Berater ein Art "Experte für Alles" ist.

Die Personalstruktur der Beratungsbetriebe ist geprägt durch vier Funktionsbereiche, gekennzeichnet durch die folgenden Berufsbezeichnungen (engl.: job titles):

- Partner, welche die Verantwortung für das gesamte Geschäft (oder wenigstens für einen nennenswerten Teilbereich) des Beratungsbetriebs tragen.

- Manager, oder Projektleiter, welche für die korrekte organisatorische und fachliche Abwicklung der Projekte verantwortlich sind.

- Consultants, (manchmal auch als Berater bezeichnet, wobei dieser job title nicht mit dem Sammelbegriff "Berater" für den gesamten Berufsstand verwechselt werden darf!), welche als Projektmitarbeiter fungieren und die eigentliche fachliche Arbeit in den Projekten erledigen.

- Assistenten und Backoffice-Mitarbeiter, welche die Arbeit der Berater unterstützen.

Diese bewährte Personalstruktur findet sich in fast allen Beratungsbetrieben wieder, unter Umständen modifiziert und differenziert. So ist es üblich, die einzelnen job titles durch Senioritätsbezeichnungen zu unterteilen, so gibt es senior manager und junior consultants, und dergleichen mehr.

Das zahlenmässige Verhältnis zwischen Partnern, Managern und Consultants (oftmals mit P:M:C abgekürzt) ist ein wichtiger Indikator für die Führungsspannbreite im Betrieb. Für einen kleinen Wert P:M:C sprechen geringere Koordinationskosten und eine generell einfachere Delegierbarkeit von Aufgaben im Betrieb, für einen grossen Wert P:M:C spricht die höhere Leverage, das ist die Gewinn- und Mehrwertakkumulation im Betrieb durch die Hierarchiebenen von unten nach oben.

Das zahlenmässige Verhältnis zwischen Partnern, Managern und Consultants (P:M:C), der Auslastungsgrad, das Gehalts- und Karrieremodell zählen - neben weiteren Aspekten - zu den im Beraterjargon unter dem Begriff Balance subsummierten Aspekten der Globalsteuerung des Beratungsbetriebs.

Unter dem Problem der Globalsteuerung des Beratungsunternehmens versteht man die Aufgabe, die Infrastruktur des Beratungsunternehmens, insbesondere aber die Personalstruktur, und die Projekttätigkeiten zu optimieren. Das Ziel der

Optimierung kann eine Gewinnmaximierung, eine Wachstumsmaximierung bezüglich Personalstand oder Umsatzerlösen, oder dergleichen mehr, sein. Jedenfalls ist es ein unabdingbares Requisit für die Globalsteuerung, die zu optimierende Geschäftstätigkeit des Beratungsbetriebs per Modellbildung zu analysieren. David Maister sieht den Erfolg des Beratungsunternehmens von drei Faktoren abhängig, siehe Abbildung 3. Diese Faktoren sind:

- Die Art der vom Beratungsunternehmen durchgeführten Projekte: Hier ist insbesondere die Qualität der durchgeführten Projekte entscheidend; welche Themenstellungen können in den Klientenunternehmen adressiert werden, welchen Rang haben die direkten Ansprechpartner im Klientenunternehmen?
- Die Höhe der im Markt vom Beratungsunternehmen erzielbaren Honorarsätze: Diese beeinflussen logischerweise die erzielbaren Umsatzerlöse und damit direkt die Profitabilität des Beratungsunternehmens.
- Die Karrierechancen der Mitarbeiter im Beratungsunternehmen: Dies hat einen direkten Einfluss auf die Attraktivität des Beratungsunternehmens am Arbeitsmarkt - in welchem Masse es gelingt, die qualifiziertesten Mitarbeiter für das Beratungsunternehmen zu gewinnen.

Entscheidend für das Modell von David Maister ist die Erkenntnis, dass der Erfolg im Beratungsunternehmen von Faktoren abhängt, die wiederum untereinander nicht unabhängig voneinander sind. Ändert sich eine Bestimmungsgrösse, so sind die anderen ebenfalls betroffen. Darüber hinaus müssen alle drei Faktoren - so David Maister - in der "richtigen Balance" sein, ist einer geschwächt, leidet darunter der Erfolg des gesamten Beratungsbetriebs:

- Fehlen die "richtigen" Projekte, ist das Unternehmen für Spitzenkräfte nicht attraktiv, weil die entsprechenden Karrieremodelle nicht realisiert werden können, und
- es können schwerlich Honorarumsätze erzielt werden, mit denen Gehalt und Tantiemen für besonders qualifizierte Mitarbeiter finanzierbar sind.
- Fehlen die "richtigen" - hinreichend qualifizierten - Mitarbeiter im Beratungsbetrieb, lassen sich diejenigen Projekte nur schwerlich durchführen, welche zur Erzielung hoher Honorarumsätze erforderlich sind.

Für die wesentlichen Geschäftsprozesse im Beratungsunternehmen lässt sich ein Modell formulieren (siehe Abbildung 4), welches drei Kerngeschäftsprozesse umfasst. Diese Prozesse und die wesentlichen zugehörigen Instrumente lassen sich kurz charakterisieren:

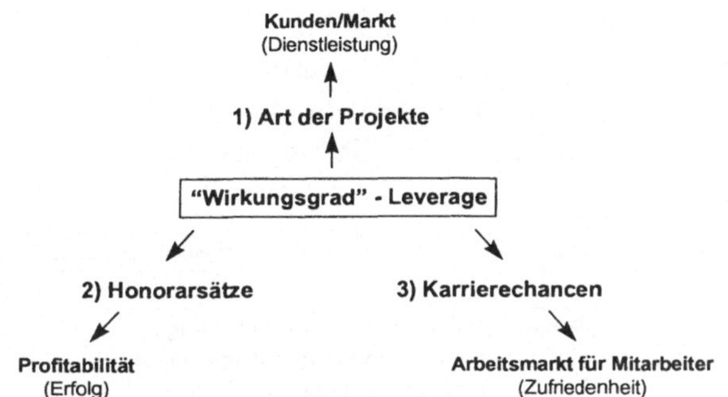

Abbildung 3: Modell von David Maister zur Globalsteuerung des
Beratungsunternehmens: Ein optimaler Wirkungsgrad (engl.: leverage)
beruht auf der idealen Balance dreier Faktoren.

- Im Projekt-Management- und -Controlling erfolgt die periodische Bilanzierung der Projekttätigkeit in Bezug auf die getätigten zeitlichen Aufwände der Berater für das Projekt sowie der direkten Auslagen (Reisekosten, Literatur, etc). Für eine zeitnahe Bilanzierung - mindestens monatlich, durchaus auch wöchentlich - ist eine zeitnahe Erfassung der entstandenen Kosten und Aufwände erforderlich. Die Erfassung der zeitlichen Aufwände muss daher seitens der Mitarbeiter mit einer gewissen Disziplin erfolgen. Die periodische Bilanzierung ist auch Basis für die Rechnungslegungen. Im Beratungsbetrieb gibt es einen Projekt-Lebenszyklus, welcher Projektphasen unterscheidet. Diese sind typischerweise eine Vorphase mit der Angebotserstellung, die Projektdurchführung, die Präsentation und Dokumentation der Ergebnisse, sowie die Qualitätssicherung.

- Dem Akquisitions-Management- und -Controlling obliegt die Steuerung und Koordination der Akquisitionsbemühungen und Kontakte. Hierfür wird in aller Regel eine Marktsegmentierung vorgenommen. In einer lead list genannten Datei werden die akquisitorischen Kontakte (engl.: leads) verwaltet. Hierbei werden Thema des Projekts (engl.: consulting issue), prospektives Volumen, Daten und Ansprechpartner des Kienten, zu erledigende Folgeaktionen, etc., gespeichert. Damit ist es möglich, die Akquisitiontätkeit zu steuern, um die für den Beratungsbetrieb "passenden" Themen und Projektarten zu akquirieren; ferner sollen Kollisionen bei der Akquisition vermieden werden (welche entstehen, wenn mehrere Mitarbeiter des Beratungsbetriebs beim selben Klienten quasi in eigener Konkurrenz auftreten).

- Das Personal-Management- und -Controlling umfasst insbesondere die Durchführung und die Erfolgskontrolle der Ausbildung und der Weiterqualifikation sowie der Gehaltsfindung und Beförderung der Mitarbeiter. In den

Mitarbeitergesprächen (engl.: counselings) werden die fachliche und persönliche Weiterentwicklung des Mitarbeiters erörtert. Von besonderem Interesse sind das social standing der Mitarbeiter, die Weiterentwicklung der kommunikativen Fähigkeiten, die Stressresistenz und Belastbarkeit und dergleichen mehr.

Abbildung 4: Geschäftsprozess-orientiertes Modell zur Globalsteuerung des Beratungsunternehmens mit der Darstellung der Kerngeschäftsprozesse im Beratungsunternehmen.

Hinzu kommen die beiden wesentlichen unterstützenden Support-Prozesse, welche die Kerngeschäftsprozesse durch akquisitorische Tätigkeiten unterstützen und stabilisieren. Diese sind:

- Knowledge-Management für die Projekt-Akquisition. Unter Knowledge-Management versteht man die Verwaltung des "Wissens" des Beratungsbetriebs. Dieses Wissen ist einerseits die Expertise und die Projekterfahrung des Personals, und andererseits die Dokumentation der in der bisherigen Beratungspraxis gewonnenen Erfahrungswerte und fachlichen Inhalte. Die Expertise des Personals wird in den persönlichen Erfahrungs-Profilen (engl.: personal profiles, CVs) dokumentiert, welche für alle Berater im Betrieb die Ausbildung, die weitere Qualifikation und die bisherigen Projekttätigkeiten dokumentieren und stets aktuell gehalten werden müssen. Die vom Beratungsbetrieb durchgeführten Projekte werden - personenunabhängig - in Projektprofilen niedergelegt. Diese stellen die Kundensituation, Problemstellung, Vorgehensweise, Ergebnisse für jedes durchgeführte Projekt dar; für langläufige Projekte werden Profile der Zwischenergebnisse angelegt. Die Projektprofile und die persönlichen Erfahrungsprofile werden in einer - typischerweise Intranet-basierten - Datenbank verwaltet; sie können als das eigentliche Kapital eines Beratungsbetriebs angesehen werden und spielen als Referenzen bei der Projektakquisition eine Schlüsselrolle. Das Erstellen eines qualifizierten Angebots in der Projekt-Vorphase ist ohne ein entsprechendes Knowledge-Management kaum möglich - letzteres bestimmt wesentlich die Position des Beratungsbetriebs am Markt.

- Personal-Ausbildung und -Recruitment. Im Beratungsbetrieb gibt es - nach Massgabe des Karrieremodells - ein für die Mitarbeiter obligatorisches Curriculum. Dieses umfasst für die niedrigeren Karrierestufen (Consultants) die Vermittlung der Kenntnisse für die Projektmitarbeit, insbesondere die betriebsinternen Standards für die Projektdokumentation, Aufbereitung und Präsentation von Ergebnissen, die Qualität der Projektarbeit und betriebsspezifische Vorgehensmodelle und -methoden in der Projektarbeit. Für die Manager kommen Ausbildungsinhalte im Bereich der Projektsteuerung, der Akquisition und Angebotserstellung, der Mitarbeiter- und Kundenpsychologie hinzu; bei den Partnern besteht die Weiterqualifikation im Wesentlichen im organisierten und gezielten Austausch von Projekterfahrungen. Es ist seitens des Beratungsbetriebs ein wesentliches Ziel, die Defizite der Hochschul-Ausbildung zu kompensieren, da in den betriebswirtschaftlichen oder informationstechnischen Studiengängen Inhalte zum Beratungswesen kaum vermittelt werden.

Ferner gibt es die beiden sichernden Prozesse Risiko-Management und Qualitätsmanagement.

- Das Risiko-Management umfasst eine ex-ante-Beurteilung eines Beratungsprojekts in Bezug auf das Risiko seiner Durchführung, sowie die Steuerung des Gesamt-Risikos des Projektportfolios des Beratungsbetriebs. Die zu beurteilenden Risiken können
- organisatorischer (z.B. die Zuverlässigkeit von Unterauftragnehmern, organisatorische Defizite beim Klienten),
- fachlicher (es liegen z.B. keine einschlägigen Erfahrungen vor, es gibt technische Unwägbarkeiten, Haftungsprobleme),
- personeller (Zuverlässigkeit von neuen Mitarbeitern, es stehen im Krankheitsfall keine Ersatzpersonen zur Verfügung), oder
- finanzieller (mangelnde Bonität des Klientenunternehmens, dadurch entstehen möglicherweise Uneinbringlichkeiten von Forderungen) Natur sein.
- Das Qualitätsmanagement umfasst die ex-post-Beurteilung der Qualität der durchgeführten Projekte und die Steuerung der Gesamt-Qualität des Projektportfolios des Beratungsbetriebs. Neben
- formalen Qualitätskriterien (wie korrekte Durchführung des Projektzyklus, korrekte Dokumentation der Ergebnisse und Anlage der Projektakten; Durchführung der projektbezogenen Beurteilung der Mitarbeiter) werden

- fachliche Kriterien (wie das Erreichen der angestrebten oder dem Kunden in Aussicht gestellten Projektergebnisse; die Kundenzufriedenheit; Akquisition eines Folgeauftrags) und

- finanzielle Kriterien (Fakturierung der Projektaussenstände, erfolgte Begleichung der Rechnung durch den Klienten) beurteilt.

Eine Reihe von quantitativen Aspekten und Parametern zur Globalsteuerung eines Beratungsbetriebs sind in Abbildung 5 zusammengestellt.
Die Abbildung stellt die wesentlichen arithmetischen Zusammenhänge der Globalsteuerung dar, und kann am einfachsten nachvollzogen werden, wenn man an der Stelle "Anzahl der Mitarbeiter" beginnt:

- Aus der Anzahl der Mitarbeiter ergibt sich durch Multiplikation mit der Jahresarbeitszeit der beschäftigten Personen die Anzahl der im Beratungsunternehmen verfügbaren Jahresstunden.

- Die Jahresstunden teilen sich auf in weiterberechenbare Kundenprojektstunden (WB-Stunden) und nicht-weiterberechenbare Eigenprojektstunden (NWB-Stunden).

- Die Anzahl der Kundenprojektstunden, multipliziert mit dem mittleren Honorar-Stundensatz ergibt den Umsatzerlös des Beratungsunternehmens. Klar ist, dass der Honorar-Stundensatz massiv von der Personalstruktur (P:M:C) und Qualifikation der Mitarbeiter bestimmt ist, welche wiederum vom Recruitment- und Ausbildungs-Prozess (abzüglich der carreer failures), sowie von aus den Umsatzerlösen finanzierbaren Gehältern und Tantiemezahlungen abhängen.

- Die nicht für direkte Zahlungen an die Mitarbeiter verwendeten Umsatzerlöse sind für die Finanzierung von betriebsinternen Projekten verwendbar, um die weitere Entwicklung des Beratungsunternehmens zu befördern.

- Die Anzahl der WB-Stunden ergibt über Division durch die Projektgrösse die Anzahl der im Beratungsunternehmen durchgeführten Projekte, welche wiederum mit der Anzahl der im Beratungsbetrieb verfügbaren Projektleiter (P:M:C) übereinstimmen muss.

- Die mittlere Projektgrösse ist also über geeignete Marketing- und Aquisitionsmassnahmen so zu steuern (abzüglich der nicht erfolgreichen Akquisitionsversuche), dass die sich ergebende Projektanzahl im Beratungsunternehmen sinnvoll verwaltet und auch in fachlicher Hinsicht "verkraftet" werden kann.

Hier ist die Feststellung interessant, dass aufgrund der vorstehenden Überlegungen faktisch nur an den in Abbildung 5 fettgedruckten Parametern tatsächlich seitens der Unternehmensführung steuernd eingegriffen werden kann. Alle anderen Parameter ergeben sich aus diesen wenigen Schlüsselgrössen durch relativ einfache arithmetische Betrachtungen - so macht es beispielsweise in der Tat wenig Sinn, etwa ein bestimmtes Umsatzziel für ein Beratungsunternehmen erreichen zu wollen, ohne dafür durch entsprechende Investitionen in die Recruitment-, Ausbildungs-, Akquisition- und Marketing-Prozesse die entsprechenden Grundlagen gelegt zu haben. Der sinnvollen Verwendung der NWB-Stunden kommt eine essentielle Bedeutung für die Zukunft des Beratungsunternehmens zu.

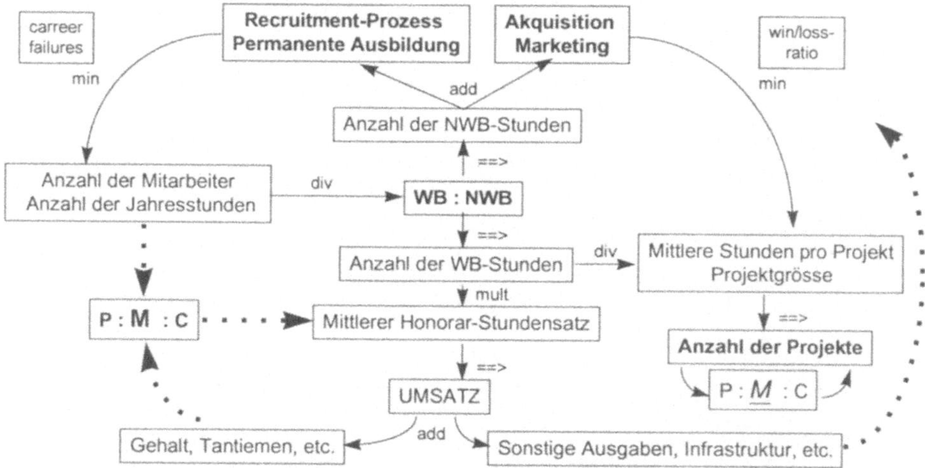

Abbildung 5: Quantitatives Modell zur Globalsteuerung des Beratungsbetriebs.

Literatur

Maister, David, Managing the Professional Service Firm, New York Ontario, 1993.

Niedereichholz, Christel, Unternehmensberatung, 2. Aufl., München Wien, 1996.

Alpers, Heinz et Sattler, Andreas, Wie mach ich mich als Unternehmensberater selbständig; Tätigkeitsbereiche, Beratungsablauf, Marketing, 5. Aufl., Bonn, 1993.

Hofmann, Georg Rainer, Der Beratungsbetrieb: Organisation, Erfolgsfaktoren, Gründung (Vorlesungs-Skript), Aschaffenburg, 1997-1999.

Verbesserung des Bildungscontrolling durch Online-Beurteilung von Lehrveranstaltungen

Dr. Hans Göpfrich
FH Wiener Neustadt

1 Zusammenfassung

Der vorliegende Artikel beschreibt die Entwicklung eines datenbank-unterstützten Systems zur Online-Erfassung und -Auswertung von Lehrveranstaltungsbeurteilungen vor dem Hintergrund der Gesetzeslage an österreichischen Fachhochschulen und vor dem konkreten Umfeld der FH Wiener Neustadt, der derzeit grössten Fachhochschule in Österreich. Aufgrund der Erfahrungen mit einem im Wintersemester 1998/99 entwickelten Prototyp-System werden prozesstechnische Verbesserungspotentiale und zu beachtende technische, organisatorische und empirische Hürden aufgezeigt, die bei einer weitgehend automatisierten Abwicklung von LV-Beurteilungen zu beachten sind.

2 Lehrveranstaltungsbeurteilungen im österreichischen Hochschul-Wesen

2.1 FH-Studiengesetz

Im österreichischen FHStG (Bundesgesetz über Fachhochschul-Studiengänge 1993, i.d.F. 1998) ist an mehreren Stellen eine Evaluierung der in den Fachhochschul-Studiengängen angebotenen akademischen Lehre vorgesehen. Insbesondere sind die (zeitlich befristet genehmigten) FH-Studiengänge - als Voraussetzung für die Verlängerung der staatlichen Anerkennung - einer Evaluierung „von aussen" zu unterziehen. Im § 3, Abs. 9 FHStG ist ausserdem festgehalten:
„Die Lehrveranstaltungen sind einer Bewertung durch die Studierenden zu unterziehen; die Bewertungsergebnisse dienen der Qualitätssicherung und sind für die pädagogisch-didaktische Weiterbildung der Lehrenden heranzuziehen."
Diese „interne" Evaluation (in der Folge treffender als „Lehrveranstaltungsbeurteilung" bezeichnet) dient über die o.g. Zielsetzungen hinaus auch als (eine) Basis für die „externe" Evaluierung. **Wie** und aufgrund welcher Kriterien diese LV-Beurteilungen durchzuführen sind, ist im Gesetz nicht festgelegt.

2.2 Universitäts-Organisationsgesetz

Auch an den Universitäten wird - basierend auf den Bestimmungen des Universitäts-Organisationsgesetzes 1993 (UOG) und der zugehörigen Evaluierungsverordnung 1997 (EvalVO) - derzeit intensiv an der Gestaltung der von der Öffentlichkeit und der Politik seit langem geforderten Evaluierung der Lehrprogramme und der Lehr- und Lernprozesse gearbeitet. Die bislang entwickelten Evaluierungssysteme reichen von konventionellen Fragebogen-Aktionen über Internet-Fragebögen, Qualitätszirkel und Lehrberichte bis hin zu umfassenden Datenbank-Lösungen.

Vereinzelt - auch ohne rechtliche Vorschriften - benutzt man derartige Beurteilungssysteme bereits seit mehreren Jahrzehnten. Jeder Seminaranbieter (ob im Hochschulbereich oder kommerziell) lässt sich heute sein Lehr- bzw. Seminarangebot durch mehr oder weniger aufwendige Fragebögen beurteilen.

3 Bedeutung der Lehrveranstaltungsbeurteilung für ein effektives und effizientes Bildungscontrolling

Sinn und Nutzen von Lehrveranstaltungsbeurteilungen sind in der Hochschulpraxis heftig umstritten. Um statistisch und inhaltlich zulässige Schlüsse aus einer derartigen (wie immer gestalteten) Befragung ziehen und daraus konkrete Massnahmen ableiten zu können, müssen mehrere Voraussetzung gegeben sein, z.B.

- ein nach wissenschaftlichen Kriterien zusammengesetzter Fragebogen, der auch tatsächlich das abfragt, was man abfragen will,

- eine angemessene Rücklaufquote der Fragebögen, die wiederum von der Länge des Fragebogens und von anderen organisatorischen Rahmenbedingungen abhängt,

- die Anonymität der Befragung,

- eine effiziente, rasche Auswertung und Verfügbarmachung der Ergebnisse,

- die Vertraulichkeit der Ergebnisse,

- die Sicherstellung der korrekten Interpretation der Ergebnisse in Abhängigkeit von den gegebenen Rahmenbedingungen u.v.m.

Auch potentielle Gefahren, die zu Verzerrungen und Fehlinterpretationen führen können, und einige wichtige Grundsatzfragen dürfen nicht übersehen werden, z.B.:

- Negativ-Beurteilungen fallen erfahrungsgemäss tendenziell stärker ins Gewicht (Problem der „schweigenden Mehrheit"), v.a. wenn pro Person mehrere/viele Fragebögen auszufüllen sind.

- Sollen alle Lehrveranstaltungen mit einem einheitlichen Fragebogen beurteilt werden? Das führt einerseits zu einer guten Vergleichbarkeit der Ergebnisse, andererseits treffen entweder nicht alle Fragen auf alle Lehrveranstaltungen zu oder der Fragebogen verliert durch seine Allgemeingültigkeit merklich an Aussagekraft. Oder werden unterschiedliche Lehrveranstaltungen mit unterschiedlichen Fragebögen differenziert beurteilt? Dagegen spricht vor allem die mangelnde Vergleichbarkeit der Ergebnisse und der deutlich höhere administrative Aufwand.

- Wer interpretiert die Ergebnisse, wer kommentiert sie? Wer erhält sie überhaupt?

- In letzter Konsequenz stellt sich die Frage: Wozu überhaupt? Was tut man mit den Ergebnissen? Dienen Ergebnisse in erster Linie für den/die LV-LeiterIn als Feedback- und Controlling-Instrument für die Gestaltung der Lehrveranstaltungen? Oder wollen die Fachbereiche bzw. die Studiengangsleitung „aus der Vogelsicht" Vergleiche zwischen (Parallel-) Veranstaltungen (und damit ReferentInnen) anstellen? Wird es als ein Controlling- oder als ein Überwachungsinstrument gehandhabt? Oder werden die Ergebnisse bloss abgelegt und verschwinden in der Schublade?

Die Praxis zeigt, dass diese Instrumente in höchst unterschiedlichem Ausmass mit höchst unterschiedlichem Stellenwert und unterschiedlichen Zielsetzungen eingesetzt werden (§ 3, Abs. 9 FHStG beschreibt als Zielsetzung ganz klar die Verwertung der Beurteilungsergebnisse zur (didaktisch-pädagogischen) Mitarbeiterentwicklung, nicht aber als Kontrollinstrument!).
Einig ist man sich lediglich über die Brisanz bezüglich falscher oder missverständlicher Interpretationen von Auswertungen, über die Problematik der Aussagekraft der Ergebnisse vor durchaus je Lehrveranstaltung unterschiedlichen Rahmenbedingungen und über die Tatsache, dass damit - unabhängig von der technischen und organisatorischen Realisierung - ein an sich schwer objektivierbarer Vorgang (Qualität der Wissensvermittlung und des Lehr-/Lernprozesses) scheinobjektiviert und durch Zahlenwerte (meist Durchschnittsbildungen und Standardabweichungen) verabsolutiert wird. Dem liegt die generelle Problematik der Beurteilung von Leistungen durch ordinale „Notensysteme" zugrunde.
Insgesamt ist der Bereich der LV-Beurteilungen ein höchst sensibler im Spannungsfeld zwischen Entwicklungsinstrument und Bewertungs-/Kontrollinstrument. Die Festlegung der Ziele ist demnach ein zentraler Punkt, der die

Konzeption der Evaluierungsverfahren und die Sicht der Evaluierungsergebnisse wesentlich prägt.

4 MS Access-Lösung als Prototyp

4.1 Rahmenbedingungen an der FH Wiener Neustadt

Die FH Wr. Neustadt bietet derzeit 2 FH-Studiengänge („Wirtschaftsberatende Berufe", „Präzisions-, System- und Informationstechnik") in jeweils einer Vollzeit- und einer Teilzeit-Variante an. Insgesamt sind nach den ersten 5 Jahren im derzeitigen Vollausbau ca. 1.100 Studierende zu betreuen. Pro Semester müssen rd. 15.000 Lehrveranstaltungsbeurteilungen (rd. 15 pro StudentIn) abgegeben und ausgewertet werden. Rd. 300 ReferentInnen bzw. Mitarbeiter müssen zeitgerecht für ein effektives Controlling ihrer Lehrveranstaltungen die statistischen Auswertungen des letzten Semesters erhalten und dazu schriftlich Stellung nehmen.

4.2 Ist-Prozess und Verbesserungspotentiale

Eine detaillierte Analyse des (historisch gewachsenen) Ist-Prozesses ergab im WS 1998/99 eine auf 12 A4-Seiten dokumentierte (und daher hier aus Platzgründen nicht dargestellte) Situation, an der insgesamt 8 Organisationseinheiten im Haus beteiligt waren:
Am Ende jeder Lehrveranstaltung wurden vom LV-Leiter Fragebögen verteilt, die die Studierenden entweder sofort oder (aus Gründen der Anonymität) auch später ausfüllen und in einem Briefkasten abgeben konnten. Grosser Wert wurde auf die Gewährleistung der Anonymität gelegt, um möglichst unverfälschte Aussagen über die Qualität der Lehrveranstaltung zu bekommen. Die bis zu einem bestimmten Stichtag abgegebenen Fragebögen wurden anschliessend gescannt, (einzeln) meist aufwendig nachbearbeitet und auf einem PC elektronisch ausgewertet (Durchschnitte und Standardabweichungen). Die Fragebogen-Rückseite mit den offenen Fragen wurde - wenn ausgefüllt - von MitarbeiterInnen der Studiengangs-Administration kopiert und gemeinsam mit der Auswertung an die ReferentInnen mit der Bitte um schriftliche Stellungnahme versandt.
Die Durchlaufzeit des gesamten Prozesses betrug aufgrund der langen Warte- und Liegezeiten zwischen den Teilaufgaben in etwa 1 - 1,5 Semester, d.h. die endgültigen Ergebnisse bzw. Rückmeldungen der ReferentInnen standen zu einem Zeitpunkt zur Verfügung, zu dem die nächste Lehrveranstaltung bereits abgehalten war. Die Kopier-, Versand- und Ablagearbeiten banden 2 Mitarbeiterinnen ca. 3 Wochen lang (über das Semester verteilt).

Da Aufwand und betrieblicher Nutzen in keinem akzeptablen Verhältnis mehr zueinander standen, wurde im Rahmen eines Reengineering-Projekts das gesamte Verfahren untersucht und eine datenbank-unterstützte Online-Lösung entwickelt.

4.3 Soll-Prozess

Im WS 1998/99 wurde im Rahmen einer Diplomarbeit am Fachbereich Wirtschaftsinformatik ein (neuer) Soll-Prozess entwickelt, der von folgenden Zielsetzungen bzw. Annahmen ausgehen sollte:

- Überarbeitung/Aktualisierung des für alle Lehrveranstaltungen einheitlichen Fragebogens
- Reorganisation des gesamten Prozesses der LV-Beurteilung unter dem Gesichtspunkt der Prozessoptimierung
- Delegierung des Datenerfassungsaufwands an die Datenverursacher (Studierende erfassen ihren Fragebogen online selbst; Referenten verfassen ihre Stellungnahme ebenfalls online direkt in einer Datenbank)
- jederzeitige Online-Auswertemöglichkeit der abgegebenen Fragebögen durch Statistiken und grafische Darstellungen unter Berücksichtigung unterschiedlicher Zugriffsrechte
- Verbesserung der Aussagekraft der Auswertungen und Verbesserung der Entscheidungsgrundlage für das Controlling der Lehrveranstaltungen
- Vereinfachung und Entlastung der Administration
- Kostensenkung (Personal, Papier).

Es ergab sich der in Abbildung 1 dargestellte Sollprozess.
Bereits bei der Stammdatenerfassung können Beginn- und Ende-Datum der vorgesehenen Beurteilung festgelegt werden; das System kann damit selbständig, ohne Zutun von aussen, die LV-Beurteilungen freigeben oder wieder sperren. Studenten, die die elektronischen Fragebögen nicht ausgefüllt haben, können durch eine automatisch versandte Email an die Abgabe erinnert werden (Ähnliches gilt für die ReferentInnen). Um die Abgabeberechtigung zu prüfen (jeder Student darf nur Lehrveranstaltungen beurteilen, die er besucht hat, und diese nur einmal), wird nur registriert, **ob** ein Student den Fragebogen abgegeben hat, nicht aber welchen. Damit bleibt die volle Anonymität gewahrt. Für diese Berechtigungsprüfung ist eine Schnittstelle zu den StudentInnen-, ReferentInnen- und LV-Daten der zentralen FH-Datenbank notwendig.
Ob man StudentInnen wie ReferentInnen zu einem Feedback zwingen möchte (z.B. durch die Zeugnisausgabe erst nach erfolgter LV-Beurteilung), ist eine organisatorische Frage.

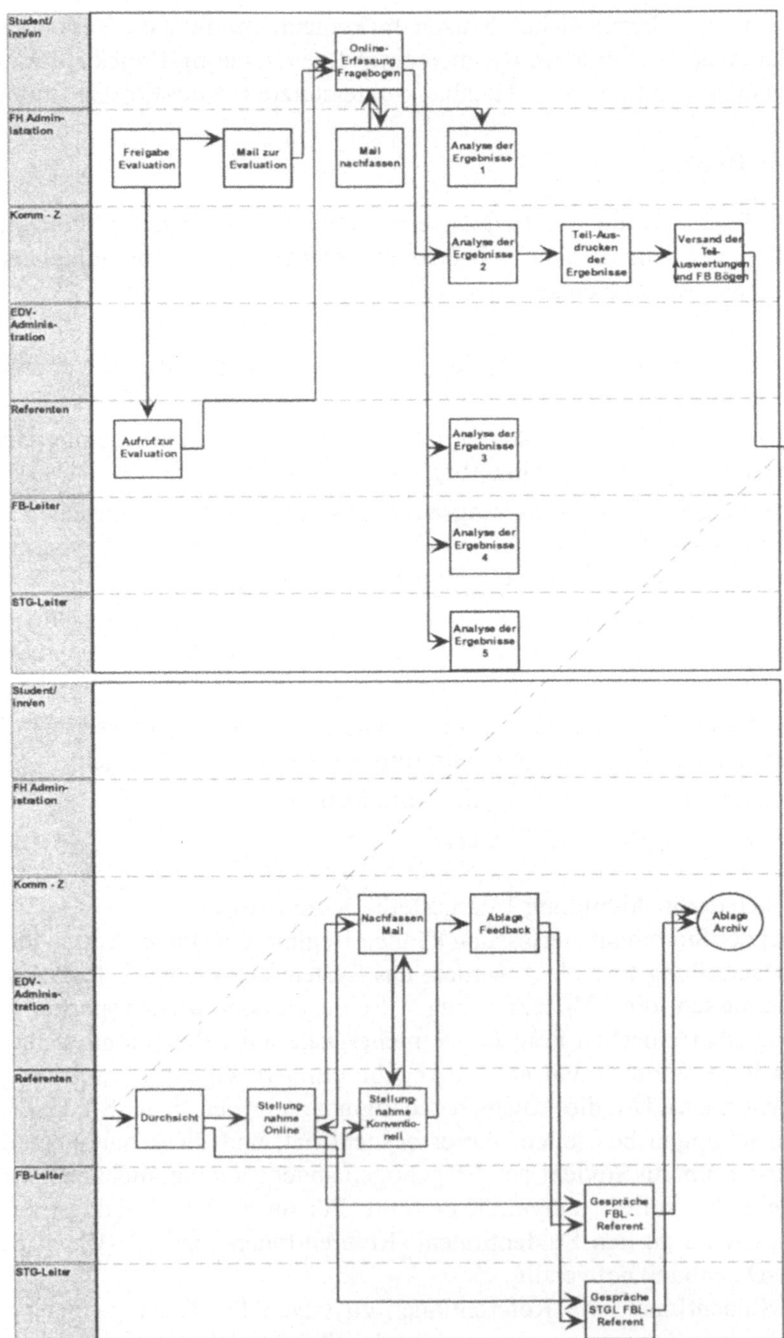

Abbildung 1: Sollprozess der Online-Lehrveranstaltungsbeurteilung

Da alle relevanten Daten online erfasst und in einer zentralen Datenbank zusammengeführt werden, verringert sich die gesamte Prozessdurchlaufzeit (pro Lehrveranstaltung) auf wenige Tage. Die Auswertemöglichkeiten umfassen statistische Listen mit Durchschnittswerten sowie grafische Darstellungen (Balkendiagramme) und Vergleichsmöglichkeiten zwischen Lehrveranstaltungen über die Semester hinweg. Die Beantwortungen der offenen Fragen kann browserartig durchblättert werden. Unterschiedliche Zugriffsrechte stellen die Vertraulichkeit der Ergebnisse sicher. Bei Bedarf können die Auswertungen auch ausgedruckt werden.

4.4 Erfahrungen aus der Testphase

Die aus einem derartigen datenbank-unterstützten System resultierenden Vorteile für ein effektives und effizientes Bildungscontrolling (Steuerung der inhaltlichen, didaktischen und pädagogischen Weiterentwicklung der akademischen Lehre an den Fachhochschulen) sind offensichtlich:

- Gelingt es, akzeptable Rücklaufquoten zu erreichen, verbessert sich die Qualität der Informationen und die Aussagekraft der Beurteilungen dramatisch, weil die Ergebnisse praktisch sofort zu Evaluierungsende verfügbar sind und als Entscheidungsunterlage unmittelbar zur Verfügung stehen.

- Gleichzeitig lässt sich der gesamte Administrationsaufwand (und damit die Kosten) auf ein Minimum reduzieren, weil der Datenerfassungsaufwand konsequent zu den Datenverursachern und der Auswerteaufwand an die Applikation verlagert wird. Mitarbeiter der FH brauchen nur mehr für die korrekte Erfassung der Stammdaten sorgen (Administration) bzw. die Auswertungen starten (ReferentInnen, Fachbereichsleiter, Studiengangsleiter). Kopierarbeiten und Postversand fallen (weitgehend) weg.

In der Testphase wurden unter Echt-Bedingungen folgende Erkenntnisse gewonnen:

- Eine Reihe technischer Probleme (noch) ist zu lösen:
- FH-interne Probleme von Zugriffsberechtigungen aufgrund des am FH-Netz eingerichteten Domänen-Konzepts,
- Access-spezifische Probleme hinsichtlich der Datensicherheit und des Datenschutzes sowie der Antwortzeiten (Optimierung),
- Integration von Netz- und Anwendungskennwörtern.

- Scheinbar triviale organisatorische Probleme haben Folgen für die Aussagekraft der Auswertungen und können die Beurteilungsergebnisse massiv verzerren:

- Rechnerzugang von StudentInnen und ReferentInnen:

- Es ist nicht ganz einfach, StudentInnen möglichst zeitnah zur Lehrveranstaltung an PCs zu bringen (v.a. bei Grossvorlesungen), wenn nicht PCs in Selbstbedienungszonen zur Verfügung stehen. Vielfach macht man sich nur dann die Mühe, in einen (zwar zugänglichen, aber entfernten) EDV-Raum zu gehen, wenn man sich über etwas beklagen will. Ausserdem spielen durchaus auch andere Aspekte (wie z.B. Beeinflussung durch zwischenzeitliche Gespräche mit KollegInnen oder Gewöhnungseffekte bei einer Vielzahl von Fragebögen) eine Rolle bei der Beantwortung der Fragen.

- Gleiches gilt für ReferentInnen, die nicht immer einen PC besitzen bzw. sich an der FH erst am Netz einloggen und die Applikation starten müssen, um die Auswertungen zu sehen bzw. die elektronische Stellungnahme durchzuführen. Diese Hürde lässt sich auch bei möglichem Zugang von aussen nicht wirklich umgehen.

- Doppelte Abläufe lassen sich daher nicht restlos verhindern, d.h. teilweise müssen auch weiterhin die „alten Wege" beschritten werden (Postversand von Auswertungen).

- Die gesamte Auswertung steht und fällt mit der Qualität der an ganz anderer Stelle im Prozessablauf erfassten bzw. aktualisierten Daten (z.B. Ummeldung von StudentInnen zwischen Parallelveranstaltungen während des Semesters). Nicht aktualisierte Daten in der FH-Datenbank können sehr leicht zu vermeintlich richtigen, aber tatsächlich falschen Beurteilungen führen (weil dann z.B. ein falscher Referent bzw. eine falsche Lehrveranstaltung beurteilt wird). Ein reibungsloser Gesamtablauf ist daher über zeitliche, systemtechnische, organisatorische und personelle Schnittstellen hinweg zu gewährleisten.

- In dieser Hinsicht spielt auch die Benutzerschnittstelle eine besondere Rolle. Das System muss - als „Masseninformationssystem"- nicht nur selbsterklärend sein, weil Rückfragen hinsichtlich der Bedienung oder Unklarheiten bezüglich der Beurteilung nicht möglich sind. Man kann ausserdem nicht deutlich genug die Lehrveranstaltung bzw. den/die ReferentIn darstellen, die/der gerade beurteilt wird, um Fehler und Irrtümer zu vermeiden.

- Anonymität ist den Studierenden (berechtigterweise) ein hohes Bedürfnis. Es herrschen grundsätzliche Vorbehalte gegenüber der (für die Berechtigungsprüfung aber notwendigen) Identifizierung. Diesem Problem kann nur durch gezielte sachliche Information und Nachweisbarkeit der tatsächlichen Anonymität abgeholfen werden.

- ReferentInnen haben (berechtigte) Vorbehalte gegenüber Fehlinterpretationen, verzerrten Ergebnissen, Vergleichsmöglichkeiten und als Folge davon Rankings. Es zeigt sich deutlich, dass die Zielsetzung der gesamten Evaluierung (Wozu braucht man das und was macht man mit den Ergebnissen?) klar herausgearbeitet, dokumentiert, kommuniziert und auch tatsächlich praktiziert werden muss. Wie oben deutlich herausgearbeitet, kann diese Form der LV-Beurteilung primär nur ein Feedback-Instrument für den Lehrbeauftragten sein!

- LV-Beurteilungen sind Momentaufnahmen, die unter bestimmten Rahmenbedingungen in einer einzelnen Lehrveranstaltung zustande gekommen sind. Die Gewichtung von Ausreissern ist bei „kleinen“ IV-Lehrveranstaltungen eine ganz andere als bei Grossvorlesungen. Aussagen oder Entscheidungen aufgrund solcher Momentaufnahmen sind höchst problematisch. Vielmehr muss man über Semester hinweg die Entwicklung beobachten und aus den Auswertungen Tendenzen herauslesen.

- Unabhängig von gesetzlichen Bestimmungen kann und darf die LV-Beurteilung sinnvollerweise nur ein Instrument zur Mitarbeiterentwicklung sein. Jeder Versuch, sie als Kontroll- und Überwachungsinstrument zu nutzen, entzieht der Evaluierung ihre Basis, die Offenheit (seitens der Studierenden) und die Bereitschaft zu Veränderungen (seitens der Beurteilten).

5 Internet-Lösung als Produktivsystem / Ausblick

Mittel- bzw. langfristig wird an der FH Wr. Neustadt eine Zugangsmöglichkeit über Internet angestrebt. Studierende können dann ihre Beurteilungen, Referenten ihre Stellungnahmen völlig zeit- und ortsungebunden direkt in eine Datenbank abgeben. Ungeklärt sind dafür aber noch Probleme wie z.B. Datenschutz und Datensicherheit. Dies erfordert auch mehr technischen Aufwand bei der Systemgestaltung (Datenbank-Anbindung im Internet). Interessant wird auch sein, zu beobachten, inwieweit ein direkter Bezug durch die zeitliche Entkoppelung zwischen Lehrveranstaltung und zugehöriger Beurteilung verlorengeht und die Aussagekraft der Beurteilungen damit beeinträchtigt wird. Offen ist auch die Frage, wie man durch Anreize zu akzeptablen Rücklaufquoten kommt. Diese und ähnliche Fragen sollen in einer empirischen Begleituntersuchung untersucht werden. Bereits in der Testphase hat sich gezeigt, dass die o.g. Probleme (Sicherstellung der Anonymität, Rechnerzugang, Rücklaufquoten, Aussagekraft der Beurteilungen u.ä.) durch eine sorgfältige organisatorische Implementierung des Systems und durch entsprechende Information und Schulung gelöst werden können. Die technischen Probleme (Überschreibbarkeit von Access-Datenbanken bei Mehrfachbenutzung, Redesign der FH-Datenbanken u.ä.) erfordern für eine vollständige Integration des Systems in die FH-IS-Landschaft jedoch noch erheblichen Aufwand in Folgeprojekten. Im Studienjahr 1999/2000 soll daher - nach einem einjährigen Testlauf unter Echtbedingungen - ein neues Produktivsystem auf einer geeigneten Datenbank-Plattform und unter Nutzung der Internet-Technologie entwickelt werden, in das die Erfahrungen einer empirischen Begleitstudie einfliessen sollen.

Die Verrechnung von IV-Leistungen im Client-Server-Umfeld - Eine Konzeption für die LGT Bank in Liechtenstein

Dipl.-Ing. MBA Thomas Böni, Dr. Bernd Britzelmaier,
Dipl.-Ing. Markus Schlegel
LGT Bank und FH Liechtenstein

1 Die LGT Bank in Liechtenstein: International tätiger Finanzdienstleister

Die bereits 1997 lancierte Umsetzung der neuen strategischen Vision, die LGT Bank in Liechtenstein zu einer führenden europäischen Spezialistin im internationalen Private Banking mit höchster Profitabilität zu machen, wurde 1998 ein weiteres Stück vorangetrieben. Mit dem erfolgreichen Verkauf der Asset Management Division (AMD) und dem Going Private sind entscheidende Schritte auf diesem Weg gemacht worden. Die Verwaltungsratsgremien wurden vereinfacht und vereinheitlicht, die organisatorischen Strukturen der Gruppe und der Gruppengesellschaften sorgfältig aufeinander abgestimmt und gestrafft sowie die Neuausrichtung von einer produkt- zu einer kundenorientierten Aufbauorganisation abgeschlossen.

Die LGT Bank in Liechtenstein strebt im Rahmen der Gruppenstrategie mittelfristig ein substantielles Wachstum der von ihr betreuten Kundenvermögen bei gleichzeitig signifikanter Erhöhung des Reingewinnes an. Das internationale Private Banking ist ihr Kerngeschäft, das sie gezielt ausbauen möchte.

Um die strategischen Ziele bezüglich Wachstum und Effizienz zu erreichen, hat der Verwaltungsrat der LGT Bank in Liechtenstein die Generaldirektion verbreitert und die Bank in drei Geschäftsfelder gegliedert. Das Geschäftsfeld „Distribution" fasst die verkaufsorientierten Bereiche zusammen. Die Kunden aller von der Bank bedienten Segmente werden in diesem Geschäftsfeld beraten und betreut. Die im Kundengeschäft erfolgreichen Einheiten LGT Treuhand, die Zürcher Niederlassung und die LGT Bank in Liechtenstein (Ireland) sind ebenso in das Geschäftsfeld „Distribution" eingegliedert, wie die Repräsentanzen, deren Anzahl mit der neu eröffneten Repräsentanz Chur weiter gestiegen ist. Dieser Organisatonsstruktur soll das einheitenübergreifende Cross-Selling erleichtern. Das Geschäftsfeld „Produktion" wickelt die anfallenden Geschäfte ab und unterhält die nötige Infrastruktur. Im Geschäftsfeld „Finanzen und Informatik" werden die für die Führung der Bank erforderlichen Informationen aufbereitet und die für

180

den Geschäftsablauf unerlässliche Informationstechnologie zur Verfügung gestellt.

Die LGT Bank in Liechtenstein hat 1998 das starke Wachstum der letzten Jahre fortgesetzt und den Reingewinn um 13.7 (Vorjahr 39.3) Prozent auf CHF 147.9 Mio. gesteigert. Die Bank erwirtschaftete damit eine Rendite (ausgewiesener Reingewinn) von 18.9 (18.1) Prozent auf das Eigenkapital. Der Cash Flow erhöhte sich um 13.5 (33.6) Prozent auf CHF 239.5 Mio.

Die betreuten Kundenvermögen lagen mit CHF 39.1 Mrd. um 16.0 (19.4) Prozent über dem Vorjahreswert. Dies ist vor allem auf neue Gelder von Kunden zurückzuführen. Die Kundenvermögen mit Verwaltungsvollmacht konnten überproportional um 32.1 (43.5) Prozent auf CHF 6.8 Mrd. gesteigert werden. Die Bilanzsumme erhöhte sich von CHF 10.4 Mrd. um CHF 1.3 Mrd. oder 11.8 (4.2) Prozent auf CHF 11.7 Mrd. Die ausgewiesenen Eigenen Mittel belaufen sich auf CHF 816.4 Mio. Dies entspricht 7.0 (7.2) Prozent der Bilanzsumme.

Eine Fortsetzung des starken Wachstums der vergangenen Jahre sowie die Beibehaltung des hohen Ratings (AA-, Aa3) sind die Ziele für 1999. Weiters soll eine noch stärkere Ausrichtung auf den Kunden durch eine Verbesserung im Qualitätsmanagement, durch eine konsequente Systematisierung des Verkaufs und verstärkte Aktivitäten im Bereich Kundenakquisition verwirklicht werden. Zur Unterstützung des Wachstums und Geschäftsausbaus wurde bereits 1998 damit begonnen, die Führungsprozesse in der Bank entsprechend neu zu definieren. Das vorhandene Führungsinstrumentarium wurde per Anfang 1999 durch „Balanced Scorcard,,[1] ergänzt. Davon verspricht sich die LGT Bank in Liechtenstein ein verstärktes unternehmerisches Denken unter den Mitarbeitern und Mitarbeiterinnen, eine objektivere Informationsbasis für Entscheide aller Art und zeitgerechtere, optimal auf die strategischen Ziele ausgerichtete operative Massnahmen.

2   IV-Controlling - Entwicklungstendenzen

Während noch bis vor kurzem die Meinung vorherrschte, der Einsatz von Datenverarbeitungsanlagen wäre aufgrund ihres Rationalisierungspotentials per se ökonomisch, muss heute davon ausgegangen werden, dass der Einsatz moderner Informations- und Kommunikationstechnologien (IKT) sich zu einem nicht zu unterschätzenden Kostenfaktor entwickelt hat.

Dies ist unter anderem zurückzuführen auf eine gestiegene Inanspruchnahme von Computerleistungen durch die Fachabteilungen. Neben den Uranwendungen im Bereich des Rechnungswesens werden Informations- und Kommunikationstechnologien heute für nahezu alle Unternehmensbereiche eingesetzt. Neben den

---

[1] Vgl. dazu den Beitrag von B. Pfister in diesem Tagungsband

mengenorientierten, operativen und den wertorientierten Abrechnungssystemen wird Informations- und Kommunikationstechnologie in verstärktem Masse auch für dispositive und strategische Zwecke wie Berichts- und Kontroll-, Analyse-, Informations- und Planungs- sowie Entscheidungssysteme eingesetzt. Ebenso hat die individuelle Datenverarbeitung mittels PCs eine hohe Durchdringung der Fachabteilungen erreicht, was unter Kostenaspekten heute oft mit dem Schlagwort Total Cost of Ownership (TCO) diskutiert wird.

Die steigenden Kosten der IV lassen sich jedoch nicht ausschliesslich mit dem fortschreitenden Einsatz von IKT und der damit verbundenen zunehmenden Komplexität im IV-Bereich begründen. Sowohl der ungehemmte Ressourcenverbrauch der Anwender - welche die EDV-Dienstleistungen als eine scheinbar im Überfluss vorhandene Ressource ansehen und für nahezu jedes Anwendungsgebiet eine IV-Unterstützung beanspruchen - als auch der nicht immer wirtschaftliche Ressourceneinsatz durch die IV selbst, verstärken diesem Trend. Die zunehmende Abhängigkeit der Unternehmen von einer funktionstüchtigen IV und vom (vierten) Produktionsfaktor „Information" kann unter Umständen als strategische Waffe gegen das Unternehmen selbst wirksam werden.[2]

Bereits vor 25 Jahren wurde daher gefordert, die Informationsströme den gleichen wirtschaftlichen Kriterien zu unterwerfen wie die übrigen Real- und Nominalgüterströme.[3] Die Massnahmen zur Erfüllung dieser Forderung, deren Ergreifung aufgrund der oben gezeigten Entwicklung immer akuter wird, werden heute unter den Begriffen „IV-Controlling" und „Informationsmanagement" subsumiert. Ausgehend vom DV-, ADV-, EDV- und IS-Controlling hat sich in jüngster Zeit der Begriff „IV-Controlling" etabliert, das als Teilfunktion des Informationsmanagement zu verstehen ist.[4] Darin kommt der Wandel von einer ausschliesslich auf Technologien ausgerichteten Datenverarbeitung zu einer an der Ressource Information ausgerichteten Informationsverarbeitung zum Ausdruck. Auf wissenschaftlicher Ebene wurde dabei bislang vor allem ein präskriptiver Ansatz verfolgt, Input dafür gab es sowohl aus dem Bereich des Controlling als auch aus dem Bereich des Informationsmanagement. Publikationen aus der Unternehmenspraxis belegen die Relevanz der Thematik im betrieblichen Umfeld, behandeln jedoch nur Teillösungen und verfolgen keinen ganzheitlichen Ansatz. Trotz der vielen Veröffentlichungen und Konferenzen zum Thema „IV-Controlling" fehlt es bislang weitgehend selbst an effektiven Abrechnungsverfahren.[5]

Die Entwicklung wissenschaftlicher Ansätze des IV-Controlling von den ersten operativen Ansätzen bis hin zur strategischen Ausrichtung zeigt Abbildung 1.

---

[2] Vgl. Haas (1992), S. 179

[3] Vgl. Kosiol (1972), S. 184

[4] Vgl. Ortner (1993), S. 32ff.

[5] Vgl. Ortner (1993), S. 37

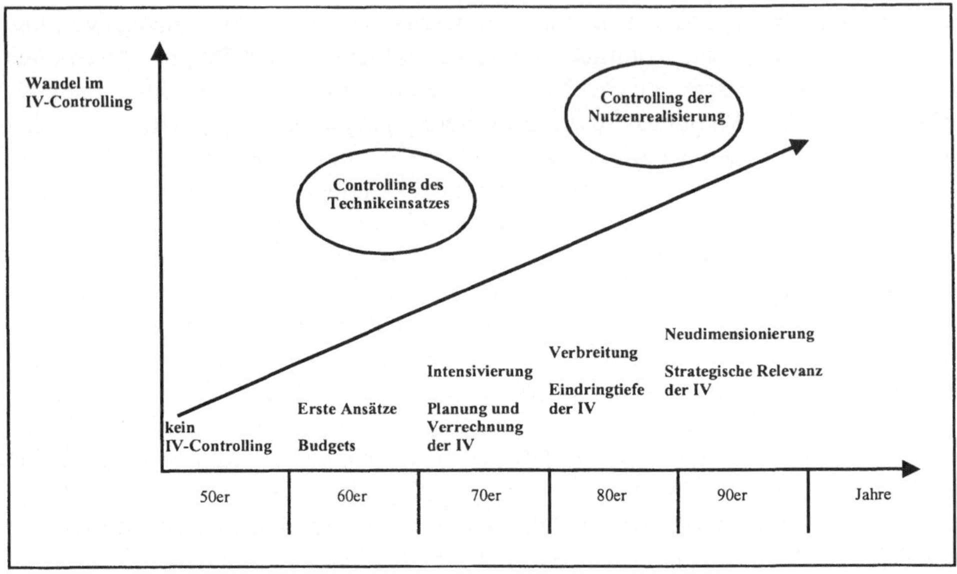

Abbildung 1: Entstehung und Entwicklung des Informationsverarbeitungs-Controlling[6]

Daraus ist ersichtlich, dass zum einen eine Verlagerung vom Controlling des Technikeinsatzes hin zum Controlling der Nutzenrealisierung stattgefunden hat. Zunehmende IV-Durchdringung der Unternehmen und immer komplexere Anwendungen haben differenziertere Controlling-Instrumente notwendig gemacht. Während in den 60er Jahren unter dem Primat der Rationalisierung Kostenbudgets ausreichten, prägt heute zunehmend die strategische Relevanz der IV den wissenschaftlichen Diskurs.

3 Die Verrechnung von IV-Leistungen im Client-Server-Umfeld

Die LGT Bank in Liechtenstein ist - wie alle Dienstleistungsunternehmen - der Problematik der steigenden IV-Kosten ausgesetzt. Als Unternehmen im Dienstleistungssektor stützt sich die LGT bei der Bereitstellung ihrer Kundenleistung sehr stark auf die IV, die von ca. 60 MitarbeiterInnen betrieben wird. Die angesprochene Kundenorientierung verlangt gerade im Private Banking eine sehr moderne IT, ohne die eine qualitativ hochstehende, individuell auf den Kunden ausgerichtete Arbeit der Kundenberater nicht möglich ist. So stützt sich die IV im Private Banking Bereich hauptsächlich auf elektronische Daten über Finanz-

---

[6] Selig (1991), S. 8

märkte, Konjunktur und Politik aus aller Welt, die aufbereitet und zusammen mit den Kundendaten interpretiert und präsentiert werden.

Die stetig wachsende Bedeutung der IV innerhalb der Bank hat in den letzten Jahren auch zu einer enormen Erhöhung der IV-Kosten geführt, was im Management vermehrt Besorgnis auslöst

Diese Kostenentwicklung veranlasst das Management, jede Investition im IV-Bereich auf deren Nutzen hin zu prüfen. Dies ist aber nicht ohne weiteres möglich. Denn oft bestehen keine detaillierten Übersichten über die IV-Kosten in den Unternehmen. Wo welche Kosten in welcher Höhe anfallen, ist völlig unklar. Gründe, weshalb ein Unternehmen die Kosten seiner IT-Landschaft nicht beziffern kann, liegen meist darin, dass:

- die Informationen, die für eine solche Betrachtung notwendig wären, gar nicht erhoben werden oder sich in fremdem Zahlenmaterial verstecken,
- die Ergebnisse solcher Untersuchungen oft rein technisch orientiert sind (z. Bsp. CPU-Sekunden, Druckzeilen oder Anzahl Transaktionen = x Rappen) und dann, weil sie von den Beteiligten nicht verstanden werden, mangels Akzeptanz zum Scheitern führen oder
- der Aufwand der Kostenerhebung der IV aufgrund fehlender methodischer Unterstützung falsch eingeschätzt wird, was zu ungenauen verzerrten Überschlagsrechnungen führt.[7]

Die fehlende Übersicht über die IV-Kosten und die Tatsache, dass sich nicht jede Investition in die IT-Infrastruktur für das Unternehmen direkt in der Erfolgsrechnung niederschlägt, führen dazu, dass sich der Unternehmer zu Recht die Fragen stellt:

„Ist die IT im Unternehmen ein Teil des Problems oder ist sie ein Teil der Lösung? Muss eine Erneuerung der IT erfolgen, weil sie als kostenverursachender Erfolgsfaktor gilt oder ist es gerade das Einsparungspotential in der IT, das helfen kann, Wettbewerbsvorteile für das Unternehmen zu realisieren?,,[8]

Die IT ist ein Teil der Lösung - aber nur dann, wenn es dem IV-Betreiber gelingt, die IV-Kosten zu ermitteln und die IV-Leistungen kostengerecht und transparent den IV-Benutzern anzubieten. Erst dann ist der Benutzer in der Lage, den Nutzen aus der Gegenüberstellung von Aufwand und Ertrag zu ermitteln. Ein Instrument zu entwickeln, welches die IV-Kosten transparenter gestaltet und ihre Ermittlung erleichtert, soll deshalb das Ziel dieses Beitrags sein.

---

[7] Vgl. Bullinger (1998), S. 14
[8] Bullinger (1998), S. 18

Daher wurde ein Konzept erarbeitet, das es ermöglicht, die Kosten im Client-Server-Umfeld weitgehend verursachungsgerecht auf die Benutzer zu verrechnen. Basis dafür ist ein IT-Produktkatalog für die LGT, der insbesondere auf die Bedürfnisse von Dienstleistungsunternehmen ausgerichtet ist. Das Modell lehnt sich dabei an den TCO-Ansatz (Total Cost Of Ownership Ansatz) der GartnerGroup an. Das TCO-Modell stellt auf eine zeitgemässe Strukturierung und Bewertung der IT-Kosten ab, die es ermöglicht, die IV-Leistungen mit Preisen zu versehen, die dann als katalogisierte und übersichtlich strukturierte Produkte den Benutzern angeboten werden können.

Der gesamte IV-Bereich kann damit als Profitcenter geführt werden, was eine erhöhte Transparenz für Betreiber und Benutzer bedingt. Beide gewinnen eine Übersicht über das IV-Leistungsangebot, welches im IT-Produktkatalog in verschiedene Module unterteilt und standardisiert wird. Vergleiche mit externen Anbietern und qualifizierte Outsourcing-Entscheidungen gehen einher mit einem besseren Kostenbewusstsein auf der Anbieterseite. Damit wird auch das Verhältnis zwischen Kosten und Nutzen transparenter, und es lassen sich Sparpotentiale in der IT erschliessen - ohne dabei den Nutzen wesentlich zu schmälern.

Zentrales Instrument der IV-Leistungsverrechnung ist der IT-Produktkatalog, dessen Entstehung und Struktur im folgenden vorgestellt wird. Er bildet, wie in Abbildung 2 dargestellt, das Bindeglied zwischen IV-Betreiber- und IV-Benutzer-Organisation. Neben der Informatik stellen auch andere Organisationseinheiten im Back-Office der LGT Bank Ressourcen zur Verfügung. Solche Einheiten sind z.B. Kompetenz-Zentren (Produktion), die sich aus Fachspezialisten zusammensetzen, Stäbe, die für die Verwaltung, die Infrastruktur, das Marketing usw. einer Unternehmung verantwortlich sind sowie der Bereich Distribution und Kunden.

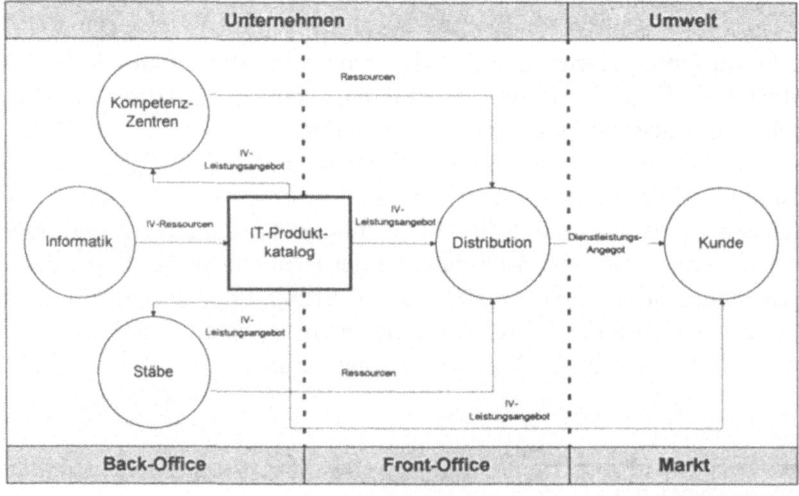

Abbildung 2: IT-Produktkatalog - Schnittstelle zw. IV-Betreiber und IV-Benutzer

Für die Ermittlung der Produkte eines IT-Produktkataloges bieten sich folgende Erhebungsmethoden an:

* Umfrage bei den Benutzern
* Bestandsaufnahme der Betreiber
* Markt- und Konkurrenzanalysen

Für den praktischen Fall wurde eine Kombination aller durchgeführt. Der IT-Produktkatalog ist in die in der Abbildung 3 dargestellten Produktgruppen „Hardware-Systeme,„ „Software-Systeme" und „Support" unterteilt.
In der Gruppe **Hardware-Systeme** werden alle IT-Produkte zusammengefasst, welche für den technischen Aufbau des IV-Arbeitsplatzes eines IV-Benutzers notwendig sind. Darunter fallen die IT-Produkte Desktop Computer, Workstation, Notebook, LAN-Anschluss und Zubehör wie Bildschirm, Tastatur, Maus oder Drucker.
Da diese IT-Produkte die Grundlage für jeden IV-Arbeitsplatz bilden, werden sie im folgenden auch IT-Basisprodukte genannt. Je nach Komplexität der IV-Anwendungen werden an die IT-Basisprodukte verschieden hohe Ansprüche gestellt. Es ist daher notwendig, dass die IT-Basisprodukte entsprechend ihrem Leistungspotential in verschiedene Kategorien (B1 bis B4) unterteilt werden. Für die LGT werden exemplarisch vier Kategorien unterschieden:

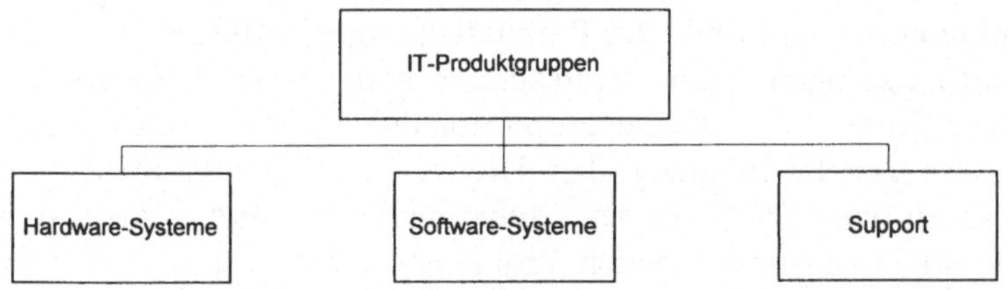

Abbildung 3: Produktgruppen im IT-Produktkatalog

* Das Data Entry-Product (B1) dient für Arbeiten, die hauptsächlich auf der Erfassung von Daten beruhen, wie es beispielsweise im Zahlungsverkehr der Fall ist. → niedriger Komplexitätsgrad
* Das Structured Task-Product (B2) umfasst die Kategorie von repetitiven und gut strukturierten Funktionen, wie sie etwa im Workflow-Bereich vorkommen. Hier findet sich hauptsächlich der Sachbearbeiter in den verschiedenen Kompetenz-Zentren im Backoffice wieder. → mittlerer Komplexitätsgrad
* Das Mobile-Product (B3) beinhaltet eine Kategorie von IV-Arbeitsplätzen für Mitarbeiter, die ihre Geräte auf Kundenbesuchen oder Geschäftsreisen mit-

nehmen müssen und dezentrale IV-Funktionen verlangen. → hoher Komplexitätsgrad

• Das High Performance-Product (B4) bezieht sich in der Regel auf jene Kategorie von IV-Arbeitsplätzen, welche Realtime-Funktionalitäten und hoch performante Abwicklung verlangen, wie die Arbeitsplätze der Händler, der Anlageberater und der Mitarbeiter in den verschiedenen Research-Abteilungen. → sehr hoher Komplexitätsgrad

Als **Software-Systeme** bezeichnet man alle IT-Produkte, die dem IV-Benutzer an seinem IV-Arbeitsplatz auf den dargestellten IT-Basisprodukten (B1-B4) bei seiner täglichen Arbeit (Produktion) unmittelbar zur Verfügung stehen.
Kostenrechnerisch beinhalten diese Produkte auch Leistungen aus Hilfskostenstellen der IV. Auf eine Darstellung der Leistungsverrechnung innerhalb der IV wird hier verzichtet und auf die Literatur verwiesen[9].
Unter **Support** werden diejenigen IT-Produkte (IV-Leistungen) zusammengefasst, die der IV-Betreiber dem IV-Benutzer direkt - d.h. in unmittelbarem Kontakt - erbringt. Es sind dies z.B. Helpdesk, Service- und Reparaturleistungen zur Erweiterung der Systeme, Schulung und Beratung.
Supportleistungen werden in der Regel für sämtliche Software-Systeme wie auch für die IT-Basisprodukte angeboten. Es ist daher vorteilhaft, die Formulierung pauschal für den ganzen IT-Produktkatalog auszulegen. In Ausnahmefällen kann man die Supportleistung mittels Symbolen (■, ▲,● usw.) in den jeweiligen Produkten markieren und am Ende des Produktkataloges aufführen. Die Verrechnung von Support-Leistungen kann verursachungsgerecht bei Inanspruchnahme erfolgen. Der Vorteil der Kostenproportionalität kann jedoch den Nachteil bedingen, dass der IV-Benutzer den Dienst des Supports nicht in Anspruch nimmt, da er zu teuer erscheint. Dies führt unter Umständen dazu, dass der IV-Benutzer versucht, die auftretenden Probleme selbst zu lösen, was mit hohem Zeitaufwand und grossem Fehlerrisiko verbunden sein kann. Es ist daher abzuwägen, ob Support-Leistungen immer verursachungsgerecht oder zumindest in Teilbereichen über die Basisprodukte verrechnet werden.
Der IT-Produktkatalog stellt sich damit wie in Abbildung 4 skizziert dar. Um eine optimale Abstimmung der Software- und Hardware-Systeme (B1 bis B4) zu erreichen, werden schwarze und weisse Balken verwendet. Der schwarz ausgefüllte Balken gibt an, welche Software-Systeme standardmässig auf den IV-Arbeitsplätzen (B1 bis B4) installiert sind. Der leere Balken zeigt an, welche Systeme optional installiert werden können. Ist kein Balken vorhanden, so kann das entsprechende Software-System nicht auf dem IV-Arbeitsplatz installiert werden.

---

[9] vgl. Britzelmaier (1999)

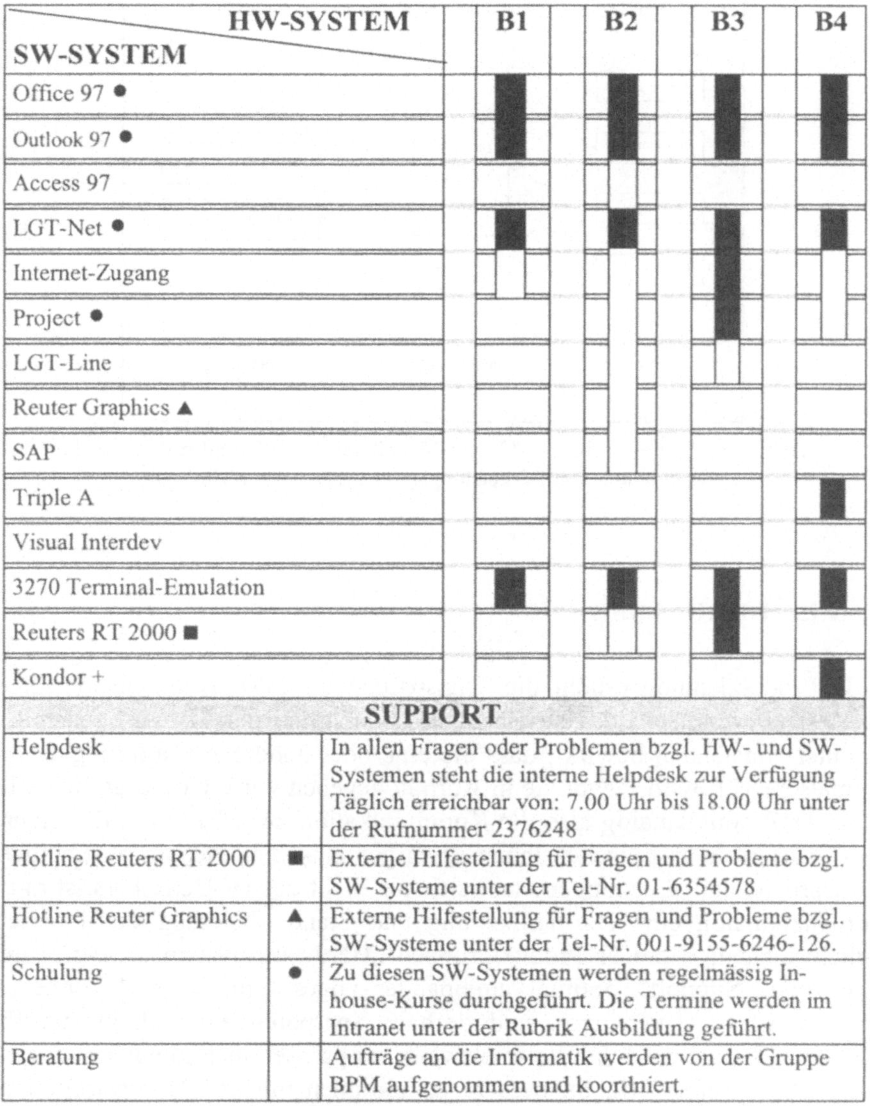

HW-SYSTEM / SW-SYSTEM	B1	B2	B3	B4
Office 97 ●				
Outlook 97 ●				
Access 97				
LGT-Net ●				
Internet-Zugang				
Project ●				
LGT-Line				
Reuter Graphics ▲				
SAP				
Triple A				
Visual Interdev				
3270 Terminal-Emulation				
Reuters RT 2000 ■				
Kondor +				

SUPPORT		
Helpdesk		In allen Fragen oder Problemen bzgl. HW- und SW-Systemen steht die interne Helpdesk zur Verfügung Täglich erreichbar von: 7.00 Uhr bis 18.00 Uhr unter der Rufnummer 2376248
Hotline Reuters RT 2000	■	Externe Hilfestellung für Fragen und Probleme bzgl. SW-Systeme unter der Tel-Nr. 01-6354578
Hotline Reuter Graphics	▲	Externe Hilfestellung für Fragen und Probleme bzgl. SW-Systeme unter der Tel-Nr. 001-9155-6246-126.
Schulung	●	Zu diesen SW-Systemen werden regelmässig In-house-Kurse durchgeführt. Die Termine werden im Intranet unter der Rubrik Ausbildung geführt.
Beratung		Aufträge an die Informatik werden von der Gruppe BPM aufgenommen und koordniert.

Abbildung 4: Der IT-Produktkatalog

Die Ermittlung der Kosten für die IV-Produkte kann wie in Abbildung 5 skizziert erfolgen. Um den Rahmen dieses Beitrages nicht zu sprengen, sei auf andere Abhandlungen, die die IV-Kostenträgerrechnung dezidiert behandeln, verwiesen[10].

---

[10] Vgl. Britzelmaier (1999)

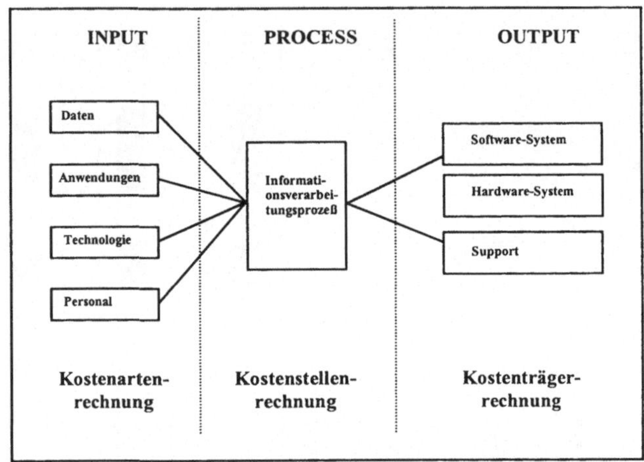

Abbildung 5: Input-/Process-/Output-Modell der IV als Grundstruktur für die Verrechnung von IV-Leistungen im Client-Server-Umfeld[11]

4   Fazit und Ausblick

Der IT-Produktkatalog erhöht die Transparenz für IV-Leistungen und -Kosten. Das Kostenbewusstsein der IV-Benutzer hinsichtlich der IT wird sensibilisiert, was unter Umständen bewirkt, dass die eine oder andere Anforderung an die IT nochmals geprüft wird, bevor sie in Auftrag gegeben wird. Grundsätzlich erleichtert der IT-Produktkatalog also die Kommunikation zwischen dem Betreiber und dem Benutzer, da er zwischen ihnen einen gemeinsamen Nenner hinsichtlich der IV-Ansprüche und -Leistungen etabliert. Aus Sicht des IV-Betreibers ist mit dem IT-Produktkatalog eine Harmonisierung und Standardisierung der internen IT möglich; d.h., dass die IT-Produktgruppen „Hardware-Systeme,„ „Software-Systeme" und „Support" optimal aufeinander abgestimmt werden können, was Doppelspurigkeiten verringert und deshalb Sparpotentiale bedingt. So führen homogene IT-Basisprodukte beispielsweise zu grösserem Einkaufsvolumen, was es dem IV-Betreiber erlaubt, bessere Konditionen mit den Hardwarelieferanten auszuhandeln. Schliesslich kann die Ausbildung der IV-Betreiber verbessert werden, da eine Spezialisierung aufgrund der homogenen IT-Basisprodukte unternehmensweit eingesetzt werden kann. Es lässt sich ausserdem die Systemvielfalt reduzieren; d.h. jeder IV-Benutzer hat für die gleiche IV-Funktion dasselbe System. Dies führt zum einen zu einer Verringerung der Schnittstellenproblematik und zum anderen kann der Ausbildungstand der IV-Benutzer

---

[11] Vgl. Britzelmaier (1995), S. 58

unternehmensweit auf dasselbe Niveau gebracht werden. Dies hat den Vorteil, dass IV-Betreiber und IV-Benutzer besser geschult werden können, was die Anwendung und den Support der Systeme wesentlich steigert. Aufgrund der besseren Übersicht können IT-Basisprodukte den Anforderungen der Systeme entsprechend ausgestattet werden. Damit wird erreicht, dass Systeme stabiler laufen d.h. die Fehlerquote verringert wird, und somit die Produktivität der IV-Benutzer gesteigert werden kann. Zusätzlich benötigen stabilere Systeme weniger Support durch die IV-Betreiber, was wiederum eine Reduktion der IV-Kosten ermöglicht. Auch die Relation zu anderen Unternehmen wird erleichtert. IT-Produkte können einfacher mit Produkten externer Anbieter verglichen werden. Dies kann als eine Entscheidungshilfe auch im Hinblick auf „make or buy" bzw. Outsourcing dienen. Die Preisgestaltung für IT-Produkte kann zudem zur Steuerung der Produktauswahl im Sinne der Unternehmensstrategie eingesetzt werden. D.h. besonders förderungswürdige IT-Produkte werden billiger angeboten als andere. Und schliesslich lässt der differenzierte Ausweis der Kosten für einen IV-Arbeitsplatz zu, dass der IV-Benutzer die IT-Kosten in seine Kosten-Nutzenbilanz einfliessen lässt und somit die IT mit ein Bestandteil der Erfolgsbetrachtung wird. Erheblich erleichtert bzw. erst ermöglicht wird auch die Budgetierung der IV. Allerdings weist der IT-Produktkatalog auch gewisse Mängel auf. Insbesondere Nachteile oder Einschränkungen auf Seiten der Benutzer sowie Debatten über die Kostenlastigkeit gehören dazu. So dient die angesprochene Standardisierung und Harmonisierung in erster Linie dem IV-Betreiber und kann aus Sicht des IV-Benutzers als Einschränkung seiner Wahlmöglichkeiten verstanden werden. Diese Kritik ist insofern berechtigt, als der IV-Benutzer z.B. nicht mehr die Möglichkeit hat, genau denjenigen Internet-Browser installieren zu lassen, den er möchte (oder von zu Hause kennt), sondern nur den Browser auswählen kann, den der IV-Betreiber im IT-Produktkatalog anbietet. In diesem Zusammenhang muss der IV-Betreiber berücksichtigen, dass es sich nicht um rein rationale Begründungen handelt, die den IV-Benutzer zur Auswahl eines bestimmten IT-Produktes bewegen, sondern dass die freie Wahl von Systemen und IT-Basisprodukten bei der Zusammenstellung eines IV-Arbeitsplatzes als eine Art Selbstbestimmungsrecht des IV-Benutzers verstanden wird. Aufklärungsarbeit der IV-Betreiber können einem möglicherweise vorhandenen Missmut Abhilfe leisten und dem IV-Benutzer die Vorteile aufzeigen, welche die mit dem IT-Produktkatalog angestrebte Standardisierung und Harmonisierung mit sich bringt. In einigen Fällen kann es auch sinnvoll sein, dass der IV-Benutzer IT-Produkte von externen Anbietern einbringen kann; in diesen Fällen muss aber der IV-Benutzer die Verantwortung für Support usw. selbst übernehmen. Als weiterer Kritikpunkt kann die Verrechnung der IT-Produkte über die Preise angeführt werden. Da die Preise aus Sicht des IV-Benutzers wiederum als Kosten verstanden werden, fördert die Auflistung der

Preise die Tendenz, IT-Produkte ausschliesslich anhand ihrer Kosten zu bewerten und ihren Nutzen zu vernachlässigen. Dies kann dazu führen, dass Kosteneinsparungen gemacht werden, die das Nutzenpotential eines IT-Produktes für den IV-Benutzer unverhältnismässig stark schmälern. Deswegen muss der Kostenabwägung immer auch eine Nutzenabwägung gegenüber stehen. Insgesamt wird der TCO-Ansatz durch die vorgestellte Struktur auf die betriebliche Praxis angepasst und operationalisierbar.

Literatur:

Bornemann, K.; Gassner, V. P. (1994): Der Entwicklungsprozess von Anwendungssystemen bei der Einführung von Standardsoftware, in: Dobschütz, v. L.; Kisting, J.; Schmidt, E. (Hrsg.): IV-Controlling in der Praxis, Kosten und Nutzen der Informationsverarbeitung, Wiesbaden 1994, S. 89-112

Britzelmaier, B. (1995): Eine Grundrechnung als Basis für einen Profit Center-Ansatz in der Informationsverarbeitung, in: Herget, J.; Schwuchow, W. (Hrsg.): Informationscontrolling, Konstanz 1995, S. 48-73

Britzelmaier, B. (1999): Informationsverarbeitungs-Controlling - Ein datenorientierter Ansatz, Stuttgart/Leipzig

Bullinger, H.-J. et al.: Praxisorientierte TCO-Untersuchung: Ein Vorgehensmodell. Information Management 2/98, pp. 13-18.

Haas, P. A. (1992): EDV-Controlling in der Praxis, in: Huch, B. et al. (Hrsg.): EDV-gestützte Controlling-Praxis, Anwendungen in der Wirtschaft, Frankfurt am Main 1992, S. 179-196

Kosiol, E. (1972a): Die Unternehmung als wirtschaftliches Aktionszentrum, Reinbek 1972

Ortner, E. (1993): Von der Datenmodellierung zum Informationsmanagement, in: Müller-Ettrich, G. (Hrsg.): Fachliche Modellierung von Informationssystemen, Bonn/Paris 1993, S. 19-59

Selig, J. (1991): Koordination zentraler Informationsverarbeitungsstrategien des Konzerns mit dezentralen IV-Dienstleistungen, in: Informationscontrolling-Ziele und Wege für das Informationscontrolling der 90er Jahre. Unterlagen zur Fachtagung des Betriebswirtschaftlichen Instituts für Organisation und Automation (BIFOA) an der Universität zu Köln, 30.September - 1.Oktober 1991 in Köln, Köln 1991

Konzeption einer Prozesskostenrechnung für die Raiffeisenbank Feldkirch

Dipl.-Ing. Andreas Benz
Raiffeisenbank Feldkirch

1 Prozesskostenrechnung, Zielsetzung und Vorgehensweise

Steigender Konkurrenzdruck, niedrigeres Zinsniveau, kleinere Margen - dies alles sind Signale für einen Strukturwandel, dem sich die Banken unterziehen müssen, um Wettbewerbsvorteile zu erzielen. Deshalb wird ein gezieltes Kostenmanagement gefordert, welches die Prozesse im Unternehmen effizient abrechnen lässt.

Was kostet die Abwicklung eines Kreditauftrages bzw. eines Überweisungsauftrages? Wie lange dauert die Bewilligung des Kreditantrages bis zur Auszahlung an den Kunden? In welchen Abläufen gibt es noch Optimierungsmöglichkeiten?

Dies sind Fragen, auf die sich mit den derzeitigen Kostenrechnungssystemen keine aufschlussreichen Antworten finden lassen. Grund dafür ist die mangelhafte Zurechenbarkeit der Gemeinkosten zu den einzelnen Tätigkeiten. Wir suchen nach Kostenrechnungsverfahren, die es erlauben, die Gemeinkosten zu analysieren und differenziert zu verrechnen. Eine verursachungsgerechtere Verrechnung der Gemeinkosten wird durch die Prozesskostenrechnung erreicht. Mit Hilfe der Prozesskostenrechnung wird es ermöglicht, die Kostenstellenkosten auf die einzelnen Teilprozesse einer Kostenstelle zu verteilen. Werden die einzelnen Teilprozesse zu Hauptprozessen zusammengefasst, so können die Prozesskosten für den einmaligen Ablauf des Hauptprozesses kalkuliert werden. Mayer definiert die Prozesskostenrechnung folgendermassen:

„Die Prozesskostenrechnung verstehen wir als einen neuen, das Management unterstützenden Ansatz zur Beherrschung der nach wie vor wachsenden Gemeinkostenbereiche aller Unternehmen. Es findet eine Fokussierung auf die Geschäftsprozesse als Ursache und Begründung des Kostenanfalls statt."[1]

Das Hauptaugenmerk der Prozesskostenrechnung liegt darin, den Geschäftsprozessen eines Unternehmens die verursachten Kosten zuzuordnen. Dabei wird wie folgt vorgegangen. In der **Tätigkeitsanalyse** wird jeder Hauptprozess in seine einzelnen Tätigkeiten zerlegt. Es wird untersucht, welche Tätigkeiten innerhalb einer Abteilung erforderlich sind, um diesen Prozess auszuführen. Danach werden

---

[1] R. Mayer (1998), S. 5

192

den Prozessen die verursachten Kosten zugeordnet und die **Prozesskosten-treiber ermittelt.** „Die Cost Driver bilden die Bezugsgrösse für die Verrechnung der Kosten der Prozesse auf die Kostenträger bzw. Produkte."[2] Sie sind demnach eine quantifizierbare, mengenorientierte Mess- bzw. Zahlgrösse für die Anzahl der durchgeführten Prozesse. Zum Schluss werden die **Prozesskostensätze ermittelt.** Zuerst werden die Prozesskostensätze für die lmi (leistungsmengeninduzierte)-Prozesse festgelegt, wobei in der zweiten Phase die Kosten der lmn-Prozesse umgelegt werden. Resultat ist danach ein Prozesskostensatz (aus den lmi Kosten), ein Umlagesatz (aus den lmn Kosten) und ein Gesamtprozesskostensatz (Summe des Prozesskostensatzes und des Umlagesatzes). Um einen leistungsmengeninduzierten Prozess handelt es sich, wenn ein Teilprozess einem Hauptprozess zugeordnet werden kann. Die leistungsmengeninduzierten Prozesse sind vom Leistungsvolumen (Beschäftigung) einer Kostenstelle abhängig. Leistungs-mengenneutrale (lmn) Prozesse sind keinem Hauptprozess zugeordnet. Als leistungsmengenneutraler Prozess könnte die Leitung einer Abteilung genannt werden.[3]

Als letzter und besonderer Vorgehensschritt werden die **einzelnen Teilprozesse zu kostenstellenübergreifenden Hauptprozessen zusammengeführt.** Die Pro-zesskostensätze werden addiert und somit kann ein Hauptprozess kalkuliert werden.

Die Prozesskostenrechnung ist für folgende Einsatzmöglichkeiten geeignet.

- das Gemeinkostenmanagement
- die strategische Kalkulation
- die Kundenprofitabilitätsanalyse

Das **Gemeinkostenmanagement** dient hauptsächlich dem Treffen von Ratio-nalisierungsmassnahmen, wozu man die Prozesskosten und Prozesskostensätze benötigt. Werden die Prozesse analysiert, so wird man feststellen, dass nicht alle Prozesse werterhöhend wirken. Diese nicht werterhöhenden Prozesse kann man durch das Gemeinkostenmanagement versuchen einzuschränken bzw. zu vermei-den, ohne die Leistungsfähigkeit, Qualität usw. für den Kunden zu beeinträchtigen. Neben der Analyse von Prozessen gibt die Prozesskosten-rechnung auch Entscheidungsmöglichkeiten für das Outsourcing von Prozessen. Entscheidungen über Eigenfertigung bzw. Fremdbezug haben bereits auch strate-gische Bedeutung erlangt. Hierbei wird der Bezugspreis für den Prozess mit den Prozesskosten der Eigenfertigung verglichen.[4]

---

[2] U. Rüegsegger (1996), S. 177

[3] Vgl. U. Rüegsegger (1996), S. 170

[4] Vgl. R. Ewert, A. Wagenhofer (1993), S. 279 ff.

Bei der **strategischen Kalkulation** sollen mit Hilfe der Prozesskostenrechnung die langfristigen Produktkosten ermittelt werden. Diese langfristigen Produktkosten sind für mehrere strategische Entscheidungen von Bedeutung, wie zum Beispiel die Entscheidung für oder gegen eine Änderung des langfristigen Produktionsprogrammes (Anzahl der Produktvarianten, Forcierung bestimmter Produkte ...) oder für die Preisfestlegung bzw. Neuaufnahme eines Produktes.

Mit der Prozesskostenrechnung werden auch die Gemeinkosten des Vertriebes verrechnet. Es gibt verschiedene Kunden, welche sich aus kostenorientierter Sicht nach dem Auftragsvolumen, nach Sonderwünschen, dem Wunsch nach Spezialisten oder nach der Lieferart bzw. Liefermenge usw. unterscheiden. Je nach Art von Kunde werden unterschiedlich hohe Gemeinkosten verursacht. Durch diese Verrechnung der Gemeinkosten kann durch die Prozesskostenrechnung eine **Kundenprofitabilitätsanalyse** durchgeführt werden, bei der strategische Entscheidungen getroffen werden können, ob ein Kunde eher gewinnbringend oder verlustträchtig ist.[5]

2 Anwendung der Prozesskostenrechnung für eine Bank

Zu der **Umwelt einer Bank** zählen unter anderem die Mitbewerber. Die Ausweitung der Dienstleistungsgeschäfte, die technische Entwicklung und die Konditionenpolitik der Banken haben zur Errichtung von Sonderbanken und banknahen Unternehmungen geführt. Dies bedeutet, dass die Zukunft immer mehr vom traditionellen Bankgeschäft in Richtung Sonderbanken und banknahe Unternehmungen wandert. Solche Sonderbanken und banknahe Unternehmungen sind z.B. Kreditkartengesellschaften, Geldausgabeautomaten, Factoring-Gesellschaften, Leasing-Gesellschaften usw.

Durch die moderne Technologie, wie z.B. den Einsatz von Kontoauszugsdruckern, Bankomaten und vielen mehr, kann bzw. muss die effiziente Beratung an den Schaltern vermehrt zunehmen. Damit diesem vermehrten Konkurrenzdruck Widerstand geleistet werden kann, wird die Prozesskostenrechnung im Bankenbereich für verschiedene Funktionen eingesetzt:[6]

- Das Verkaufen von Produkten verursacht Kosten in verschiedenen Kostenstellen. Durch das Bilden von Prozesskosten wird ein transparenter Überblick

---

[5] Vgl. R. Ewert, A. Wagenhofer (1993), S. 284
[6] Vgl. E. Tschmelitsch, G. Krause (1998), S. 357 f.

der angefallenen Kosten eines Produktes und Dienstleistungen ermöglicht. Dies führt zu einer genaueren Produktkalkulation und Vertriebssteuerung.

- Durch die niedrigeren Margen und den vermehrten Konkurrenzdruck im Bankensektor können die Prozesskosten für strukturelle, strategische Fragestellungen herangezogen werden. (z.B.: Bankstellentypisierung, welche sich mit der optimalen Filialgrösse beschäftigt). Die Prozesskostenrechnung ist für die Beantwortung solcher Fragen geeignet, da sich die Kosten auf die verschiedenen Ressourcen (z.B.: Personalkosten, Raumkosten, EDV-Kosten usw.) eines Prozesses beziehen.

- Die Prozesse (z.B.: Sparbucheinzahlung, Überweisungsauftrag) können mit anderen Kreditinstituten gut verglichen werden. Deshalb wird oft ein Benchmarking auf der Basis der Prozesskostenrechnung angesetzt.

3   Vorgehensweise für die Bank

Es wird nach den Vorgehensschritten Geschäftsprozessmodellierung, Tätigkeitsanalyse, Ermittlung der Prozesskostensätze und Zusammenfassung zu Hauptprozessen vorgegangen.

Bei der **Geschäftsprozessmodellierung** werden die Hauptprozesse des Kreditinstitutes aufgestellt. Mögliche Hauptprozesse einer Bank sind unter anderem:

- Kreditprozess
- Überweisungsauftrag
- Spareinzahlung/ Sparauszahlung
- Sparrealisat
- Verkauf einer Lebensversicherung
- Wertpapierkauf

Diese Prozesse werden in die abteilungsinternenen Teilprozesse zerlegt und mit dem ARIS-Tool (Architektur integrierter Informationssysteme) modelliert. Dieses Tool von Prof. Scheer ist im Bereich der Wirtschaftsinformatik für die Prozessmodellierung weit verbreitet. Wurden die Teilprozesse modelliert und optimiert, sodass sie dem Soll-Prozess entsprechen, so erfolgt die Tätigkeitsanalyse. Hierbei werden für jeden Teilprozess einer Kostenstelle die Funktionen aufgesplittet und die beanspruchte Kapazität für die Bearbeitung der Funktion ermittelt. Weiters erfolgt in diesem Schritt auch die Ermittlung der cost-driver. Danach erfolgt die Ermittlung der Prozesskostensätze. Für jede Kostenstelle werden die Kostenstellenkosten auf die einzelnen Teilprozesse, welche in dieser Kostenstelle bearbeitet werden, verteilt. Somit wird ermittelt, wieviel die Bearbeitung eines Teilprozesses in der Kostenstelle kostet. Werden die ermittelten Prozesskosten je Teilprozess auf die Hauptprozesse zugeordnet, so kann im letzten Schritt „Zusammenfassung zu Hauptprozessen" die einmalige Durchführung des Hauptprozesses kalkuliert werden.

Im Rahmen dieses Beitrages soll von den genannten Hauptprozessen exemplarisch für den Überweisungsauftrag eine Prozesskostenrechnung aufgebaut werden.

4 Prozesskostenrechnung für Überweisungsauftrag

Beim Überweisungsauftrag erfolgt eine Unterteilung in

- Überweisungsauftrag mit Kontodeckung und
- Überweisungsauftrag ohne Kontodeckung

In diesem Beispiel wird nur der Hauptprozess „Überweisungsauftrag mit Kontodeckung" behandelt. Ist auf dem Girokonto der zu überweisende Betrag vorhanden, bzw. darf das Girokonto in diesem Ausmass überzogen werden, so umfasst dieser Hauptprozess „Überweisungsauftrag mit Kontodeckung" die drei Teilprozesse „Überweisung formell prüfen (TP 1)", „Kontodeckung prüfen (TP 2)", und „Überweisung buchen (TP 3)". Die **Abbildung 1** soll diesen Hauptprozess verdeutlichen.

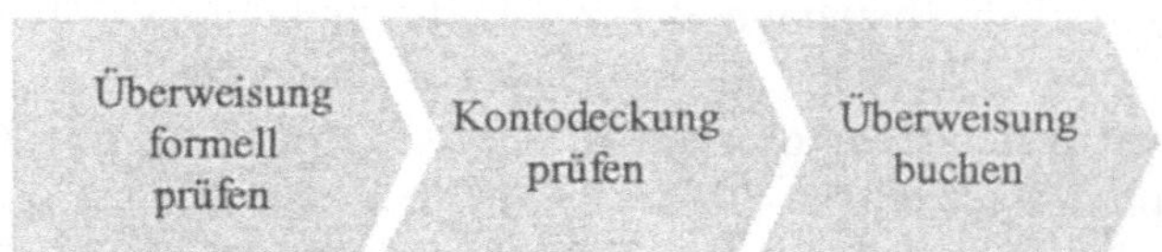

Abbildung 1: Hauptprozess "Überweisungsauftrag mit Kontodeckung"

Im Teilprozess „Überweisung formell prüfen" soll das Überweisungsformular (= Zahlschein oder Girokarte) auf alle notwendigen Bestandteile hin überprüft werden. Dazu zählt die Prüfung, ob das Formular mit allen Daten komplett und richtig ausgefüllt ist und ob die Unterschrift mit der Zeichnungsberechtigung zusammenstimmen. Es dürfen nur jene Kunden von einem Konto Abhebungen bzw. Überweisungen tätigen, welche auch berechtigt sind, über das Konto zu verfügen (= Zeichnungsberechtigung). Im zweiten Teilprozess „Kontodeckung prüfen" wird überprüft, ob der zu überweisende Betrag auf dem Konto vorhanden ist bzw. ob das Konto in diesem Rahmen überzogen werden darf. Ist das Konto überzogen, so muss ein Kundenberater oder Kundenbetreuer über die Durchführung entscheiden, was in diesem Hauptprozess nicht modelliert wurde. Dieser Teilprozess wäre im Hauptprozess „Überweisungsauftrag ohne Kontodeckung" modelliert. Ist das Konto gedeckt, oder wurde die Überweisung durch einen Kundenberater/Kundenbetreuer freigegeben, so ist das Kurzzeichen des Mitarbeiters auf dem Beleg zu vermerken. Sind die ersten beiden Teilprozesse erfolgreich abgehandelt, so wird im dritten Teilprozess „Überweisung buchen" nun tatsächlich die Buchung von der Zahlungsverkehrsabteilung durchgeführt. Hier wird der Beleg mit speziellen Belegscannern eingescannt und die Daten mit Hilfe von OCR Software erkannt. Jene Informationen, die nicht erkannt werden konnten, werden von einem Mitarbeiter ergänzt und nachbearbeitet. Nach der Freigabe der Belege erfolgt automatisch die Verbuchung, und die Belege können abgelegt werden.

Diese Teilprozesse sollen im folgenden als EPK (ereignisgesteuerte Prozesskette) grafisch dargestellt werden. Bei einem EPK handelt es sich um eine Modellierungsart für Geschäftsprozesse, welche mit dem ARIS-Tool von Prof. Scheer durchgeführt werden kann.

In der folgenden **Tätigkeitsanalyse** wird für jede Funktion eines Teilprozesses die Menge und die Mengeneinheit aufgenommen. Weiters sind in den nachstehenden Tabellen für die Abrechnung der Prozesse wichtige Informationen wie die cost-driver und die Kostenstellen ersichtlich. Für die Abrechnung des Überweisungsauftrages sind folgende Kostenstellen mit einbezogen:

- 00 Schalter (beinhaltet die Kassiere, Kundenberater und die Mitarbeiter im Kundenservice)
- 72 Zahlungsverkehr (beinhaltet den ZV-Leiter und die ZV-Mitarbeiter)

Im folgenden wird der Hauptprozess „Überweisungsauftrag mit Kontodeckung" in seine Teilprozesse zerlegt. Diese Teilprozesse bestehen aus verschiedenen Funktionen, von welchen die beanspruchte Zeit ermittelt wurde. Die Ermittlung der Zeiten basiert auf mehreren Messungen. Von diesen Messungen wurde ein Durchschnittswert gebildet, deshalb kann es auch Zeiten im Sekundenbereich geben.

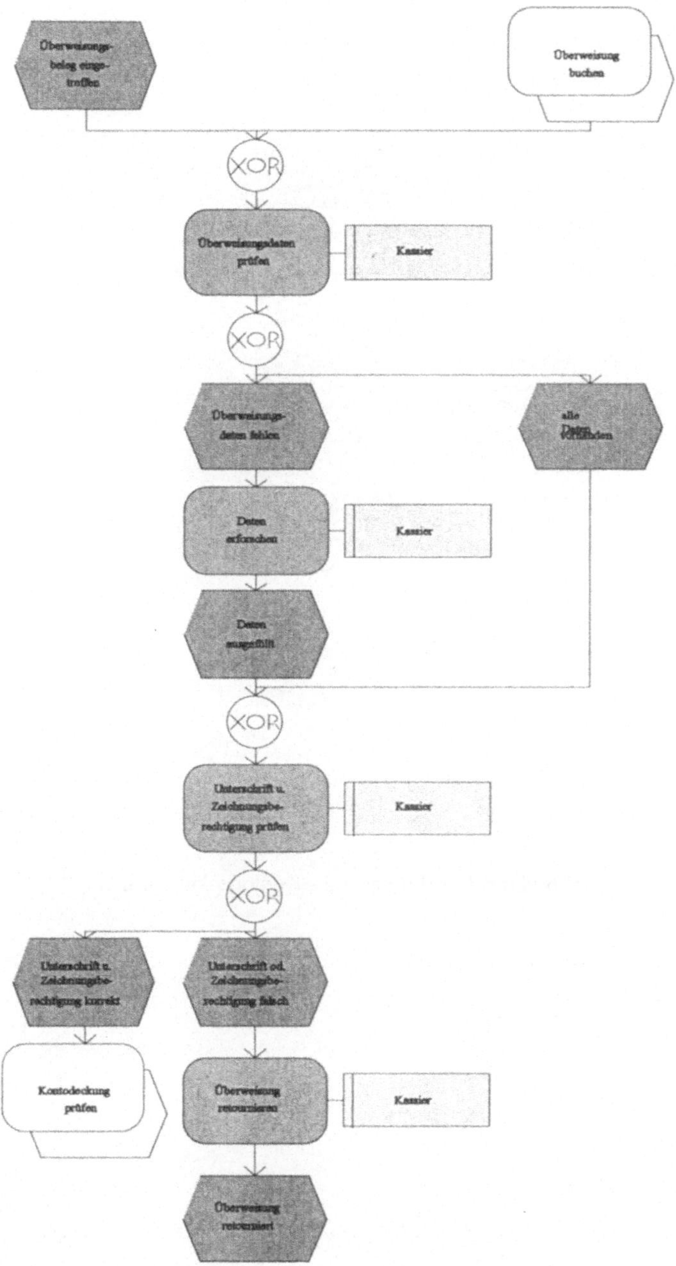

Abbildung 2: Teilprozess 1 - Überweisung formell prüfen

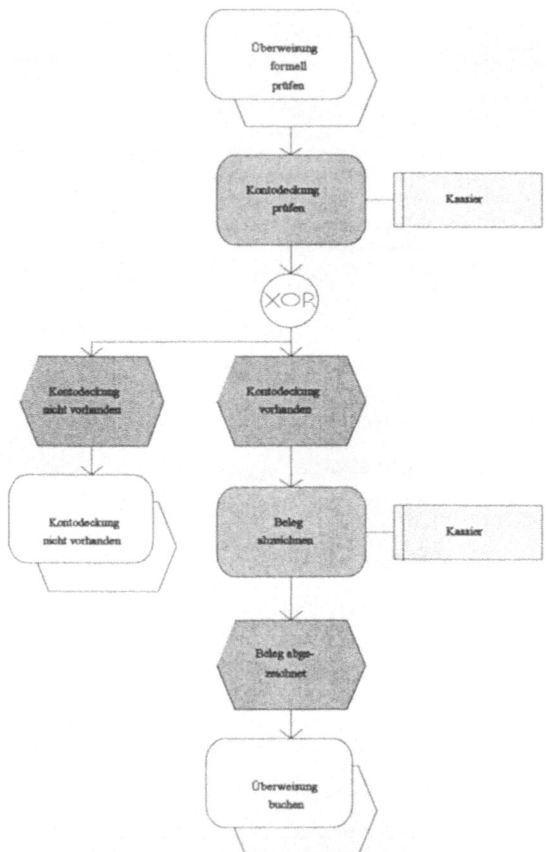

Abbildung 3: Teilprozess 2 - Kontodeckung prüfen

Abbildung 4: Teilprozess 3 - Überweisung buchen

Teilprozess 1:	Überweisung formell prüfen					
Abteilung:	Schalter (Kassier)					
Kostenstelle:	00 (Schalter Feldkirch)					
Tätig-keitsnr.	HP	Bezeichnung	Menge	ME	cost driver	Kosten-stelle
1	01	Überweisungsdaten prüfen	15	sec	Beleg	Schalter
2	01	Daten erforschen	0,5	min	Beleg	Schalter
3	01	Unterschrift u. Zeichnungsbe-rechtigung prüfen	15	sec	Beleg	Schalter
	01	**Gesamt**	**1**	**min**	**Beleg**	**Schalter**

Tabelle 1: Tätigkeitsliste - Überweisung formell prüfen (Teilprozess 1)

Teilprozess 2:	Kontodeckung prüfen					
Abteilung:	Schalter (Kassier)					
Kostenstelle:	00 (Schalter Feldkirch)					
Tätig-keitsnr.	HP	Bezeichnung	Menge	ME	cost driver	Kosten-stelle
1	01	Kontodeckung prüfen	15	sec	Beleg	Schalter
2	01	Beleg abzeichnen	15	sec	Beleg	Schalter
	01	**Gesamt**	**0,5**	**min**	**Beleg**	**Schalter**

Tabelle 2: Tätigkeitsliste - Kontodeckung prüfen (Teilprozess 2)

In der nachstehenden Tabelle **(Tabelle 4)** werden sämtlichen Teilprozessen die Prozesskosten zugeordnet. Dazu werden für jede Kostenstelle die gesamten Kostenstellenkosten auf die einzelnen Teilprozesse verteilt.

Dieser Vorgang soll exemplarisch anhand der Kostenstelle 72 Zahlungsverkehr gezeigt werden:

Teilprozess 3:	Überweisung buchen					
Abteilung:	ZV-Abteilung (ZV-Leiter, ZV-Mitarbeiter)					
Kostenstelle:	72 Zahlungsverkehr					

Tätig-keitsnr.	HP	Bezeichnung	Menge	ME	cost driver	Kosten-stelle
1	01	Beleg prüfen	4	sec	Beleg	ZA
2	01	Empfangsbestätigung stempeln	2	sec	Beleg	ZA
3	01	Bestätigung an Kassier weiterleiten	5	sec	Beleg	ZA
4	01	Beleg scannen	15	sec	Beleg	ZA
5	01	Beleg nachbearbeiten	10	sec	Beleg	ZA
6	01	Beleg freigeben und verbuchen	2	sec	Beleg	ZA
7	01	Beleg ablegen	2	sec	Beleg	ZA
	01	**Gesamt**	**40**	**sec**	**Beleg**	**ZA**

Tabelle 3: Tätigkeitsliste - Überweisung buchen (Teilprozess 3)

1. Die Felder Teilprozessnummer, Bezeichnung, cost-driver, Menge und Minuten werden aus der Tätigkeitsanalyse übernommen. Die Kapazität der sonstigen Teilprozesse bildet die Differenz auf die gesamte Kapazität der Kostenstelle. Die lmn-Tätigkeiten wurden angenommen.
2. Die Spalte „Gesamt" der Kapaziätszuordnung wird durch die Multiplikation der Menge mal den Minuten errechnet.
3. Berechnung der gesamten Kapazität der Kostenstelle in Minuten:
   In dieser Kostenstelle „Zahlungsverkehr" arbeiten drei Mitarbeiter. Als gesamte Jahreskapazität werden 306.000 Arbeitsminuten angenommen. Dieser interne Wert wurde folgendermassen errechnet:

   > 52 Wochen (1 Jahr)
   > - 5 Wochen für Urlaub
   > - **3 Wochen für Schulungen, Krankheit und Feiertage**
   > = 44 Arbeitswochen * 38,5 Stunden/Woche * 60 Minuten
   > = ~ 102.000 Arbeitsminuten / Jahr * 3 Mitarbeiter
   > = **~ 306.000 Arbeitsminuten / Jahr**

4. Ermittlung der gesamten Kostenstellenkosten von ATS 3.900.000,00 aus der Kostenstellenrechnung
5. Division der Kostenstellenkosten von 3.900.000 durch die gesamte Kapazität von 306.000 Arbeitsminuten pro Jahr und es wird ein Berechnungsfaktor von 12,7450980392 errechnet.
6. Berechnung der Prozesskosten lmi:
   Dieser errechnete Faktor von 12,7450... wird mit der gesamten Kapazität eines Teilprozesses von 253.031,46 multipliziert.
7. Berechnung der Prozesskosten lmn:
   Division der gesamten lmn-Kosten von 624.509,81 durch die Summe aller lmi-Kosten von 3.275.490,19. Der Faktor wird mit den lmi-Kosten des jeweiligen Teilprozesses multipliziert.

202

8. Berechnung der Prozesskosten gesamt:
   Addition der lmi-Prozesskosten und der lmn-Prozesskosten.
9. Berechnung lmi-Prozesskostensatz:
   Division der lmi-Prozesskosten von 3.224.910,76 durch die Menge des Teilprozesses von 383.381.
10. Berechnung der gesamten Prozesskosten:
    Division der gesamten Prozesskosten von 3.839.777,02 durch die Menge des Teilprozesses von 383.381.

72 Zahlungsverkehr

Erfaßte Aktivitätsbündel			Kapazitäts-/Zeitermittlung			Kapazitätsbewertung gemäß Kapazitäts-/Zeitanteil					
Teilprozesse		Maßgrößen		Kapazitätszuodnung		Prozeßkosten			Prozeßkostensatz		Zuordnung
Nr.	Bezeichnung	cost-driver	Menge	Minuten	gesamt	lmi	lmn	gesamt	lmi	gesamt	auf HP
7	Überweisung buchen	Beleg	383.381	0,66	253.031,46	3.224.910,76	614.866,26	3.839.777,02	8,41	10,02	02/03
	sonstige TP				2.968,54	50.579,43	9.643,55	60.222,98			
	lmn-Tätigkeiten				50.000,00		624.509,81				
	Summe Kapazität / Kostenstellenkosten				306.000			3.900.000			
Sequenzen von Hauptprozessen		Kapazitäts-/Zeitermittlung				Kostensummen je Prozeß			Stückkosten je Prozeß		

Tabelle 4: Ermittlung Prozesskostensatz für Kostenstelle 72 (Zahlungsverkehr)

Auf die Angabe der gesamten Tabelle der Kostenstelle 00 Schalter wurde verzichtet. Es werden nur die errechneten Werte für die betreffenden Teilprozesse angegeben.

Teilprozesse		Massgrössen		Prozesskosten			Prozesskosten-satz	
Nr.	Bezeichnung	cost-driver	Menge	lmi	lmn	gesamt	lmi	gesamt
1	Überweisung formell prüfen	Beleg	11.276	116.076,47	38.692,16	154.768,63	10,29	13,73
2	Kontodeckung prüfen	Beleg	11.276	58.038,23	19.346,08	77.384,31	5,15	6,86

Tabelle 5: Ergebnis der Ermittlung des Prozesskostensatzes für Kostenstelle 00 (Schalter)

Als letzter Schritt werden die Teilprozesse der einzelnen Kostenstellen zu den Hauptprozessen zusammengefasst. Im vorherigen Vorgehensschritt wurden für jeden Teilprozess Prozesskosten berechnet. Die gesamten Prozesskosten entsprechen den Stückkosten je Prozess. Werden diese Prozesskostensätze der einzelnen Teilprozesse für einen Hauptprozess addiert, so erhalten wir die Kosten für die einmalige Abwicklung eines Hauptprozesses.

Diese Addition wird in untenstehender Tabelle durchgeführt. Als Ergebnis sieht man nun deutlich, dass die einmalige Durchführung eines Überweisungsauftrages mit Kontodeckung ATS 30,61 kostet.

Hauptprozess		Teilprozess		Prozesskosten		
Nr.	Bezeichnung	Nr.	Bezeichnung	lmi	gesamt	
1	Überweisungsauftrag mit Kontodeckung	5	Überweisung formell prüfen	10,29	13,73	
		6	Kontodeckung prüfen	5,15	6,86	
		7	Überweisung buchen	8,41	10,02	**30,61**

Tabelle 6: Zusammenfassung zu Hauptprozessen

5   Ausblick

Damit die Kreditinstitute ein erfolgreiches Betriebsergebnis erzielen, müssen die zu verkaufenden Produkte bzw. Dienstleistungen mit Preisen versehen werden. Zum Beispiel bezahlt der Kunde für jede Buchung auf seinem Girokonto oder für jede Überweisung einen Spesenbetrag. Das Problem für die Bank liegt aber darin, diesen Spesensatz festzulegen, damit zum Jahresende ein erfolgreiches Betriebsergebnis erzielt wird. Deshalb ist die Prozesskostenrechnung sicherlich ein Hilfsmittel, um feststellen zu können, was die Bearbeitung zum Beispiel eines Überweisungsauftrages überhaupt kostet. Im gesamten ist es für ein Kreditinstitut sehr schwer, eine Prozesskostenrechnung aufzubauen, da die Prozesskostenrechnung nicht als einziges Kostenrechnungssystem existieren kann. Für die Ermittlung der Kosten eines jeden Teilprozesses müssen die Kostenstellenkosten evaluiert werden. Dies setzt eine Kostenstellenrechnung voraus. Deshalb kann die Prozesskostenrechnung nur als zusätzliches Kostenrechnungsverfahren eingesetzt werden. Weiters ist es für sehr viele Funktionen, gerade im Beratungsbereich, sehr schwer abzuschätzen, wie lange diese Beratung effektiv dauert. Deutlich sieht man dieses Problem bei der Finanzierungsberatung. Diese Art von Beratung kann in 15 Minuten abgeschlossen sein, wenn der Kunde von den verschiedenen Finanzierungsmöglichkeiten eine genaue Vorstellung hat. Hat der Kunde noch keine Vorstellung, welche Kreditart für ihn relevant ist (Kredit im Schillingbereich oder im Fremdwährungsbereich usw.), so kann diese Beratung durchaus bis zu drei Stunden dauern. Bei diesen Funktionen können nur Durchschnittswerte herangezogen werden, was zu Verzerrungen der Prozesskostensätze führt, oder der Gesamtprozess muss für jeden Kunden individuell kalkuliert werden. Weiters eignen sich für die Prozesskostenrechnung nur strukturierte, repetitive Prozesse, welche in einer grösseren Menge eintreten. Aus diesem Grund ist es unmöglich, dass alle Prozesse eines Dienstleistungsunternehmens über die Prozesskostenrechnung abgerechnet werden, da es auch sehr viele komplexe Prozesse in einem Unternehmen gibt. Beispiel hierfür wären die administrativen Arbeiten, wie zum Beispiel die Bearbeitung einer Reklamation, Entwurf eines Prospektes usw., welche nicht als Prozess kalkuliert werden können. Der grosse Vorteil der Prozesskostenrechnung liegt jedoch darin, dass sämtliche Geschäftsprozesse zuerst modelliert und analysiert werden müssen, da mit optimierten Geschäftsprozessen die Durchlaufzeit verringert wird und deshalb die Prozesskosten niedriger sind. Aus datenbanktechnischer Sicht bietet sich für den Einsatz einer Prozesskostenrechnung ein Ansatz nach Schmalenbachs Konzept von „Grundrechnung" und „Sonderrechnung" an.[7] Damit können die Daten der traditionellen Betriebsabrechnung flexibel für andere Zwecke, wie zum Beispiel die Prozesskostenrechnung, verwendet werden.

Literatur

Britzelmaier, Bernd (1999): Informationsverarbeitungs-Controlling, Ein datenorientierter Ansatz, Stuttgart-Leipzig

Ewert, Ralf, Wagenhofer, Alfred (1993): Interne Unternehmensrechnung, Heidelberg

Mayer, Reinhold (1998): Prozesskostenrechnung - State of the Art, in: Horváth & Partner, Prozesskostenmanagement, 2. Auflage, München

Miller, Jeffrey G, Vollmann Thomas E (1985): The hidden factory, in: Havard Business Review, September-October 1985, S. 142-150

Rüegsegger, Urs (1996): Prozesskostenrechnung in Banken unter besonderer Berücksichtigung der Eigenkapitalkosten, Instrument zur Umsetzung wertorientierter Führungskonzepte, Dissertation Nr. 1845, Bern-Stuttgart-Wien

Schmalenbach, Eugen (1956): Kostenrechnung und Preispolitik, 6. Auflage, Köln

Tschmelitsch, Erhard, Krause, Georg (1998): Prozessmanagement in Banken - Erfahrungen der Landeshypothekenbank Tirol in: Horváth & Partner, Prozesskostenmanagement, 2. Auflage, München

---

[7] Vgl. Britzelmaier (1999) der sich auf Schmalenbach (1956) bezieht

Konzeption einer leistungsfähigen Kommunikationsinfrastruktur für die Vorarlberger Landesverwaltung - ein Projektbericht

Dipl.-Ing. Werner Gassner, Mag. Stephan Geberl,
Mag. Josef Lindermayr, Dipl.-Ing. Markus Mätzler
Vorarlberger Landesverwaltung und FH Liechtenstein

1   Problemstellung

Das ständig steigende Anspruchsniveau des Bürgers und die gestiegenen Anforderungen der Wirtschaft versetzen auch die öffentliche Verwaltung zunehmend unter Druck, die eigene Leistungsfähigkeit zu steigern. Moderne Kommunikationstechnologien sollen auch hier helfen, Produkte und Dienstleistungen dem Kunden d.h. den BürgerInnen näher zu bringen, und sich auf diese Weise selbst als modernes, leistungsfähiges Unternehmen darzustellen. Tabelle 1 zeigt mögliche Veränderungen auf, die in nächster Zeit im Bereich öffentliche Verwaltung anstehen.

Vom Verwaltungsmodell des industriellen Zeitalters	Zum vernetzten Verwaltungsmodell
Bürokratische Kontrollen	Kundendienst und Subsidiaritätsprinzip
Isolierte Verwaltungsfunktionen	Integrierte Ressourcendienstleistungen
Papier- und Aktenhandling	Elektronische Dienste
Zeitaufwendige Verfahren	Rasche, gestraffte Reaktionsmöglichkeit
Ausdrückliche Kontrollen und Genehmigungsverfahren	Implizite Kontrollen und Genehmigungsverfahren
Manuelle Abwicklung von Finanztransaktionen	Elektronische Geldüberweisung
Überkomplizierte Berichtsmechanismen	Flexible Informationsabfrage
Isolierte Informationstechnologie	Integrierte Netzlösungen
Wahl von Volksvertretern alle paar Jahre	Partizipative Echtzeit-Demokratie

Tabelle 1: Wandel hin zu vernetzten Verwaltungsmodellen
Quelle: Tapscott (1996) Seite 201

Um zum vernetzten Verwaltungsmodell zu kommen, sind die Schaffung organisatorischer und technischer Voraussetzungen sowie deren sinnvolle Integration vonnöten wie Abbildung 1 zeigt. Zudem ist in Abbildung 1 eine mögliche zeitliche Abfolge von Zwischenschritten zu ersehen, die für die Zielerreichung nötig ist.

Dieses Projekt besteht aus zwei Diplomarbeiten („Konzeption einer leistungsfähigen Kommunikationsinfrastruktur für die Vorarlberger Landesverwaltung" von Hrn. Dipl.-Ing. Werner Gassner; „Internet, Intranets und Extranets - eine Konzeption für die Vorarlberger Landesverwaltung" von Hrn. Dipl.-Ing. Markus Mätzler) und soll als konzeptioneller Beitrag zu einem Teil der „Strategischen Informationssystemplanung II für den Zeitraum 2000 bis 2005" dienen, die von der Vorarlberger Landesregierung 1999 durchgeführt wird. Hauptziel dieses Projektes „[...] **ist der Wandel vom derzeitigen Zustand hin zu weitgehend vernetzten Verwaltungsmodellen [...]".**

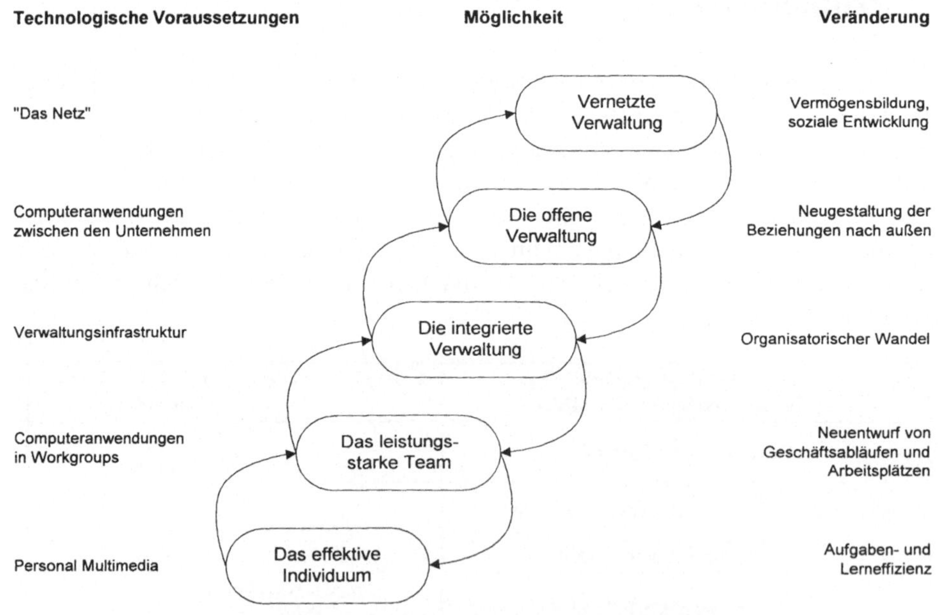

Abbildung 1: Die Chancen des vernetzten Staates
Quelle: New Paradigm Learning Corporation, 1996

2 Zielsetzung

2.1 Konzeption einer leistungsfähigen Kommunikationsinfrastruktur für die Vorarlberger Landesverwaltung

Dieser Teil des Projektes beschäftigt sich mit der Erstellung eines Konzepts für die EDV technische Anbindung der Gemeinden und des Bürgers an die Computernetzwerke der Landesverwaltung und der Gemeindeverwaltungen. Ausgehend von dieser Problemstellung wird der momentane Istzustand der Anbindung dargestellt und gewünschte Sollzustände durch Befragung erhoben. Da für ein derartiges Netzwerk teilweise hohe Sicherheitsansprüche gelten (Datenschutzgesetzgebung), wird auf verschiedene Sicherheitsaspekte speziell eingegangen.
In einem weiteren Teil der Arbeit werden die in Vorarlberg möglichen und wirtschaftlich sinnvollen Varianten der Vernetzung, sowie ihre technischen Voraussetzungen erläutert. Die Varianten werden nach wirtschaftlichen und technischen Gesichtspunkten bewertet. Ziel der Arbeit ist es nicht, eine „beste" Variante vorzuschlagen, sondern die Vor- und Nachteile aufzuzeigen und den Verantwortlichen damit eine Entscheidungsgrundlage zu bieten. Zusätzlich sollen auch allgemeine Systembetrachtungen angestellt, bzw. grundsätzliche Vor- und Nachteile technischer Lösungsvarianten beleuchtet werden.
Ziel des Teilprojektes ist es, ein Grundlagenpapier zu erstellen, das als Basis zukünftiger Netzwerkentscheidungen der Vorarlberger Landesverwaltung bzw. der davon betroffenen Gemeinden im WAN Bereich dienen kann.

2.2 Internet, Intranets und Extranets - eine Konzeption für die Vorarlberger Landesverwaltung

Dieser Teil des Projektes beleuchtet die Thematik der vernetzten Verwaltung von der Seite der Verwaltungsprozesse aus. Ziel der Arbeit ist es aufzuzeigen, welche Dienste der Verwaltung vernetzt und wo allenfalls über Kommunikationsmedien ein vereinfachter Zugang für den Bürger hergestellt werden kann. Dazu wurde anhand ausgewählter Arbeitsabläufe der Vlbg. Landesverwaltung eine Ist-Analyse durchgeführt. Im Detail handelt es sich um die „Neuausstellung eines Reisepasses", die „Staatsbürgerschaftsverleihung" sowie das „Meldewesen".
Die Ergebnisse der Ist-Analysen wurden mit Hilfe ereignisgesteuerter Prozessketten (ePK) dargestellt.[1] Die Darstellung soll in weiterer Folge dazu verwendet werden, die logische Netztopologie und damit einen möglichen Soll-Zustand der vernetzten Verwaltung aufzuzeigen.

---

[1] Mehr über die ePK kann unter anderem in Scheer (1998) nachgelesen werden.

3 Vorgehen und vorläufige Ergebnisse

3.1 Konzeption einer leistungsfähigen Kommunikationsinfrastruktur für die Vorarlberger Landesverwaltung

Um eine möglichst aktuelle Ist-Situation zu beschreiben, wird diese in Gesprächen mit Vorarlberger Netzbetreibern (VKW, VTG, Teleport) ermittelt. Der Sollzustand wird dann in Interviews mit den Beteiligten (Vorarlberger Landesverwaltung und verschiedene Gemeinden) erhoben. Für den Bürger wird eine Arbeitshypothese als Grundlage verwendet. Aus dem Sollzustand werden wichtige Nutzkriterien abgeleitet. Als eine Methode der Variantenbewertung wird exemplarisch die Nutzwertanalyse vorgestellt.
Aus verschiedenen Gesprächen mit Hr. Josef Lindermayer (Vorarlberger Landesverwaltung) und mit Hr. Heinz Loibner (VTG) und Hr. Thomas Fritz (VKW) gibt es momentan (Stand Dezember 1998) in Vorarlberg folgende Ansätze zur Anbindung der Gemeinden an die Vorarlberger Landesverwaltung:

- VTG Netz: Die VTG betreibt momentan ein Pilotprojekt, bei dem vor allem einige Gemeinden aus dem Bregenzerwald erschlossen wurden. Dabei werden für diese Gemeinden Dienste wie Mail und ein World Wide Web (im folgenden kurz: WWW) Server angeboten. Des weiteren ist über das VTG Netz auch das Vorarlberger Landhaus erreichbar.

- Kabelnetz Montafon Zwischen Fernsehkabelnetzbetreibern und einigen Gemeinden im Montafon laufen erste Gespräche mit dem Ziel, die Gemeinden über das bestehende Fernsehkabelnetz zu vernetzen.

- Internet Webserver des Bundes: Die Österreichische Bundesregierung hat im Rahmen ihres Verwaltungsinnovationsprogrammes ein Projekt mit dem Namen HELP gestartet. Dieses Projekt soll Bürger bei der Vorbereitung und Abwicklung von Behördenwegen unterstützen und ist über das Internet (http://www.help.gv.at) erreichbar.

Anforderungen von Seiten der Vorarlberger Landesverwaltung: Für die Kommunikation mit den Gemeinden relevant ist hauptsächlich die verwendete Büroautomatisations- und Kommunikationssoftware der Firma Microsoft. Eingesetzt werden die Produkte des Microsoft Office Paketes für allgemeine Bürofunktionen (Textverarbeitung, Tabellenkalkulation, Grafiken, kleine Datenbankanwendungen) sowie Microsoft Exchange für Mailing und Scheduling. Des weiteren wird ein Workflowmanagmentsystem bei der Vorarlberger Landesverwaltung eingeführt. Dieses soll später bis zu den Gemeinden ausgedehnt werden.

Zusätzlich sollen die Gemeinden die Möglichkeit haben, verschiedene Applikationen mit zu benutzen. Der Bürger sollte Zugang zu Informationen und Dienstleistungen der Vorarlberger Landesverwaltung erhalten. Ein Projekt in dieser Richtung besteht bereits in Österreich (siehe **Internet Webserver des Bundes**) .

Anforderungen von Seiten der Gemeinden: Aus den verschiedenen Gesprächen mit Gemeindevertretern von Gemeinden unterschiedlichster Grösse haben sich viele Gemeinsamkeiten zwischen den Anforderungen der Gemeinden ergeben:

- Da sicherheitsrelevante Daten über das Netzwerk gesendet werden, bestehen hohe Anforderungen an die Sicherheit in diesem Netz.

- Reduzierung des Schriftverkehrs zwischen Vorarlberger Landesverwaltung und Gemeinden sowie zwischen Bürger und Gemeinden bzw. Landesdienststellen auf ein Minimum.

- Mailkommunikation zwischen Vorarlberger Landesverwaltung und Gemeinden und zwischen den Gemeinden.

- Zusatzdienste wie Zugriff auf Applikationen der Vorarlberger Landesverwaltung.

- Gute Kosten/Nutzen Relation

- Möglichst rasche Implementierung des Gemeindenetzes.

- Sicheren Internetzugang für Mail- und Surfverkehr (für kleinere und mittlere Gemeinden).

Anforderungen von Seiten des Bürgers: Da diesbezüglich keine detaillierte Erhebung vorliegt, werden folgende Arbeitshypothesen für eine Anbindung des Bürgers an die Vorarlberger Landesverwaltung bzw. an Gemeindedienststellen formuliert:

- Der Bürger ist nur an einer Verbindung interessiert,wenn der erwartete Nutzen die für ihn anfallenden Kosten übersteigt.

- Ein Anschluss muss einfach möglich sein.

- Der Zugriff auf Informationen der Vorarlberger Landesverwaltung bzw. der Gemeindedienststellen muss auch anonym möglich sein.

- Wenn der Bürger Daten an die Vorarlberger Landesverwaltung übermittelt (z.B. beim Ausfüllen eines Antrages), dürfen diese für andere nicht einsehbar sein.

Anforderungen an den Serviceanbieter: Aus dem vorangegangenen Anforerungs-atalog der Benutzer ergeben sich folgende Dienste,die der Serviceanbieter zur Verfügung stellen muss:

- Zugang zum Netz der Vorarlberger Landesverwaltung.
- Zugang zu den Gemeindedienststellen bzw. Gemeindenetzen.
- Mailserver.
- Webserver (Web Publishing, Formulare, etc.).
- Gesicherter Internetzugang (Firewall, Virenscanner, ...).
- Verschlüsselte Datenkommunikation - Sicherung der Authentizität, Integrität und Vertraulichkeit der Daten.
- Schlüsselverwaltungsserver.

Es wird davon ausgegangen, dass sich die Gemeinden und der Bürger nicht direkt zur Vorarlberger Landesverwaltung verbinden, sondern über einen Serviceanbieter (z. B. VTG, BRZ) der die von den Gemeinden und dem Bürger geforderten Basis-Dienste zur Verfügung stellt. Dabei wurden folgende Anbindungsvarianten betrachtet:

- Anbindung über eine direkte Wählleitung (u.U. auch für den Bürger)
- Anbindung über eine direkte Standleitung
- Anbindung über Richtfunk
- Anbindung über ein Kabelmodem
- Anbindung über einen ISP (u.U. auch für den Bürger)
- über Standleitung
- über Wählleitung
- Anbindung über eine Standleitung zum Bundesrechenzentrum (CNA An-schluss)

Schon rein aus finanziellen Gründen wird es nicht möglich sein,eine einzige Lösung für alle Gemeinden zu implementieren. Für kleinere Gemeinden werden die laufenden Kosten einer Standleitung vermutlich zu hoch sein. Schon die In-vestitionskosten für eine einfache Wählleitungsanbindung stellen für diese Gemeinden erhebliche Belastungen dar. Aber es gibt noch weitere Punkte, die gegen eine einheitliche Lösung sprechen:

- Bandbreitenbedarf
- Autonomie der Gemeinden

Um den Betreuungsaufwand des Netzwerkes in Grenzen zu halten, ist es aber vorteilhaft,die Anzahl der verschiedenen Anschlussvarianten und die Menge der dabei eingesetzter Software und Hardware möglichst klein zu halten. Um dieses Ziel zu erreichen existieren mehrere Möglichkeiten:

- Empfehlung von Standards
- Unterstützte Softwareprodukte
- Unterstützte Hardware
- Konfiguration der Hardware und Software
- Sicherheitsvorgaben
- Kostenwahrheit bei Installation und Betrieb
- Vermeidung von Suboptimierungen einzelner Nutzer
- Finanzielle Anreize (z. B. Förderungen)

Vor allem in Netzen mit unterschiedlichsten Anbindungsvarianten und autonomen Nutzern, ist es schwierig, hohe Sicherheitsstandards einzuhalten. Ein möglicher Weg wäre hier das regelmässige durchführen von Sicherheitsaudits in den Gemeinden.

3.2 Internet, Intranets und Extranets - eine Konzeption für die Vorarlberger Landesverwaltung

In dieser Arbeit wurde der Prozessbegriff von [Thomé(1998)] übernommen. Wie dort dargestellt ist, wird in der Prozessausführungsschicht von Ausführungsobjekten, Verrichtungsobjekten und Hilfsobjekten der Prozesse gesprochen. Wobei Verrichtungs- und Hilfsobjekte in variabler Anzahl in bzw. aus dem Prozess heraus fliessen können.[2] Daneben existieren auch Steuerobjekte, die aktivierend bzw. deaktivierend auf einen Prozess einwirken können. Eine mögliche Verbindung zwischen Prozessen und Telekommunikationssystemen besteht über diese prozessrelevanten Objekte mit informationellen Charakter (Steuer-, Verrichtungs- und Hilfsobjekte), die von Telekommunikationssysteme aufgrund ihrer Eigenschaft, Informationsflüsse technisch zu realisieren, übertragen werden können.

---

[2] Vgl. Thomé (1998), Seite 7

212

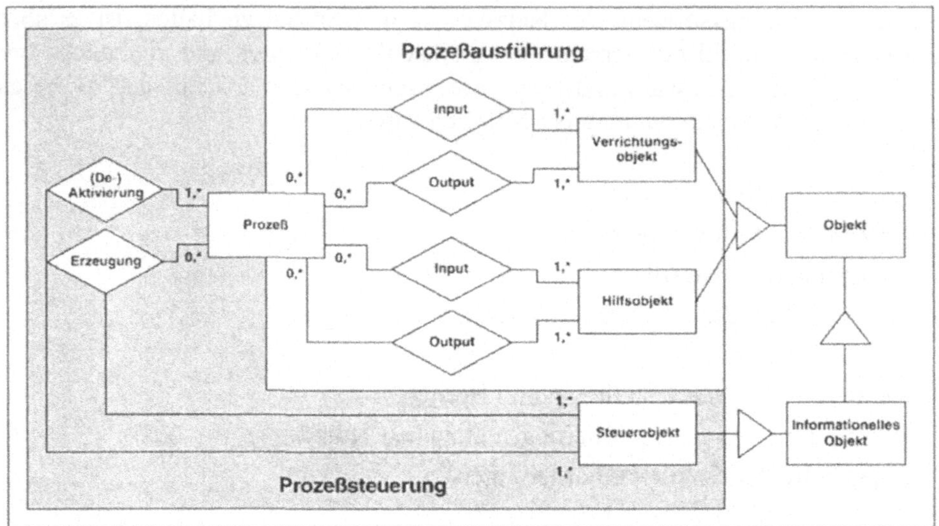

Abbildung 2: Informationelle Flussobjekte
Quelle: Thomé(1998), Seite 9

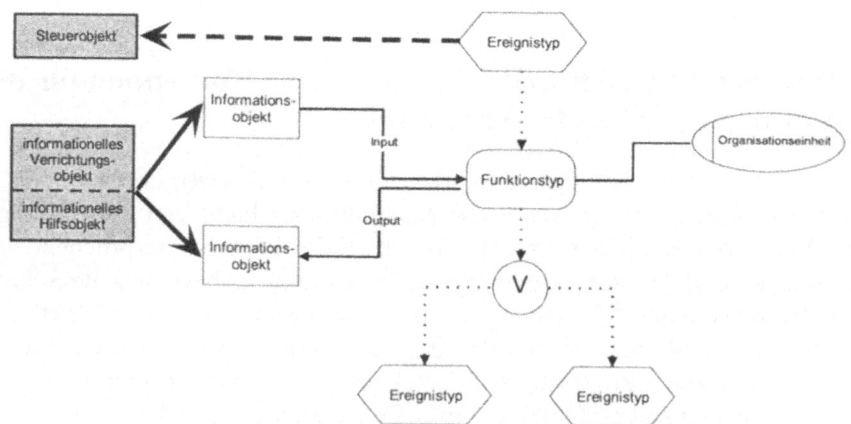

Abbildung 3: Prozessrelevante informationelle Flussobjekte in der ePK
Quelle: Thomé(1998), Seite 16

Werden also die Input- und Output-Beziehungen der Verrichtungs- und Hilfsobjekte miteinander verbundener Prozesse im Rahmen einer Prozessanalyse ermittelt, so lässt sich aus diesen Beziehungen und unter Berücksichtigung der konkreten Prozessabfolge die logische Netztopologie ein Telekommunikations systems bestimmen, das direkt auf die Prozesse ausgerichtet ist und die Prozesssteuerung und -ausführung technisch unterstützt.[3]

Wenn nun eine ePK zur Planung der logischen Netztopologie von Telekommunikationssystemen eingesetzt werden soll, muss ein Bezug zu den prozessrelevanten informationellen Flussobjekten vorhanden sein - dies sind Steuer- bzw. Verrichtungs- und Hilfsobjekte. Dieser notwendige Bezug ist in den Abbildungen 2 und 3 dargestellt.

Literatur

Thomé(1998); „Arbeitsbericht 98/02 - Einsatz Ereignisgesteuerter Prozessketten zur Planung der Netztopologie von Telekommunikationssystemen" F. Thomé, M. Rey, A. Maassen Lehrstuhl für Wirtschaftsinformatik Aachen, 1998 Http://www.rwth-aachen.de/Wi/Ww/frame/indexframe.html

Lindermayr(1997); „Strategische Informationssystemplanung für die Vorarlberger Landesverwaltung für die Jahre 1997 - 1999" Mag. Josef Lindermayer, 1997

Scheer(1998); „ARIS Easy Design ARIS Methode - Version 1.0 Stand Januar 1998" A.-W. Scheer, IDS Prof. Scheer GmbH, Saarbrücken, 1998

Tapscott(1996); „Die digitale Revolution - Verheissungen einer vernetzten Welt - die Folgen für Wirtschaft, Management und Gesellschaft" Don Tapscott, Gabler, 1996

---

[3] Vgl. Thomé (1998), Seite 11

Dokumentenmanagement und Workflowlösungen

Jakob Rechsteiner
DOWAR GmbH

1 Allgemein

1.1 Einleitung

Der grösste Teil der Informationen zu einem Prozess befinden sich auf elektronischen Datenträgern. Zur Verarbeitung in den Prozessen wird jedoch Papier eingesetzt. Die moderne Informationstechnologie erlaubt es heute den Mitarbeitern eines Unternehmens, auf alle relevanten Informationen zum Zeitpunkt der Verarbeitung einer Aufgabe zuzugreifen.

1.2 Dokumentenmanagement

Das Verwalten von Daten beinhaltet: Erfassen, digitalisieren, visualisieren, verteilen, ablegen und wiederauffinden von Daten und Dokumenten. Ein wichtiger Schwerpunkt ist die Versionsverwaltung der Dokumente (Rückverfolgbarkeit, Produktehaftung).

1.3 Workflow- Lösungen

Ein Workflowmanagement-Tool unterstützt den Ablauf eines Prozesses durch eine definierte Zuordnung der Aktivitäten, Aufgaben, Dokumente und Daten, Terminüberwachung an die verantwortlichen Stellen und Personen in einem Arbeitsablauf.
Die Zuordnung der Aktivitäten bezieht sich auf Funktionen, Arbeitsgruppen oder Rollen. Die personenbezogene Zuordnung sollte möglichst vermieden werden. Die durchgängige Integration in die Kommunikationsplattform ist eine Notwendigkeit. D.h. nur **ein** E-Mail Tool in einem Unternehmen.

1.4 Archivierung

Die elektronische Archivierung (Langzeitarchivierung) ist ein „Abfallprodukt" der Dokumentenverwaltung. D.h. die optischen Speichermedien (WORM) werden ohne zusätzlichen Aufwand resp. Eingriff gefüllt.

Abbildung 1: Die 3 Komponenten Verwaltung, Archiv,
Workflow weisen eine hohe Abhängigkeit
zueinander auf

2 Voraussetzungen

2.1 Technik

- Leistungsfähiges Netzwerk: Abhängig von der Einsatzbreite und dem Transfervolumen steigt die Beanspruchung des Netzwerkes
- Möglichst einheitliches Betriebssystem Diese Voraussetzung reduziert die Aufwände im Bereich Schnittstellen und Datenaufbereitung
- Minimale Hardwarevoraussetzungen am Arbeitsplatz: (Bildschirm min 17" event 21"; 32MB RAM;, Pentium 160 MHz etc.) Durch die Umstellung der Arbeitsweise von Papier auf Bildschirm ist es wichtig, dass die Anwender nicht zusätzlich belastet werden mit kleinen Bildschirmen und langen Wartezeiten.

2.2 Organisation

- Prozesse sind bekannt: Die Aufbau- und Ablauforganisation eines Unternehmens muss bis zu einem gewissen Grad definiert sein, bevor mit einem Dokumentenmanagement gestartet werden kann.

- Globales Denken, lokales Handeln: Bereichsübergreifendes Denken, resp. Denken in ganzen Prozessen ist eine absolute Notwendigkeit.
- Die Umsetzung geschieht in kleinen Einheiten.

2.3 Projekt

- Die Unternehmensleitung ist überzeugt vom Nutzenpotential: Da bei einem Dokumentenmanagement Projekt zuerst eine Basis erstellt werden muss (Server, event Update Netzwerk, Doku-Management-Software, Jukebox mit optischen CD, Planung/Projektarbeit, Schulung) bis die effektive nutzbringende Installationen gemacht werden können, benötigt es eine lückenlose Unterstützung der Unternehmensleitung.
- Die Informatik denkt und handelt systemübergreifend: Gewachsene Strukturen und Abgrenzungen im Infomatikumfeld gehören in den Hintergrund.
- Die Linien sind von Anbeginn miteingebunden: Der User, bei dem das Nutzenpotential realisiert wird, und der die grösste Umstellung seiner Arbeitsweise machen muss, soll möglichst vom ersten Schritt miteingebunden sein im Projekt.

3   Von der Erstellung zum Langzeitarchiv

3.1 Aktiver Lebenszyklus

Die Erstellerwerkzeuge verwalten die erstellten Dokumente in ihrer eignen Datenablage. Diese Datenablage geschieht auf einer integrierten Harddisk. Versionsverwaltung und gesetzliche Sicherheit ist nicht immer gewährleistet. Hinweis: Das Dokumentenverwaltungsystem mit integriertem Archiv soll nicht als Ersatz für eine funktionierende Verwaltung in der Erstellerapplikation eingesetzt werden. Die diversen EDV-Systeme müssen mit ihren spezifischen Stärken entsprechend eingesetzt werden und eine Durchgängigkeit über Schnittstellen garantieren.

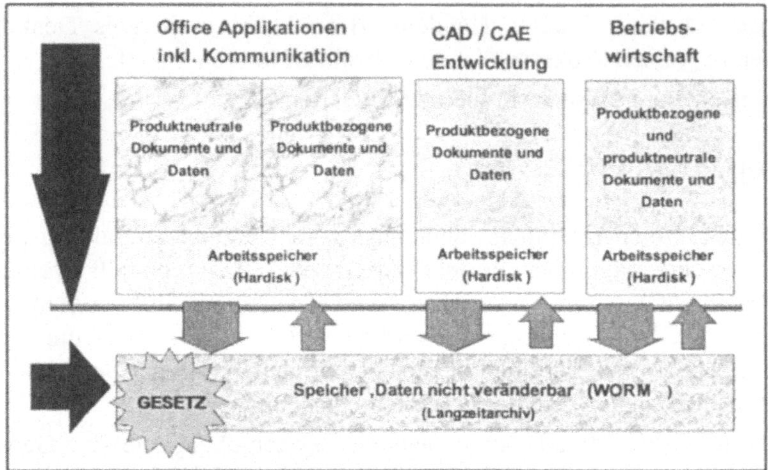

Abbildung 2: Systematik

Fazit: Die erstellten Informationen sollen möglichst schnell über eine Schnittstelle ins Archiv (optische Speichermedium) zur Sicherung abgelegt werden.

3.2 Archiv

- Das Archiv dient allen Erstellerapplikationen als Ablage und der Anwender findet die notwendigen Dokumente am gleiche Ort, mit dem gleichen Suchprozess ohne Berücksichtigung der Herkunft der Information.
- Durch die optischen Speichermedien (write ones, read many = WORM) sind die gesetzlichen Vorgaben abgedeckt. (Ausnahme: Originalunterschriften)

3.3 Extern

Der Anfall von externen Dokumenten lässt sich nicht vermeiden. Die Einbindung dieser Information geschieht durch Einscannen.

4   Beispiel Dokumentenmanagement

4.1 Beschreibung

Kundenauftrag (Prozessstart: Anfrage, Prozessende: Zahlung) Während der Abarbeitung eines Kundenauftrag kommen diverse Dokumente zusammen, welche wiederum bei diversen Stellen auf verschiedenen Systemen generiert werden:

- Anfrage extern Papier, Fax, E-Mail
- Offerte intern Betriebswirtschaftl.System, Office Applikation
- Korrespondenz E-Mail, Fax, Office
- Bestellung (Kunde) extern Papier, Fax E-Mail
- Bestellung Lieferant intern Betriebswirtschaftl.System, Office Applikation
- Transportdokumente intern Betriebswirtschaftl.System, Office Applikation
- Begleitdokumente intern Betriebswirtschaftl.System, Office Applikation etc.

Erkenntnis: diverse Dokumentenarten aus diversen Erstellungssystemen zu unterschiedlichen Zeiten, werden an unterschiedliche Orten erstellt und gebraucht.

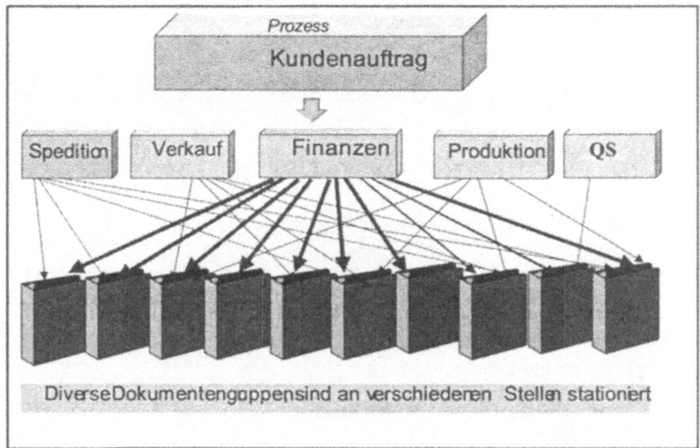

Abbildung 3: Verteilung von Dokumenten

4.2 Anforderung

Es sollen alle Informationen in einem „Topf" zur Verfügung gestellt werden. Die Dokumente werden beim Einordnen automatisch über Schnittstellen mit Schlüsselwörtern versehen, oder mit Hilfe von Tabellen manuell zugeordnet.
Es muss gewährleistet sein, dass jeder Anwender die Informationen findet, welche er benötigt um seinen Job zu machen.

4.3 Lösungsansatz

- Alle Dokumente von extern (Papier) werden ins Dokumentenverwaltungssystem gescannt. (Barcode- und OCR Texterkennung)

- E Mail und deren Attachments werden vom Anwender in den richtigen Kasten geschickt. Schnittstelle erstellt aus den Attachments und dem Mail TIFF

- Fax Nachrichten werden über das Mailingsystem papierlos erfasst und als Attachment behandelt.

- Alle Dokumente aus dem betriebswirtschaftlichen System (z.B.SAP) werden automatisch über eine Schnittstelle abgelegt im Tiff Format

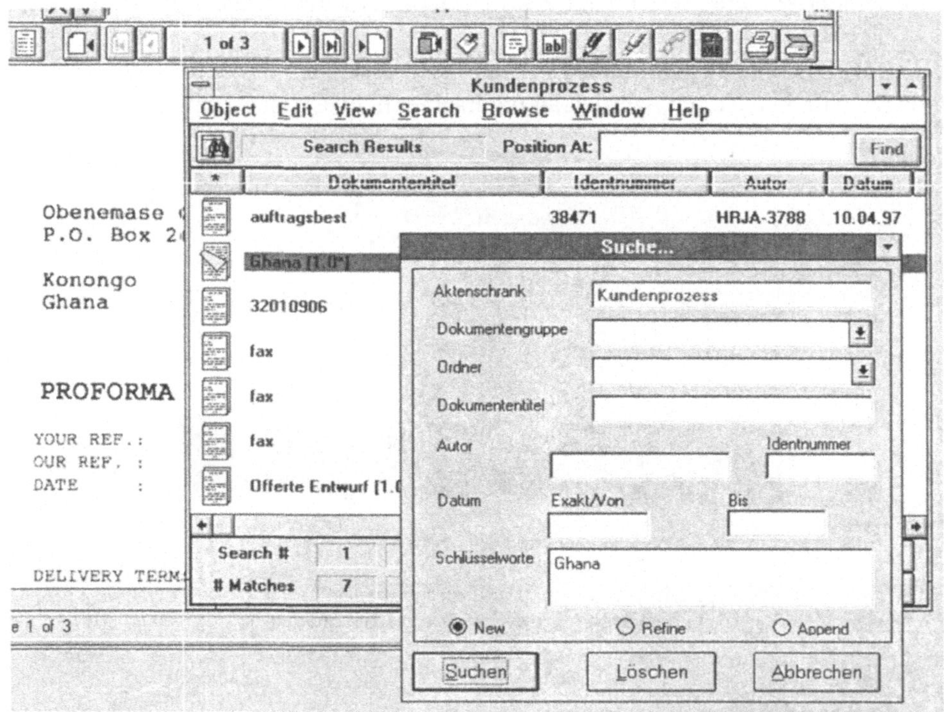

Abbildung 4: Beispiel für eine Benutzeroberfläche

5 Beispiel Workflow

5.1 Beschreibung

Das ändern von Produktionsunterlagen, Zeichnungen und Stücklisten ist in jedem Unternehmen eine Aktivität, die sehr umfangreich ist und nicht von Einzelpersonen allein durchgeführt werden kann.

Vom Antragsteller über die Beschaffung bis zum Sachbearbeiter, der die Produktionsunterlagen oder Kundendokumentation anpassen muss, jeder hat seine Funktion wahrzunehmen.

Schlussendlich muss die ganze Dokumentation, die der Prozess generiert hat, für die Rückverfolgbarkeit und Produktehaftung archiviert werden.

Abbildung 5: Ein typischer Ablauf beim Änderungsprozess

5.2 Anforderung

Der Änderungsprozesses soll elektronisch mit Hilfe einer Workflowlösung im ganzen Unternehmen realisiert werden.

- Der Antragsteller, jeder Mitarbeiter mit Zugriff, startet einen Vorgang im Workflow.
- Die notwendigen Informationen (Zeichnung, Stückliste, Fax, Worddokumente etc.) sind als Attachments am Antrag.
- Die zu ändernden Parameter können direkt mit einer „Redliningfunction" auf dem Dokument sichtbar markiert werden.
- Das Entscheidungsteam ist flexibel definierbar während des Vorganges und kann jederzeit ergänzt werden.
- Der Vorgang ist zeitlich und organisatorisch fixiert. Jede Abweichung wird dem Prozessowner per E-Mail mitgeteilt.

- Alle Zugriffsberechtigten können sich jederzeit den aktuellen Stand des Vorganges ansehen.
- Die Entscheidungen werden mit einer elektronischen Unterschrift versehen
- Langzeitarchivierung der gesamten Dokumentation ohne manuelle Eingriffe.

5.3 Lösungsansatz

Der Prozess wird mit dem Workflow integriert im Notes mit 5 Aktivitäten erledigt.

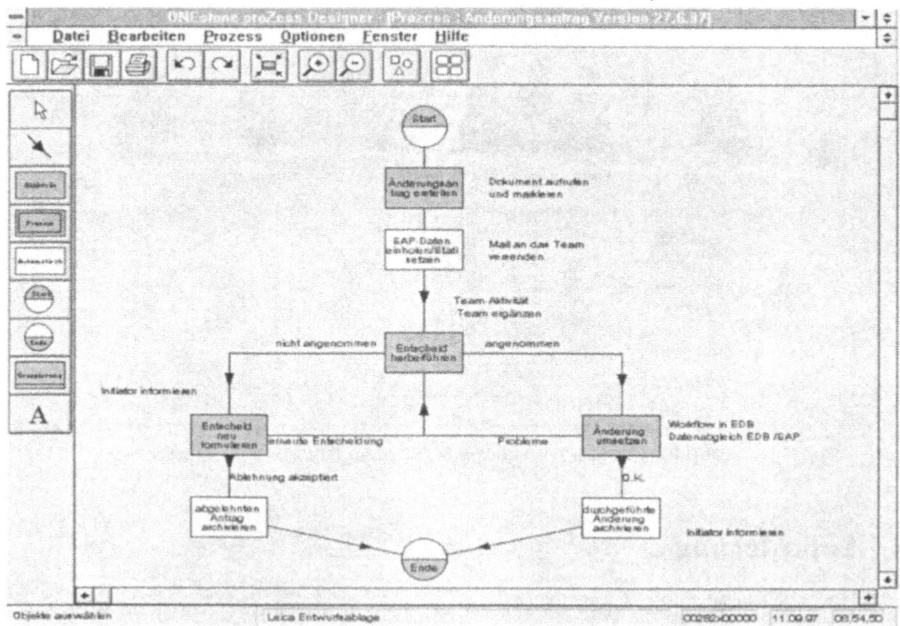

Abbildung 6: Beispieloberfläche

6 Investition / Aufwand

6.1 Projektvorgaben

Die Vorgaben für ein Projekt im Bereich Dokumentenmanagement können diverse Gründe haben.

- Sicherheit der Archivdaten für das Unternehmen
- Auflagen für die gesetzlichen Aspekte
- Informationsgeschwindigkeit, Zugriffsgeschwindigkeit, Mehrfachzugriff
- Platzeinsparungen im Archivierungsbereich
- Veraltete Technik
- Realisieren von Einsparungspotentialen

Es ist wichtig, wenn der Leidensdruck aus irgendeiner „Ecke" nach einer Lösung ruft, dass eine gesamte Betrachtung als ersten Schritt eingeleitet wird. (Technologie, E Mailsystem(e), Schnittstellen, mögliche Lösungsansätze)

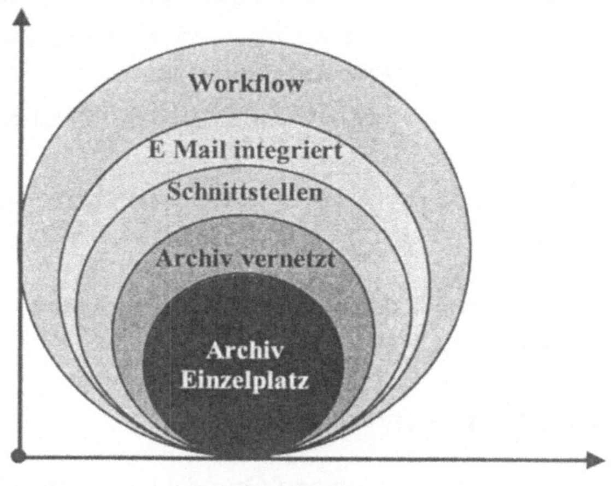

Abbildung 7: Schalenprinzip

6.2 Lösungsansatz

Für den ersten Einsatz ist eine Basisinvestition notwendig. Die Nutzung dieser Investition kann erhöht werden durch die Ausweitung der Anwendungen. Diese wiederum sind mit Aufwand verbunden, der laufend überprüft werden muss. **Hinweis:** Investitionen im Hard- und Softwarebereich zu den Aufwänden in der Organisation und Schulung ist in einem Verhältnis von 1:2 bis 1:5.

7 Nutzenpotential

7.1 Monetärer Nutzen

Die Angaben über Nutzenpotential sind schwierig in Zahlen zufassen, da meistens die Kostentransparenz der gegenwärtigen Prozesse nicht gegeben ist. Kommen noch organisatorische Veränderungen dazu, ist das DELTA später nicht mehr nachvollziehbar. Beispiele:

- Integrierte Fax im E-Mail mit Schnittstelle zum Archiv reduziert die Umtriebe mit bearbeiten, kopieren, verteilen, ablegen, suchen mehr als 50%
- Workfloweinsatz im Änderungsprozess reduziert die Prozesskosten um ca. 20%, die Durchlaufzeit um 90% den Papierverbrauch um 90%
- Schnittstelle zum Archiv vom betriebswirtschaftlichem System reduziert die Archivierung auf Null
- Mehrfachzugriff auf alle Prozessdokumentationen (aktuelle Version) reduziert den Papierverbrauch, Druckerbetreuung etc. auf ca. 50%

Einsannen von eingehenden Rechnungen und deren elektronische Weiterleitung ermöglicht den Skontoabzug.

7.2 Nicht monetärer Nutzen

Dieser Nutzen beruht auf Annahmen und Grundsätzen. Beispiele:

- Produktehaftung, was ist es dem Unternehmen wert, hier eine saubere Rückverfolgbarkeit zu gewährleisten.
- Versionsverwaltung der Dokumente im Unternehmen (Offerten, QHB, Weisungen, Normen).
- Einsparungen in der Durchlaufzeit /Erhöhung der Reaktionsgeschwindigkeit.

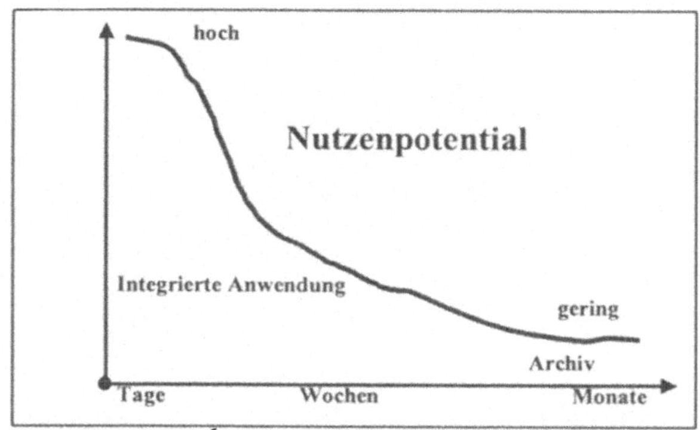

Abbildung 8: Die Grafik zeigt, dass das grösste Nutzenpotential
dort liegt, wo die Zugriffsfrequenz am höchsten ist.
Diese ist grundsätzlich nach der Erstellung des Dokumentes

8 Schluss- Statement

Wenn die Information bei der Bearbeitung einer Aufgabe zur Verfügung steht, reduziert sich der Aufwand teilweise ganz beträchtlich, da sich der Bearbeiter nicht wieder neu orientieren muss, nach einer Wartezeit für die verlangte Information.

Wenn jeder seine Dokumente selber suchen kann (und findet), keine Unterbrüche wegen Informationsmangel machen muss, das Dokument immer in der aktuellen Version vorhanden ist, nur einmal abgelegt wird, ergibt es ein Nutzenpotential aus der nachfolgenden Aufstellung:

Der Aufwand der beteiligten Stellen Ablage, Weiterleitung und Suche beansprucht die Mitarbeiter eines Unternehmens zu folgenden Prozentsätzen:

Manager	10-15%
Fachkräfte	5-15%
Sachbearbeiter	15-25%
Dienste	10-20%

Daraus muss folgen:

Verfügbarkeit bei der Bearbeitung
und nicht
Bearbeitung bei Verfügbarkeit

Erzielen von nachhaltigen Verkaufserfolgen durch den Einsatz eines CAS-Werkzeuges

Dipl.-Inf. Dietrich Schäffler
Hilti AG

1   Die Hilti Gruppe

Die Hilti Gruppe ist ein weltweit tätiges Unternehmen mit rund 12'000 Mitarbeiterinnen und Mitarbeitern. Davon ist der überwiegende Teil in den Märkten beschäftigt, der andere Teil in den Produktionswerken, in der Forschung und Entwicklung sowie in der Verwaltung. 1997 erreichte dieses internationale Team einen konsolidierten Konzernumsatz von 2,580 Milliarden Schweizer Franken.

Schaan ist der Sitz des Stammwerkes und der Konzernzentrale, wo das Unternehmen im Dezember 1941 gegründet wurde. Insgesamt unterhält die Hilti Gruppe zehn Produktionswerke in Europa, Amerika und Asien.

Hilti ist im gewerblichen und industriellen Bauwesen tätig und konzentriert sich primär auf die Marktsegmente Hoch-/Tiefbau, Haustechnik sowie den betrieblichen Unterhalt.

Zum Produkteprogramm gehören insbesondere Direktmontagesysteme, Bohrsysteme mit dem entsprechenden Dübelsortiment, Meissel- und Diamanttrennsysteme, Schraubsysteme sowie Systemlösungen auf dem Gebiet Bauchemie.

Ein eigener Direktvertrieb übernimmt den Verkauf der Produkte, den Service und die Beratung in über hundert Ländern der Welt. Dank diesem unmittelbaren Kontakt mit den Kunden kann die Hilti Gruppe immer eine optimale, auf die spezifische Anwendergruppe zugeschnittene Problemlösung anbieten.

Der Name hat bereits Tradition. Rund um den Erdball steht er synonym für Qualität, Sicherheit und innovative Kompetenz.

2   Das Hilti Verkaufsmodell

Im Zuge der Erarbeitung der Unternehmensstrategie 'Strategie 2000' wurde auch der Unternehmensbereich 'Verkauf' untersucht und dessen zukünftige Anforderungen neu festgelegt. In diesem Abschnitt wird dieses Verkaufsmodell kurz skizziert.

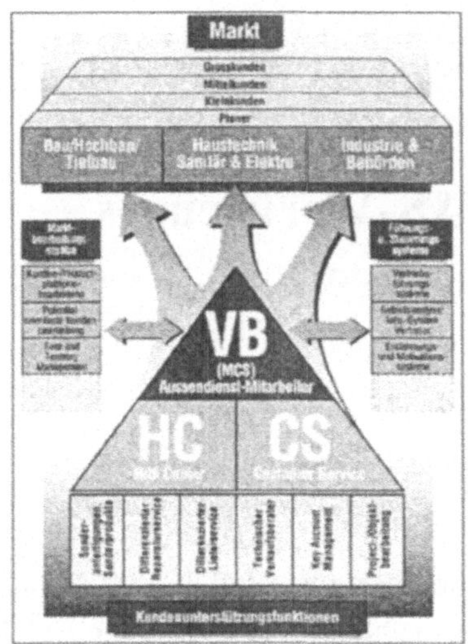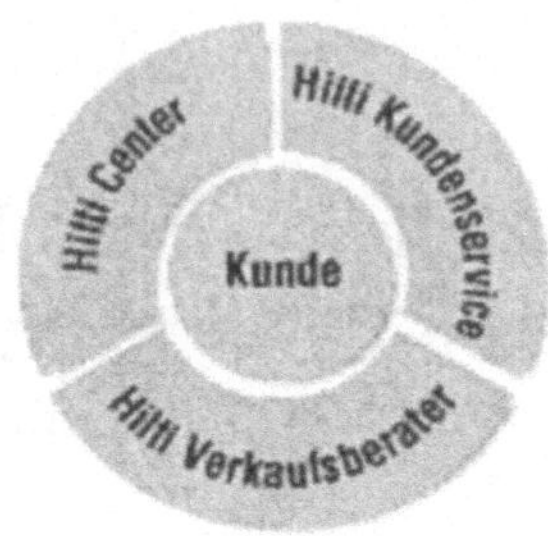

Abbildung 1: Das Hilti Verkaufsmodell

Der **Verkaufsberater (VB)** trifft auf einen Markt, der nach Branchen und Kundengrösse segmentiert ist. Jeder Verkaufsberater konzentriert sich dabei auf ein bestimmtes Marktsegment, soweit es die regionalen Gegebenheiten erlauben. Unterstützt wird er dabei von den lokalen **Hilti Center (HC)** sowie einem **zentralen Kundenservice (Customer Service, CS)**. Diese drei Vertriebselemente (Vertriebskanäle) arbeiten Hand in Hand, da der Kunde die Möglichkeit hat, nach einem Besuch durch einen Verkaufsberater zusätzliche Informationen im Hilti Center einzuholen und danach telefonisch im zentralen Kundendienst zu bestellen. In einem solchen Fall müssen die aktuellen Informationen der entsprechenden Stelle zur Verfügung stehen, um den Kunden gezielt weiterberaten zu können.

Diese drei Vertriebselemente werden durch Spezialisten unterstützt. Das können je nach Anforderungen Bauingenieure, technische Spezialisten, Bauprojektleiter oder Grosskundenberater sein, die nicht in der lokalen Landesvertretung (Marktorganisation, MO) beheimatet sind, sondern in den Bereichen der Konzernzentrale arbeiten.

Der Verkaufsberater kann somit sicher sein, dass das gesamte Unternehmen 'hinter ihm steht' und ihn bei seinen Aufgaben im Markt und seiner Verantwortung dem Kunden gegenüber unterstützt.

Dem Verkaufsberater selbst werden Methoden zur Verfügung gestellt, die ihn in der täglichen Arbeit unterstützen, so zum Beispiel zur

- Segmentierung des betreuten Verkaufsgebiets (Territory Management),
- Zeitplanung (Time Management),

- Potentialbeurteilung der Kunden (Potential-orientierte Kundenbearbeitung).

Der **Verkaufsleiter (VL)** führt etwa 10 Verkaufsberater einer Verkaufsregion. Um seine Mitarbeiter optimal zu betreuen, wird auch ihm ein Bündel von Methoden zur Verfügung herstellt, so zum Beispiel zur

- Führung (Coaching) der ihm unterstellten Mitarbeiter (Vertriebsführung),
- Verkaufsplanung und Erfolgskontrolle (Gebietsführung),
- Schaffung von zusätzlichen finanziellen Anreizen zur Leistungssteigerung (Entlöhnungs- und Motivationssysteme).

Die letztgenannten Methoden (diese Methoden sind ausführlich in /1/ dokumentiert) stehen auch dem **Vertriebsmanagement** (Geschäftsbereichsleitung, Geschäftsleiter) zur Verfügung. **Wichtige Anmerkung:** Um die Stellung im Markt erfolgreich behaupten und die besten Chancen nutzen zu können, erarbeitet Hilti eine neue Strategie, welche momentane wie zukünftige Entwicklungen berücksichtigt und ein frühzeitiges agieren ermöglicht. Die bisherige Strategie 2000, die Ende der achtziger Jahre entwickelt wurde, war für lange Zeit die Grundlage für den Erfolg des Unternehmens. Die Dynamik der Märkte, der Kunden, des Wettbewerbes sowie das heutige und zukünftige Umfeld erforderten eine grundlegende Überarbeitung dieser Strategie. Die neu entwickelte Strategie heisst «Champion 3C». **Champion** steht für den Hilti Führungsanspruch in den Märkten, die **drei C** stehen für **Customer, Competence und Concentration**. Die Strategie beinhaltet Aussagen zu den Kunden, zum Markt und zu den Produkten. Sie definiert, wo die Stärken von Hilti liegen und in Zukunft liegen müssen und in welche Richtung die Konzentration der Kräfte und Ressourcen gehen soll.

3 Das MCS Projekt

Das Projekt **'Management of Customer Service' (MCS)** wurde im Ende 1994 gestartet, um die Umsetzung der Strategie 2000 in den Marktorganisationen vorzubereiten und zu unterstützen. Es wurde ein Team aus den Geschäftsführern der Marktorganisationen, Geschäftsbereichsleitern, Verkaufsleitern, Verkaufsberatern und Informatikern gebildet. Der Leiter des zentralen Kundendienstes der amerikanischen Marktorganisation wurde für die Projektleitung freigestellt.

4 Die Projektziele

Verbesserung der Gebiets- und Zeitplanung
Diese Prozesse wurden für die Durchdringung des Markts als besonders kritisch erkannt. Kennt der Verkaufsberater sein Verkaufsgebiet und die dort beheimateten Kunden genau, kann er die für seine Besuchsaktivitäten zur Verfügung stehende Arbeitszeit optimal nutzen.
Verbesserung des Vertriebscontrolling (SMP)
Diese Prozesse definieren für den Vertriebsleiter die Funktionen für die Rekrutierung, Ausbildung und Coaching der Verkaufsberater, Zielbildung und Kommunikation mit seinem Verkaufsteam.

5 Die Vorgehensweise

Alle Verkaufsprozesse, die in den beteiligten Marktorganisationen eingeführt waren, wurden untersucht und hinsichtlich ihrer Kompatibilität mit der Unternehmensstrategie neu definiert. Diese neugestalteten Geschäftsprozesse stellten somit das 'best practise' dar und wurde dokumentiert und anderen Marktorganisationen als Leitfaden zur Verfügung gestellt.
Das folgende Beispiel zeigt den Prozess des 'Time and Territory Management'.
Die Hauptanforderung an das zu evaluierende Softwarepaket war ein **maximaler Abdeckungsgrad der definierten Geschäftsprozesse.** Nur so konnte sichergestellt werden, dass das Standardsoftwarepaket ein solides Fundament für die Unterstützung der gesamten Vertriebsorganisation bildet. Die Anforderungen an das Softwarepaket sind ausführlich in /2/ beschrieben.
Das Paket sollte die Möglichkeit bieten, sogenannte **Hilti-spezifische Softwareerweiterungen (Add-ons) nahtlos integrieren** zu können, um dem Benutzer eine in sich konsistente Arbeitsumgebung anzubieten. Diese Add-ons sollten aber nur in solchen Bereichen entwickelt werden, in denen sich Hilti einen strategischen Vorteil erwartet. Die Integration von Office- und Electronic Mail-Funktionalität für die Kommunikation innerhalb des Verkaufsteams musste ebenfalls gegeben sein.
Da die Informationen dem Verkaufsberater auch während des Arbeitstages zur Verfügung stehen sollten, musste eine ‚mobile Arbeitsumgebung' auf einem Laptop vorhanden sein. Daher war die **Integration eines robusten Verfahrens für die Datensynchronisation** zwischen Verkaufsberater und Zentrale von existentieller Bedeutung für die Akzeptanz der Softwarelösung.
Die Softwareevaluation endete mit der Entscheidung für das Produkt SalesTrak der kalifornischen Firma Aurum Software Inc. als Basisprodukt. Aurum wurde im

Frühjahr 1998 vom holländischen ERP-Anbieter Baan übernommen, und das Softwareprodukt wird heute unter dem Namen Baan FrontOffice angeboten.

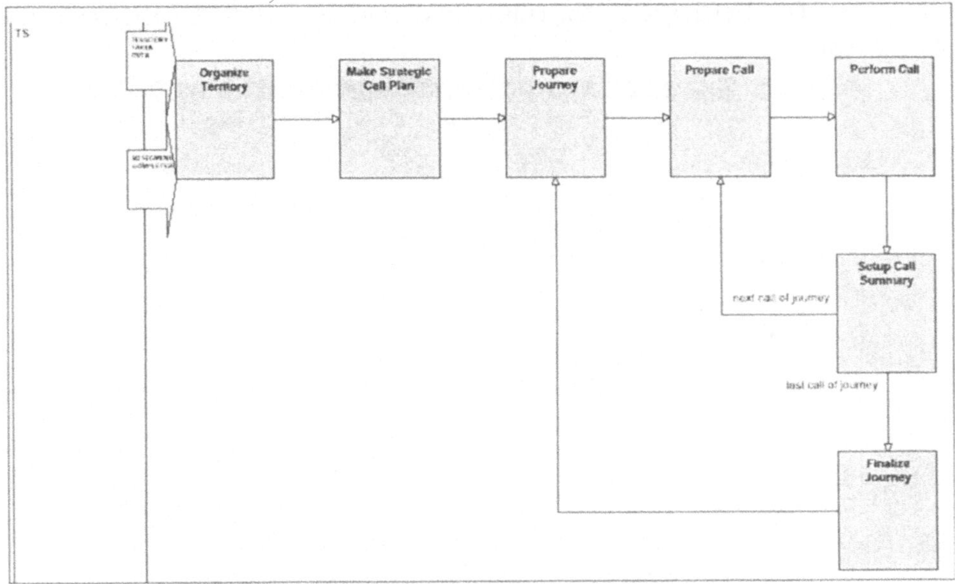

Abbildung 2: Geschäftsprozess 'Time and Territory Management'

6   Die erfolgreiche Lösung mit HSFA

Das Basisprodukt Aurum SalesTrak wurde ab 1995 unter dem Namen **Hilti Sales Force Automation (HSFA)** von der Konzerninformatik weiterentwickelt. Dank der zugrundeliegenden objekt-orientierten Software-Architektur liessen sich die gewünschten Add-ons nahtlos in das Basisprodukt integrieren. HSFA ist gegenüber dem Basisprodukt weiterhin releasefähig. Die verwendete Technologie zur Datensynchronisation hat sich als sehr effizient und im täglichen Betrieb als sehr robust herausgestellt.

Im Juli 1998 wurde die Version 3.0 an die Marktorganisationen als Standardsoftwareprodukt ausgeliefert. Die Anforderungen, um HSFA erfolgreich zu implementieren sind in /5/ dokumentiert.

Das vollständige Funktionsspektrum von HSFA ist in /6/ beschrieben.

HSFA erlaubt den Verkaufsberatern, von einem einzigen Bildschirm aus, alle Kundendaten (Kreditinformationen, Verkaufshistorie, Preisvereinbarungen, Besuchsberichte, Geschäftstransaktionen) zuzugreifen. Dieser direkte, schnelle Zugriff wird sehr geschätzt: der Verkaufsberater kann sich gezielt auf einen Kundenbesuch vorbereiten und während des Verkaufsgesprächs auf alle relevanten Kundeninformationen zugreifen. Alle diese Informationen stehen jederzeit und mit der gleichen Genauigkeit den Hilti-Center und dem zentralen Kundendienst zur Verfügung.

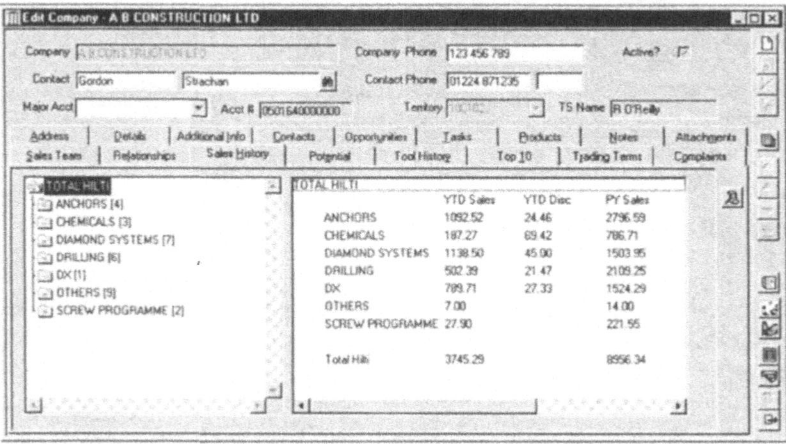

Abbildung 3: Darstellung der Verkaufshistorie für Kunden

Heute arbeiten nicht nur die Verkaufsberater und die Verkaufsleiter mit HSFA, sondern auch Geschäftsbereichsleiter, technische Berater und Produktmanager.

7 Beispiele für die Unterstützung der Geschäftsprozesse

7.1 Effizientes Gebietsmanagement

Ein Verkaufsberater betreut in der Regel zwischen 400 und 900 Kunden innerhalb seines Verkaufsgebiets. Um das Verkaufsgebiet effizient verwalten zu können, unterteilt er dieses in Zonen. Jedem Kunden wird eine Zone und über das ermittelte Potential eine Besuchshäufigkeit zugeordnet. Die so definierten Zonen sollen nach bestimmten Kriterien ,balanciert' sein.
Die Ergebnisse des Gebietsmanagements bilden dann die Grundlage für das Zeitmanagement.

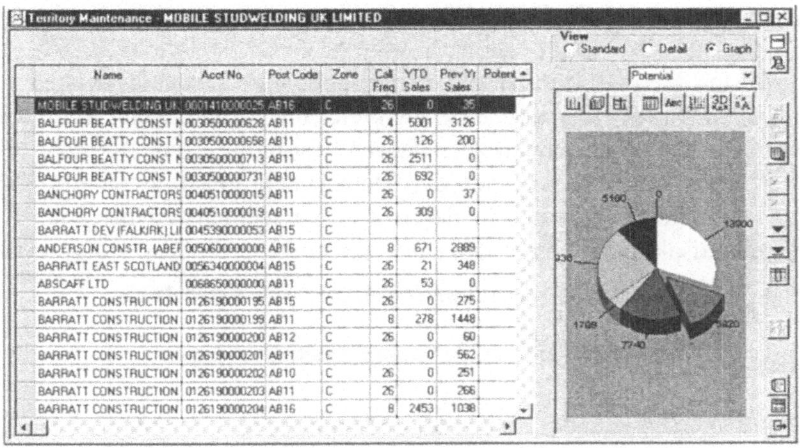

Abbildung 4: Gliedern und Balancieren des Verkaufsgebiets

7.2 Effizientes, potential-orientiertes Zeitmanagement

Während der Gestaltung des Verkaufsprozesses haben wir festgestellt, dass die erfolgreichen Verkaufsberater ihre Zeit wesentlich besser einteilen als weniger erfolgreiche, und dass sie sich auf Kunden mit Potential konzentrieren. Wir haben deshalb grossen Wert auf die Unterstützung dieser beiden Aspekte gelegt. HSFA schlägt dem Verkaufsberater bestehende und potentielle Kunden auf Grund von definierten Regeln vor. Diese Vorschläge kann der Verkaufsberater nach seinen eigenen Vorstellungen ergänzen. Rund 60 Prozent der Zeit des Verkaufsberaters kann somit automatisch verwaltet werden - Zeit, die zusätzlich für Kundengespräche zur Verfügung steht.

Journey Plan for 10-Aug-1998 through 16-Aug-1998

Company	Zone	YTD	Potential	Last Order	Last Called	Trade	Prev Yr	Account No
A B CONSTRUCTION LTD	B		17980			AC		0501640000005
A C YULE & SON LTD	B	20	1050	19.05.1998	02.07.1998	DB	180	0891080000000
A C YULE & SON LTD	B	146	2800	22.06.1998	13.06.1998	DB	684	0891080010000
A HUGHSON	B	0	252	23.10.1997	30.04.1997	CC	848	0444640000000
ABERDEEN SLATING CO LTD	B	606	1323	19.06.1998	29.06.1998	DF	1514	0002970000000
AFA JOINERY	B	2202	252	19.06.1998	17.06.1998	CC	131	0493630000000
AFB SPECIALIST BLDG PROD SUPPL	B		150			AC		0327580000006
AKRON CONSTRUCTION	B	647	150	19.06.1998	11.06.1998	CC	1074	0050690000000
ALEX CHALMERS & JOHN RAMSAY T/	B	39	449	05.04.1998	28.06.1998	AC	135	0734750000000
ALEXANDER LAW	B	48	449	05.06.1998	04.06.1998	DF	33	0450370000000
AMEC CONSTRUCTION SCOTLAND LTD	B		3745		07.02.1993	AC		0991110000160
AMEC CONSTRUCTION SCOTLAND LTD	B		11685		07.04.1998	AC		0991110000170
AMEC CONSTRUCTION SCOTLAND LTD	B	0	150		16.03.1997	AC	29	0991110000163
AQUATIC ENGINEERING	B		57			AA		1040550000001
BALFOUR BEATTY CONST NORTH LTD	B	523	749	01.06.1998	16.05.1998	AC	0	0030500000639
BALFOUR BEATTY CONST NORTH LTD	B	3162	37453	21.05.1998	16.06.1998	AC	5824	0030500000562
BALMORAL GLASSFIBRE LTD	B	1222	749	19.06.1998	25.06.1998	BC	1061	0030600000000
BARRATT CONSTRUCTION LIMITED	B	0	4494		04.12.1997	AC	1505	0126190000189
BARRATT CONSTRUCTION LIMITED	B	675	5094	21.06.1998	21.06.1998	AC	1684	0126190000194

Abbildung 5: Auswählen von Kunden für die Terminplanung

7.3 Verkaufsunterstützung durch Integration von Aktionen

Früher mussten Verkaufsberater die Zielgruppen für Verkaufsaktionen mühsam aus der Kundenkartei selektieren. HSFA bietet die Möglichkeit, Aktionen, z. B. "Alle Kunden, die in den letzten zwei Jahren bestimmte Produkte nicht erworben haben", zentral vorzubereiten, mit der Datensynchronisation an die Verkaufsberater zu verteilen und somit in deren Zeitmanagement zu integrieren. Somit können Verkaufsaktionen besser und schneller umgesetzt und verfolgt werden.

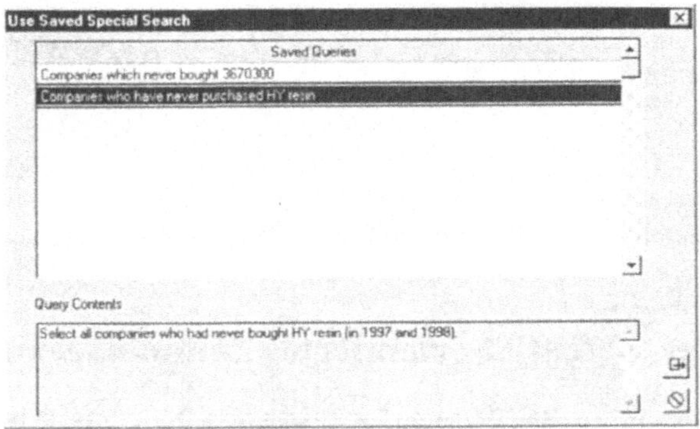

Abbildung 6: Integrieren von Verkaufsaktionen in die Terminplanung

7.4 Verkaufsführungsinformation

HSFA bietet dem Verkaufsberater tagaktuell Informationen, die ihm ein sogenanntes 'Selbst-Controlling' ermöglichen. Er ist jederzeit über die Verkaufsziele und deren Erreichungsgrad (Performance) informiert und kann somit Aktivitäten planen, eventuellen Zielabweichungen entgegenzuwirken.

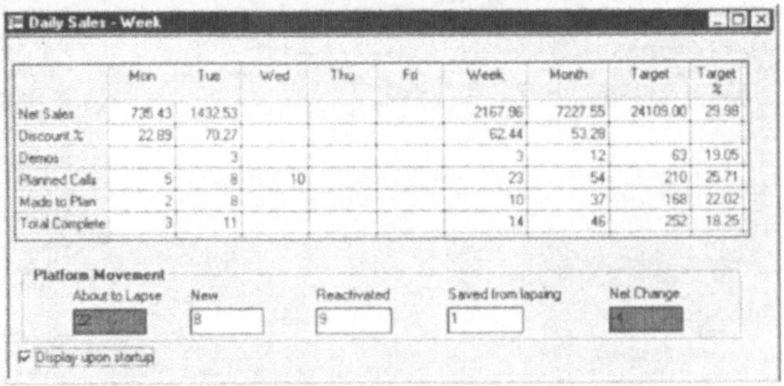

Abbildung 7: Tägliche Verkaufsführungsinformationen

7.5 Integration der Kommunikationsysteme

HSFA wird unter Windows 95 und Windows NT 4.0 eingesetzt und ist perfekt mit den Microsoft Office- und Electronic Mail-Anwendungen integriert. Der kontextbezogene Zugriff auf das Internet oder das Hilti Intranet ist aus HSFA möglich.

7.6 Managementinformationen

Im gesamten Verkaufsprozess spielt die Führung eine grosse Rolle. Die Verkaufsleiter sind ebenfalls mit Laptops ausgerüstet und verfügen über die gleichen Informationen wie die ihnen zugeordneten Verkaufsberater. HSFA generiert täglich Managementinformationen, die mittels der Datensynchronisation übertragen werden. Damit konnte die Papierflut auf ein absolutes Minimum reduziert werden.

7.7 Sichere Datensynchronisation

Der Datenaustausch mit der zentralen Datenbank geschieht ohne Interaktion des Verkaufsberaters. HSFA nimmt zu einem vorgegebenen Zeitpunkt über Telefon oder Internet Verbindung mit der zentralen Datenbank auf und überträgt alle neuen und geänderten Informationen vom Laptop zur Zentrale. Im Gegenzug werden alle aktuellen Geschäftstransaktionen und Verkaufsführungsinformationen zum Laptop übertragen. Innerhalb dieses Datenaustauschs kann auch die Electronic Mail synchronisiert werden.

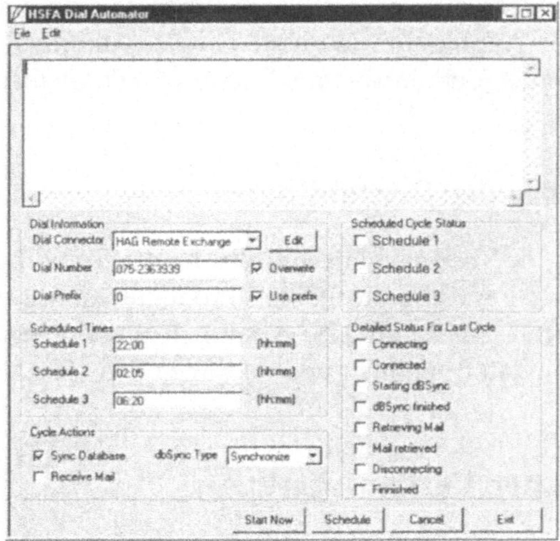

Abbildung 8: Anwählen der Zentrale für die Datensynchronisation

8 Die erzielten Erfolge

8.1 Umsatzsteigerung

Kann man durch den Einsatz eines CAS-Systems wie HSFA den Umsatz steigern? Die Antwort ist ein klares 'Ja'. Allerdings braucht es dazu auch ein sehr engagiertes Management und klare Zielsetzungen. Die kritischen Erfolgsfaktoren für einen erfolgreichen Einsatz von HSFA sind:

- Software, die auf den Verkaufsprozess und seine Anforderungen zugeschnitten ist, die leicht erlernbar ist, effizient und robust ist,
- Informatik- und Kommunikationsinfrastruktur in der Marktorganisation, die robust und fehlerfrei arbeitet,
- Informatikbetrieb, der sicherstellt, das die tägliche Bereitstellung der Informationen für die Verkaufsberater reibungslos funktioniert,
- Helpdesk, das kompetent anwendungsorientierte und technische Fragen beantworten kann,
- Management, das voll hinter dem Prozess, der Software und deren Implementierung steht,
- Verkaufsleiter, der die Software als Hilfsmittel für die Bearbeitung der Verkaufsregion und Kommunikation innerhalb des Teams nutzt,
- Training, das sowohl die geschäftlichen Prozesse sowie die Handhabung des Laptops und der Applikation umfasst. Dieses Training muss in das Ausbildungsprogramm der Verkaufsberater und des Verkaufsmanagements integriert sein.

8.2 Verbesserung der Rentabilität

Über die Steuerung der Zeitplanung und die Konzentration auf die Kunden mit den höchsten Potential und die profitablen Produkte kann die Rentabilität erhöht werden. Unsere Erfahrungen mit HSFA sind in dieser Beziehung sehr positiv. Klare Zielsetzungen, Informationen und Aktionen des Verkaufsmanagement sind notwendig.

8.3 Motivation der Verkaufsberater

Alle Verkaufsberater wenden HSFA gerne an. Sie sind stolz auf dieses Werkzeug, das sie problemlos bedienen können und sie via Electronic Mail, Intranet und Internet mit ihren Kollegen verbindet. Vor allem Verkaufsberater, die neu zur

Hilti stossen, finden perfekt aufbereitete Informationen über ihr zukünftiges Verkaufsgebiet vor.

8.4 Zufriedene Kunden

Wir waren am Anfang skeptisch, wie die Kunden auf den Baustellen auf die
Laptops reagieren würden. Heute können wir sagen, dass die Reaktion durchaus
positiv ist. Die Kunden sehen, wie der Verkaufsberater aus Basis der Informationen noch gezielter auf ihre Anforderungen reagieren kann. Sie attestieren, dass
die Hilti AG, Schaan sehr viel investiert, den ihnen gebotenen Service zu erhöhen.
Ein wichtiges Ziel, das wir somit erreicht haben.

Literatur

/1/ **Hilti AG,** Sales Management Manual, Document Number 03E201AH.PM
4/92

/2/ **Hilti AG, HSFA Development Team:** Business Requirements for an HSFA
Application Version 1.0, November 1996

/3/ **Sieghard H Marzian, Wolfhart Smidt:** Vom Vertriebsingenieur zum
Market-Ing. , Springer Verlag Berlin, 1999

/4/ **Karl Pinczolits:** Der Schlagzahlmanager, Campus Verlag Frankfurt, 1998

/5/ **Hilti AG, HSFA Development Team:** HSFA Technical Reference Guide
Version 3.0, Juli 1998

/6/ **Hilti AG, HSFA Development Team:** HSFA User's Guide Version 3.0, Juli
1998

Neuronale Netze zur Detektion charakteristischer Strukturmerkmale in nichttrivialen Zeitreihen

Prof. Dipl.-Inform. Erwin Fahr
Berufsakademie Ravensburg

1 Zusammenfassung

Es wird gezeigt, wie Neuronale Netzwerke in ihrem Aufbau und ihrer Konzeption sich stärker an der Funktionsweise des menschlichen Gehirns orientieren als an der Arbeitsweise konventioneller Rechner der klassischen von-Neuman-Architektur.

Die Struktur des Detektionssystems stellt nicht nur einen singulären Lösungsansatz für eine bestimmte Aufgabenstellung dar, sondern zeigt notwendige Arbeitsschritte bei der Verwendung Neuronaler Netze zur Detektion charakteristischer Strukturmerkmale in nichttrivialen Zeitreihen.

Es wird ein neues Mustererkennungsverfahren für die automatische Detektion von K-Komplexen in EEG-Schlafpolygraphien mit Neuronalen Netzen vorgestellt. Mit Hilfe der ermittelten K-Komplexe und Schlafspindeln kann das relevante Schlafstadium 2 aus dem EEG-Signal direkt ermittelt und visualisiert werden, welches ein wichtiges Kriterium zur objektiven Beurteilung der Schlafqualität eines Patienten darstellt.

Ein Entscheidungssystem für den Kauf und Verkauf von Aktien mit Hilfe Neuronaler Netze wird vorgestellt und bewertet.

2 Einführung in die Theorie Neuronaler Netze

Einer der Gründe für den enormen weltweiten Aufschwung der Technik Neuronaler Netze seit Anfang der 80-er Jahre ist, dass Neuronale Netze in ihrem Aufbau und ihrer Konzeption sich stärker an der Funktionsweise des menschlichen Gehirns orientieren als an der Arbeitsweise des klassischen von-Neuman-Rechners.

Die Unterschiede zwischen Gehirn und von-Neuman-Rechner sind augenfällig. Einerseits ist ein einfacher Taschenrechner dem Menschen bezüglich Geschwindigkeit und Genauigkeit weit überlegen; andererseits beschränkt sich die Speicherfähigkeit konventioneller Systeme auf die Aufnahme explizit angebotener Strukturen. Die Eigenschaften

- Assoziative Speicherung von Informationen
- Abstraktionsfähigkeit
- Lernfähigkeit
- verteilte Wissensdarstellung
- Parallelität

sind dem menschlichen Gehirn bzw. seinem technischen Abbild, den Neuronalen Netzen vorbehalten. Begründet sind diese Eigenschaften des menschlichen Gehirns nicht in der hohen Verarbeitungsgeschwindigkeit der Information, sondern in der hochgradig parallelen Natur der Informationsverarbeitung im Gehirn, somit in der netzwerkartigen Struktur der Nervenverbände.

Das menschliche Gehirn enthält ca. 10 - 100 Milliarden Neuronen, wobei jedes Neuron wiederum mit 1.000 bis 10.000 anderen Neuronen verbunden ist. Das Lernen erfolgt über synaptische Veränderungen zwischen den Neuronen. Da bei einem Lernvorgang jeweils ein grosser Teil der Neuronen über die Verbindungen simultan aktiv ist und miteinander kommuniziert, entsteht eine gewaltige Verarbeitungskapazität.

Mit der Zunahme des Verständnisses der Arbeitsweise des Gehirns und damit auch der Neuronalen Netze eröffnen sich immer mehr Anwendungsbereiche, bei denen bisher der klassische prozedurale Ansatz auf der Basis der von-Neuman-Rechner versagte.

Definition: Neuronales Netz
Ein Neuronales Netz ist eine dem Gehirn nachempfundene, massiv parallele Rechnerstruktur. Es besitzt eine lernfähige und fehlertolerante Struktur.

Ein Neuron, das Abbild einer Nervenzellen des Gehirns, ist die kleinste Einheit eines Neuronalen Netzes. Es besitzt einen oder mehrere Eingänge, die in ihrer Bedeutung gewichtet werden. Diese gewichteten Eingänge werden über eine Rechenfunktion verknüpft und daraus das Ergebnis berechnet (Abbildung 2).

Für die Vernetzung der Neuronen gibt es unterschiedliche Modelle. Das einfachste Modell organisiert die Neuronen in Schichten oder Layern (Feed-Forward-Netz; Abbildung 3). Es gibt eine Eingangsschicht, eine Ausgangsschicht und eine oder mehrere Zwischenschichten.

Die Schichten bilden ein Netz, in dem der Ausgang eines Neurons der vorgelagerten Schicht mit dem Eingang von Neuronen der folgenden Schicht verbunden ist.

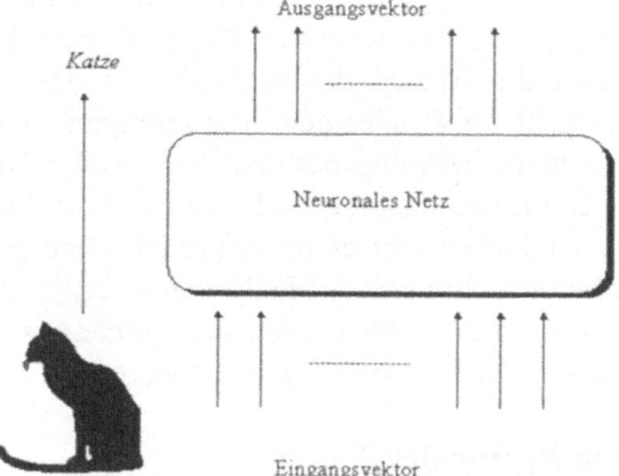

Abbildung 1: Neuronales Netz als Blackbox

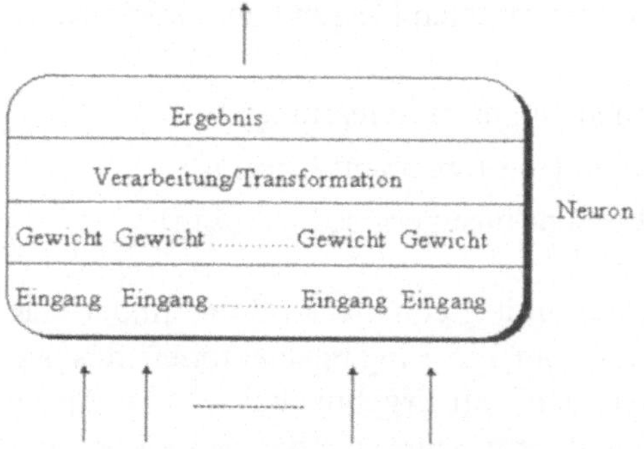

Abbildung 2: Aufbau eines Neurons

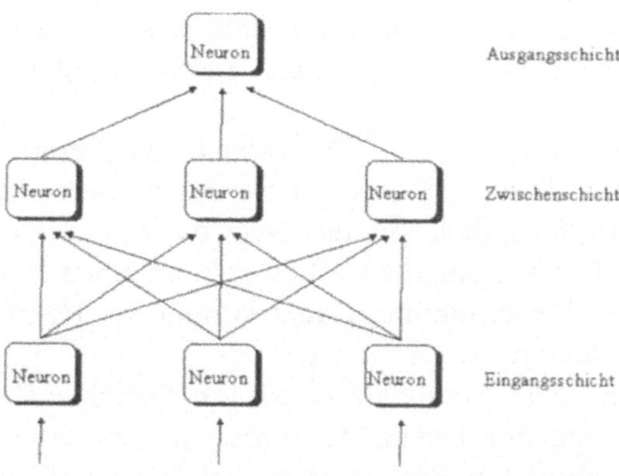

Abbildung 3: Beispiel eines Feed-Forward-Netzes

Die Anzahl der Neuronen in der Eingangsschicht und in der Ausgangsschicht ist wesentlich durch die Applikation bestimmt. Die geeignete Wahl der Anzahl der Zwischenschichten und die Anzahl der Neuronen in den einzelnen Zwischenschichten, sowie die Wahl des Grades der Verbindungen zwischen den Schichten ist ein wesentliches Unterscheidungsmerkmal Neuronaler Netze und beeinflusst die Qualität des Netzes für die entsprechende Applikation. Für die Festlegung der letztgenannten Einflussfaktoren gibt es bis heute lediglich grobe Richtlinien; die Wahl der Parameter beruht sehr stark auf Erfahrungswerten.
Um mit Neuronalen Netzen in Abhängigkeit der Eingangswerte sinnvolle Ergebnisgrössen zu erhalten, müssen sie zuvor trainiert werden.

Definition: Lernen in Neuronalen Netzen
Unter Lernen eines Neuronalen Netzes versteht man die Modifikation der Verbindungsgewichte, um eine bessere Übereinstimmung zwischen erwünschter und tatsächlicher Ausgabe zu erhalten.

Im Zusammenhang mit neuronalen Netzen kennt man drei Arten des Lernens:

* Überwachtes Lernen (supervised learning)
* Bestärkendes Lernen (reinforcement learning)
* Unüberwachtes Lernen (unsupervised learning)

Bei Neuronalen Netzen mit Schichtenstruktur findet das supervised learning Anwendung. Es werden an die Eingangsneuronen des Netzes definierte Werte angelegt, für die bereits ein Soll-Ergebnis bekannt ist. Die Eingangswerte werden dann Schicht für Schicht verarbeitet, bis die Ausgangswerte ermittelt sind (Feed-Forward-Netz). Diese werden dann mit den Soll-Werten verglichen und ein Fehler festgestellt. Über eine Lernregel werden aus diesem Fehler Veränderungen der Gewichte in den einzelnen Schichten abgeleitet und automatisch vorgenommen (Backpropagation). Dies ist der eigentliche Lernvorgang in einem Neuronalen Netz.
Innerhalb eines Lernzyklus werden alle vorhandenen Lernmuster einmal an das Netz angelegt. In der Regel ist eine grosse Anzahl von Lernzyklen (mehrere 10.000 Lernzyklen) erforderlich, bis das Netz ein bestimmtes Verhalten gelernt hat. Beim gesamten Lernvorgang handelt es sich um einen Näherungsvorgang mit lokalen und globalen Fehlerminima. Daher kommt der Beurteilung des Restfehlers eine zentrale Bedeutung zu.
In der Praxis finden heute Neuronale Netze mit Schichtenstruktur (hier speziell sogenannte Backpropagation-Netze) den grössten Verbreitungsgrad. Bei den in diesem Beitrag vorgestellten Projekten finden jeweils Backpropagation-Netze

Anwendung, da diese auch durch den Charakter der Aufgabestellung (Mustererkennung) motiviert sind.

3 Struktur des Detektionssystems

Das menschliche Gehirn besitzt die besondere Fähigkeit der Abstraktion von Informationen. Dieser Sachverhalt legt die Vermutung nahe, dass es auch mit Hilfe Neuronaler Netze möglich ist, einen ähnlichen Effekt zu erreichen. Ein Anwendungsgebiet sind neuronale Klassifikatoren, die lokale Eigenschaften von Datenreihen erkennen, ähnlich wie der Mensch in der Lage ist, typische Signalausschnitte (Muster) zu erkennen, wenn die Datenströme in grafischer Form aufbereitet vorliegen. Bei einer Problemlösung mit Hilfe neuronaler Klassifikatoren sind grob skizziert folgende Arbeitsschritte erforderlich [Briegel98]:

- Analyse der Aufgabenstellung: In dieser Phase werden die charakteristischen Eigenschaften der Muster definiert.
- Extraktion und Aufbereitung charakteristischer Muster: Zur Erhöhung der Verarbeitungsgeschwindigkeit werden auf der Basis der in Schritt 1 ermittelten Eigenschaften nach einem algorithmischen Näherungsverfahren mögliche Muster extrahiert. Um dem Anspruch der Abstraktionsfähigkeit Neuronaler Netze gerecht zu werden, erfolgt eine Vorverarbeitung der extrahierten Daten.
- Definition der Struktur des Neuronalen Netzes auf der Basis der vorverarbeiteten Daten und der geforderten Ergebniswerte.
- Auswahl und Bewertung der Lernmuster: Für die Durchführung der Lernphase des Neuronalen Netzes müssen sogenannte Lerndateien erstellt werden, in denen die Muster und ihre vom Experten durchgeführte Bewertung enthalten sind.
- Lernphase des Neuronalen Netzes: Das neuronale Netz wird mit den Mustern der Lerndatei trainiert. Über die Bewertung des Restfehlerverhaltens wird entschieden, ob das Netz weiter trainiert werden sollen, oder ob der Lernvorgang mit einem neu definierten Neuronalen Netz wiederholt werden soll.
- Anwendung des Neuronalen Netzes für die Problemlösung: Im operationellen Einsatz (Recall-Phase) werden die in Schritt 2 extrahierten Muster an das trainierte Neuronale Netz angelegt, welches dann die Muster klassifiziert.

- Nachlernphase des Neuronalen Netzes: Bei Bedarf kann das Neuronale Netz weitere Muster hinzulernen. Dabei sollte man jedoch berücksichtigen, dass dem Netz durch "Überlernen" die Abstraktionsfähigkeit nicht verloren geht.

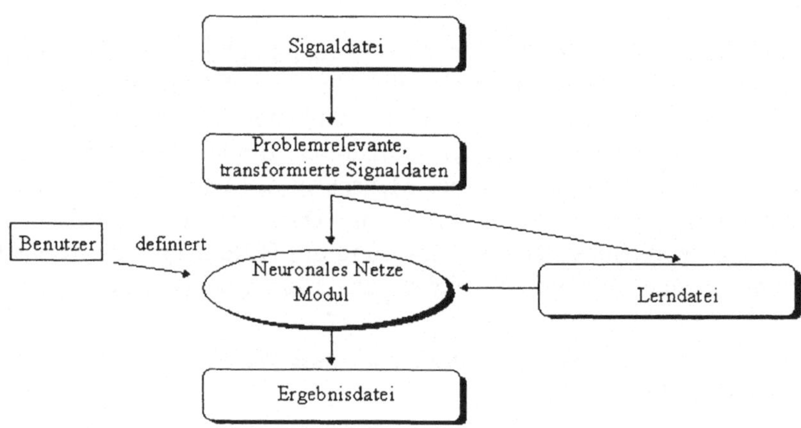

Abbildung 4: Struktur des Detektionssystems

4 Intelligentes EEG-System

4.1 Einführung

Im Rahmen einer interdisziplinären Kooperation zwischen der Freien Universität Berlin, Universität Konstanz und Berufsakademie Ravensburg/Tettnang wird die Detektion von K-Komplexen in EEG-Schlafpolygraphie mit intelligenten Systemen untersucht. Seit einigen Jahrzehnten werden Schlafstörungen nicht mehr als Befindlichkeitsstörungen angesehen, sondern werden wegen der von ihnen ausgehenden Beeinträchtigungen der sozialen und beruflichen Funktionsfähigkeit ernst genommen. Zur Beurteilung der Schlafqualität bedarf es einer möglichst genauen Erfassung der Schlafstruktur, d.h. der dynamischen, teils wiederholten Abfolge von verschiedenen Schlafstadien. Die Schlafstadien sind hauptsächlich durch elektroenzephalographische (EEG) Phänomene charakterisiert und in den letzten Jahren hat es grosse Fortschritte gegeben, diese Schlafstadien automatisch mit Computerhilfe zu bestimmen [Krajca91]. Dass die automatische Schlafstadienbestimmung bisher allerdings noch unzureichend arbeitet, liegt hauptsächlich an den transienten Phänomenen im EEG, wie den K-

Komplexen, die charakteristisch für den leichten Schlaf (Stadium 2) sind [Rechtschaffen68].

Die Erkennung des Schlafstadiums 2 erfolgt durch Auswertung der detektierten K-Komplexe zusammen mit dem Auftreten von Schlafspindeln. Ein K-Komplexe ist definiert als ein separiert auftretendes, azyklisches phasisches Ereignis [Scholz93]. Schlafspindeln sind niederamplitudige Schwingungen von 12 - 14 Hz und einer Dauer von mindestens 0.5 s.

Ziel der Forschungsaktivitäten ist es, eine automatische Erkennung der K-Komplexe und der Schlafstadien 2 zu gewährleisten, womit die zeitaufwendige und ermüdende visuelle Erkennung der K-Komplexe durch den Mediziner wesentlich erleichtert wird. Darüber hinaus soll in dieser Studie gezeigt werden, wie wissensbasierte Systeme anhand des medizinischen Expertenwissen als intelligente Klassifikatoren zur Detektion von K-Komplexen eingesetzt werden können. Die Vorteile dieser intelligenten Systeme gegenüber den konventionellen Methoden liegen hier vor allem in einer sicheren und robusten Erkennung der Signalmuster, womit eine gesicherte Basis für eine resultierende Diagnose ermöglicht wird.

4.2 Systembeschreibung

Es wird ein neuartiges EEG-System realisiert, das als Kernstück einen Neuro-Fuzzy Detektor beinhaltet, Abbildung 5. Das gesamte System ist modular aufgebaut und verfügt über mehrere Funktionen, die eine automatische Detektion der K-Komlexe und die direkte Ermittlung des Schlafstadiums 2 ermöglichen. Die analogen EEG-Signale werden am Kopf des Probanden im Schlaf über mehrere Messelektroden mit Hilfe eines EEG-Aufzeichnungsgeräts aufgenommen und auf Endlospapier registriert. Parallel hierzu wurde ein neues Monitoring-System SAM-BA (**S**ignal **A**mplitude **M**onitoring - **B**erufsak**a**demie) entwickelt, das bis zu 12 verschiedene Kanäle on-line visualisieren kann [Altenburger 94]. Die Bedienoberfläche und das Monitoringsystem sind unter Windows lauffähig [Bröhm 95]. Die analogen EEG-Signale werden mit einer Abtastfrequenz von 200 Hz abgetastet, digitalisiert und gespeichert. Die Kopplung zwischen dem Monitoringsystem SAM-BA und dem intelligenten Detektionssystem erfolgt über eine Datenschnittstelle.

Die Hauptkomponente des entwickelten EEG-Systems stellt das intelligente Detektionssystem dar, das die Software-Module Signalvorverarbeitung, Neuro-Fuzzy-Detektor und K-Komplex beinhaltet. Die automatische Ermittlung der K-Komplexe erfolgt in einer Post-Analyse, d.h. aus den gemessenen und gespeicherten EEG-Originaldaten (6 MB/Nacht*Spur) werden mit Hilfe des Signalvorverarbeitungsmoduls im off-line Betrieb die K-Komplexe unter Berücksichtigung des medizinischen Expertenwissens ermittelt. Der intelligente Detektor liefert die erkannten K-Komplexe mit ihrem Detektionsgrad und die zugehörigen zeitlichen Positionen. Die detektierten K-Komplexe werden in einem Intervall anhand der Konzentration und ihres Detektionsgrades analysiert, was zu einer direkten Erkennung des Schlafstadiums 2 führt. Die Ergebnisse lassen sich visualisieren und protokollieren, so dass eine ständige Überprüfung durch den Mediziner möglich ist.

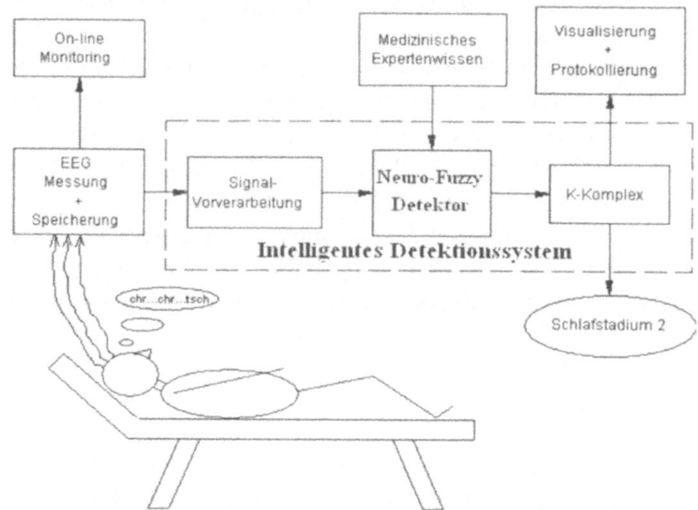

Abbildung 5: Strukturbild des intelligenten EEG-Systems.

4.3 Neuro-Detektionsmodul

Zur Ermittlung der Kriterien für die Detektion der K-Komplexe wird das Expertenwissen des Mediziners benötigt. Aufgrund einer Experten-Befragung und der Beschreibung von K-Komplexen werden Detektionskriterien definiert, die für eine algorithmische Daten-Vorverarbeitung genutzt werden können. Eingangsgrössen sind vorselektierte Muster. Als Ausgangsgrösse resultiert die Bewertung dieser Muster als K-Komplex mit dem zugehörigen Detektionsgrad. Durch den Detektionsgrad wird die Bewertung des K-Komplexes vorgenommen, die hier die Entscheidungssicherheit bzw. Entscheidungsunsicherheit des Mediziners reflektiert. Die Basis für das Neuro-Detektionsmodul bilden EEG-Orginaldaten.
Der Lösungsansatz lässt sich in 3 Verarbeitungsschritte unterteilen (siehe auch Abbildung 6).

* Datenvorverarbeitung
* Datenaufbereitung
* Bewertung (Klassifikation).

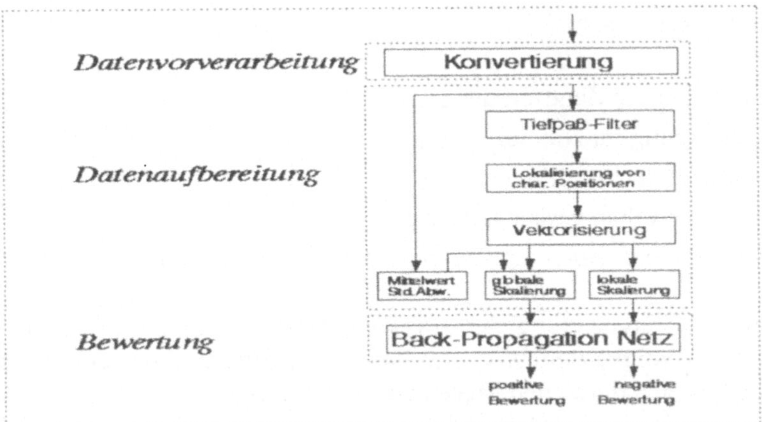

Abbildung 6: Neuro-Detektionsmodul

Datenvorverarbeitung und Datenaufbereitung dienen der Erhöhung der Verarbeitungsgeschwindigkeit. In diesen beiden Phasen erfolgt eine Konvertierung und eine Glättung der Orginal-EEG-Daten. Durch die Glättung werden die hochfrequenten Anteile des Orginalsignals unterdrückt, die wie ein schwaches Rauschen um die Nullachse über dem Signal liegen, Abbildung 7 Spur 1. Dadurch wird die Anzahl der Nulldurchgänge merklich reduziert, Abbildung 7 Spur 2.

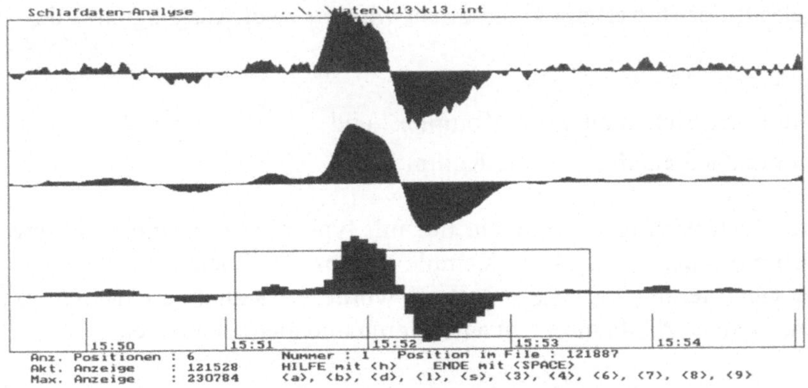

Abbildung 7: Datenaufbereitung

Die Datenaufbereitung lässt sich weiter in die Lokalisierung und in die Merkmalsextraktion unterteilen, die bei dieser Anwendung als Vektorisierung ausgeprägt ist. Bei der Lokalisierung werden die Signalausschnitte ermittelt, welche Ähnlichkeit mit K-Komplexen besitzen. Dabei wird nur sehr global mit einem algorithmischen Ansatz medizinisches Expertenwissen für die Erkennung von K-Komplexen ausgewertet:

- Nulldurchgang im Zentrum der Signalform
- Mindeststeigung im Nulldurchgang
- Maximalwert der Amplitude
- Mittelwert und Standardabweichung
- separierte Lage in einem umfassenderen Signalausschnitt.

Eine weitere Differenzierung der Auswahlkriterien erhöht lediglich die Verarbeitungsgeschwindigkeit, nicht jedoch den Erkennungsgrad des Detektors. Dieser wird ausschliesslich durch den Merkmalsextraktor und letztendlich das Neuronale Netz bestimmt. Durch die Merkmalsextraktion wird festgelegt, welche Daten mit welcher Bedeutung dem Neuronalen Netz angeboten werden. Die Anzahl der Daten beeinflusst die Komplexität des Neuronalen Netzes. Für jeden Signalausschnitt mit 400 Positionen wird ein Datensatz mit 50 Werten generiert, der den Signalverlauf widerspiegelt. Die einzelnen Datenwerte stellen gemittelte Amplitudenwerte dar, Abbildung 7 Spur 3.

Das eigentliche Expertenwissen ist in den Verbindungen des Neuronalen Netzes gespeichert. Als Klassifikator wurde eine Backpropagation-Netz gewählt mit 50 Inputneuronen, 1 verdeckten Schicht und 2 Outputneuronen. Um die volle Leistungsfähigkeit des Neuronalen Netzes auszuschöpfen und eine höhere Aussagekraft der Bewertung zu erhalten, wurden zwei Ausgänge mit den Bedeutungen

- "ist mit ...% Sicherheit ein K-Komplex" und
- "ist mit ...% Sicherheit kein K-Komplex"

definiert. Dazu wird das Netz nicht nur mit typischen K-Komplex-Formen, sondern auch mit typischen Nicht-K-Komplex-Formen trainiert.

Für die Generierung von Lernmustern wurde zusätzlich die Möglichkeit geschaffen, Signalverläufe direkt zu adressieren und auszuschneiden.

4.4 Ergebnisse

Die Verifikation der Ergebnisse wurde anhand von EEG-Originaldaten vorgenommen, die 106 signifikante Signalverläufe enthielten. Darüber hinaus wurden Langzeitstudien durchgeführt, in denen die Detektion der K-Komplexe über eine ganze Nacht untersucht wurden. In allen Untersuchungen lieferte das Detektionssystem ohne Filtereinrichtungen eine robuste und sichere Erkennung, die eine hohe Übereinstimmungsrate mit dem Mediziner wiedergab. Sogar die kritischen Fälle, bei denen der Detektionsgrad der K-Komplexe um die 50% lag, wurden erkannt. In diesen Fällen ist zusätzlich eine visuelle Analyse des Mediziners erforderlich.

Das Detektionssystem verfügt über eine graphische Ausgabe, mit der die ermittelten K-Komplexe direkt im EEG-Signal mit einem schraffierten Hintergrund und Detektionsgrad visualisiert werden können (siehe Abbildung 8).

Die Leistungsfähigkeit des entwickelten Detektionssystems wird deutlich, indem aus einer 8 Stunden EEG-Schlafpolygraphie in ca. 2 Minuten die K-Komplexe mit zugehörigem Detektionsgrad ermittelt werden, wozu ein erfahrener Mediziner in einer Ex-Post-Analyse ca. 3 Stunden benötigt.

Mit Hilfe des Detektionssystems lässt sich zusätzlich das in der Schlafpolygraphie relevante Schlafstadium 2 direkt ermitteln. Die automatische Bestimmung des Schlafstadiums 2 wird mit Hilfe eines Software-Moduls ausgeführt, das eine bestimmte Konzentration der sicher detektierten K-Komlexe in Verbindung mit algorithmisch detektierten Schlafspindeln als ein medizinisches Auswahlkriterium beinhaltet.

Mit dieser Methode verfügt der Mediziner über ein intelligentes EEG-System, das eine automatische Erkennung der K-Komplexe und direkte Bestimmung des Schlafstadiums 2 durchführt. Dadurch wird seine Arbeit wesentlich erleichtert, wobei die letzte Entscheidung weiterhin beim Mediziner liegt.

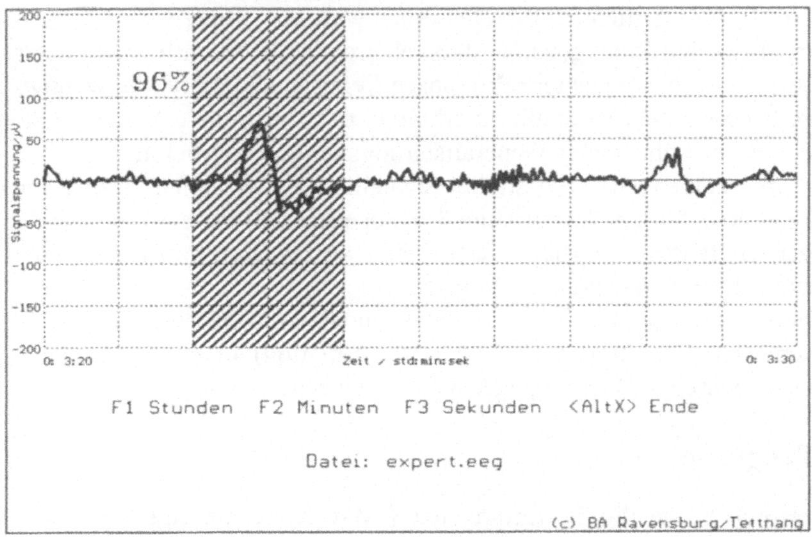

Abbildung 8: Detektion eines K-Komplexes mit Bewertung.

5 Expertensystem zur Aktienprognose

Zu den interessantesten Anwendungsmöglichkeiten Neuronaler Netze zählt die Prognose bzw. Analyse von nichttrivialen, wirtschaftlich relevanten Zeitreihen wie z.B. von Aktienkursen.
Die nachfolgend vorgestellte Prognose wurde mit Backpropagation-Modellen durchgeführt, da diese durch ihre Verwandtschaft mit den aus dem Operations-Research und der multidimensionalen Analysis bekannten Gradientenverfahren am leichtesten zu analysieren ist.

5.1 Problemanalyse

Zunächst stellt sich die Frage, welche Daten als Eingangsgrössen gewählt werden. Bei Aktienprognosen bieten sich die technischen Indikatoren als geeignet an. Da der Einfluss eines Indikators auf jede Aktie unterschiedlich stark ist und da jede Aktie unterschiedliche Indikatoren besitzt, muss für jede Aktie ein eigenes Neuronales Netz mit den relevanten Eingangsgrössen erstellt und trainiert werden.
Ein weiterer wichtiger Aspekt ergibt sich aus der Tatsache, dass sich der Einfluss eines Indikators auf eine Aktie im Laufe der Zeit verändert. Das hat zur Folge, dass die Neuronalen Netze kontinuierlich nachgelernt werden müssen. Folglich können nur Netzwerktypen gewählt werden, bei denen ein Nachlernen neuer, aktueller Muster möglich ist. Ein Neulernen wäre zu zeitintensiv.
Bei den Tests hat sich gezeigt, dass Neuronale Netze, die mehr Lernschritte durchlaufen haben, schlechtere Prognosen lieferten als Netze, die weniger gelernt wurden. Dieser Effekt ist damit zu erklären, dass Neuronale Netze bei steigender Anzahl von Lernschritten an Generalisierungsfähigkeit verlieren.
Aktienkurse zeigen ein sehr starkes dynamisches Verhalten. Daher muss man bedenken, ob es für eine kurzfristige Prognose sinnvoll ist, ein Netz mit den Daten eines ganzen Jahres zu lernen oder ob ein Lernzeitraum von z.B. 2 Wochen die momentane Situation besser wiedergibt.
Weiterhin muss bei der Problemanalyse noch bewertet werden, ob nach bestimmten Chartformationen (z.B. die W-Formation) in den Zeitreihen gesucht wird. Dafür wäre ein Backpropagation-Netz bestens geeignet.

5.2 Prognose

Als Beispiel wurde die Bewertung der BMW-Aktie durchgeführt. Für die Bewertung der BMW-Aktie wurden folgende Indikatoren gewählt:

* Aktienkurs des Vortages
* DAX-Schlusskurs des Vortages

- Deutsche Composite DAX Automobil des Vortages
- Bund Futures Schlusskurs 200 Tage und
- Dow Jones Schlusskurs 80 Tage.

Das Netz wurde mit Daten aus der Vergangenheit über eine Zeitraum von einem, zwei bzw. 4 Monaten trainiert, aus denen für die Bewertung zuvor Validations- und Prognosedaten berechnet wurden. Das Netz wurde täglich mit den aktuellen Daten nachtrainiert.

Die Spekulationen wurden mit 1.000.000 DM durchgeführt. Vereinfachend wurde angenommen, dass täglich gekauft bzw. verkauft werden konnte, ohne dass dabei Gebühren und Steuern anfallen.

Bei Kurzzeitanalysen lagen die erzielten Ergebnisse mit 7.5% z.T. deutlich höher als der reine Kursgewinn mit 3.5%.

Eine weitere Untersuchung sollte klären, inwieweit Neuronale Netze in der Lage sind, über lange Zeiträume hinweg Prognosen zu treffen, ohne nachgelernt zu werden. Obwohl die Kursänderungen gut angenähert wurden, lagen die absoluten Werte zu hoch, da die Kurse im Lernzeitraum deutlich höher lagen als im Bewertungszeitraum.

5.3 Ergebnisbewertung

Es gibt kein Prognoseverfahren, das für alle Zeitreihen die besten Prognosen liefert; dies gilt auch für Neuronale Netze. Neuronale Netze eignen sich prinzipiell für die Prognose beliebiger Zeitreihen. Die wesentliche Schwierigkeit bei der neuronalen Prognose ist, die optimale Netzwerkstruktur mit den jeweils besten Parametereinstellungen zu finden.

Eine allzu voreilige und übertrieben optimistische Einschätzung der Prognosefähigkeit Neuronaler Netze im Bereich der Aktienanalyse ist derzeit nicht seriös.

6 Bewertung des Einsatzes Neuronaler Netze

Neuronale Netze eignen sich prinzipiell für die Analyse und Prognose beliebiger Zeitreihen. Mittels Backpropagation-Netzen können praktisch für jede Problemstellung spezielle Netzwerke gefunden werden, mit denen die Ergebnisse algorithmischer Verfahren übertroffen werden können.

Ein besonderer Stellenwert kommt der Datenvorverarbeitung zu, bei der mit zumeist prozeduralem Ansatz die problemrelevante Merkmalsextraktion erfolgt (aktuelle Arbeiten beschäftigen sich mit der Kopplung Fuzzy-Logic <-> Neuronale Netze). Die eigentliche Schwierigkeit beim Einsatz Neuronaler Netze ist,

das optimale Netzwerk mit den jeweils besten Parametereinstellungen zu finden. Es ist bislang kein Verfahren bekannt, mit dem die beste Topologie und die besten Parameter Neuronaler Netze automatisch zu ermitteln wären.
Neuronale Netze sollten nur dann Anwendung finden, wenn für die Problemlösung keine exakte algorithmische Beschreibung vorliegt.

Literatur

[Altenburger 94] I. Altenburger und M. Funk: Messdatenaufnahme und Visualisierung von EEG-Signalen. Studienarbeit Berufsakademie Ravensburg/Tettnang, 1994.

[Briegel 98] G. Briegel, H. Rau: Intelligentes System zur Signalanalyse. Studienarbeit/Zwischenbericht Berufsakademie Ravensburg/Tettnang, 1998

[Bröhm 95] T. Bröhm und C. Marka: Online-Visualisierung von EEG-Signalen. Studienarbeit Berufsakademie Ravensburg/Tettnang, 1995.

[Krajca91] V. Krajca, S. Petranek, I. Patakova, A. Värri: Automatic identification of significant graphoelements in multichannel eeg recordings by adaptive segmentation and fuzzy clustering. International Journal Biomedical Computing, vol. 28, 1991.

[Rechtschaffen 68] Rechtschaffen: Manual of standardized terminology, techniques and scoring. Washington DC, US Government Printing Office, 1968.

[Scholz93] U.J. Scholz, A.M. Bianchi, S. Cerutti, S. Kubicki: Monitoring of the vegetative backround of sleep by means of spectral analysis of heart rate variability. Proceedings 15. Annual International Conference IEEE EMBS, London, 1993.

Ein Szenario für die Anwendungssystementwicklung mit fachlichen Komponenten

Prof. Dr. Erich Ortner, Dipl. Betriebsw. (FH) Dipl.-Inf.-Wiss. Klaus-Peter Lang, Dipl.-Betriebsw. Dipl.-Inf.-Wiss. Jörg Kalkmann
Technische Universität Darmstadt

1 Zusammenfassung

Für die Herstellung konfigurierbarer Anwendungssoftware wird ein Szenario vorgestellt, dass aus den Teilbereichen Ableitung von Aufgabenplänen aus der Unternehmensmodellierung, Komposition von Anwendungssystemen aus Anwendungselementen und Fertigung von Anwendungselementen aus Creatorelementen besteht.

Die Aufgabenpläne orientieren sich an der rekonstruierten Aufbau- und Ablauforganisation des Anwenderunternehmens. Die sich daran anschliessende Komposition von Anwendungssystemen aus Anwendungselementen beruht auf dem Baukastenprinzip. Zur Entwicklung von Anwendungselementen aus Creatorelementen wird auf Komponententechnologien zurückgegriffen, wobei die Creatorelemente in Form von Stücklisten organisiert sind.

Der Ansatz wird insgesamt durch den Aufbau einer Unternehmensnormsprache und ein Repositorysystem unterstützt. Mit einem implementierten Prototyp wurde eine interdependente Entwicklung von Organisationsstrukturen und Anwendungssystemen realisiert.

2 Einleitung

Die Idee der komponentenorientierten Softwareentwicklung entstand Mitte der 60er Jahre (McIllroy 1968) durch die Notwendigkeit, die Herstellung von Software für Anwenderunternehmen (Wirtschaft und öffentliche Verwaltung) industriell und wirtschaftlich zu gestalten. Wie in anderen Ingenieurbereichen konnte man sich auch im Software-Engineering „kaum eine vollkommen neue Aufgabe vorstellen, die mit einer früher gelösten Aufgabe nicht verwandt ist" (Wedekind/Ortner 1980). Teile müssen sich wiederverwenden lassen. Dennoch ist heute die „produzierte" Software noch überwiegend als starr, monolithisch und an allgemeinen Anwendungsfällen orientiert zu bezeichnen. Durch Komponentenorientierung soll dagegen flexible, modulare und für spezifische Anwendungsfälle konfigurierbare Anwendungssoftware industriell hergestellt werden können. Wie ist dieses Ziel zu erreichen?

Dem umfassenden, mit positiver Distanz und hohem Informationswert geschriebenem „Lesebuch" zur Componentware von Griffel (Griffel 1998) kann man entnehmen, welche bedeutende Entwicklung seit 1968 McIllroy`s Idee genommen hat und wie weit man sich obigem Ziel bereits nähern konnte. In dieser Hinsicht wollen wir hier ein Szenario vorstellen, das in dieser Form implementiert wurde, und im Vergleich zu anderen Ansätzen (z.B. Scheer 1998a, Scheer 1998b) in einigen Punkten hervorheben:

- Komponenten werden in ihrer Funktionalität nicht allgemein, sondern sehr spezifisch festgelegt. Im Hinblick auf die vielfach sich unterscheidenden Teilaufgaben ähnlicher Gebiete in den Anwenderunternehmen werden sie in angemessenen Variantenzahlen gefertigt.

- Es wird möglichst eine Wiederverwendung durch Auswahl und nur in kontrollierbaren Ausnahmefällen eine Wiederverwendung durch Anpassung realisiert.

- Das mächtige Instrument der Stücklistenorganisation (z.B. Variantenstücklisten, Wedekind/Müller 1981) aus anderen Ingenieurgebieten wird auf die komponentenorientierte Softwareherstellung übertragen.

- Ein Repository wird nicht nur zur Verwaltung der Komponenten, sondern auch zur Verwaltung der aus den Komponenten entwickelten Systeme eingesetzt, so dass „auf Knopfdruck" festgestellt werden kann: Welche Komponente (Variante und Version) wird in welchen Systemen an welcher Stelle verwendet?

- Die Entwicklung (Komposition) von Anwendungssystemen aus Anwendungselementen beruht auf dem Baukastenprinzip.

- Als „Verbindungsinstrumente" (Koordinationssprachen) zwischen Anwendungselementen können auch Workflow-Management-Systeme eingesetzt werden.

- Der gesamte Lebenszyklus komponentenorientierter Anwendungssysteme wird auf der Basis einer materialen Normsprache (rekonstruierte „Business Language" des Unternehmens) organisiert.

- Die Implementierung der komponentenorientierten Anwendungsentwicklung findet auf der Grundlage einer neuen Verteilung der Aufgaben zwischen „Creator", „Composer" und „User" der Anwendungssysteme statt.

Die neu eingeführte Bezeichnung „Anwendungselement" kommt der Bezeichnung „Business Object" am nächsten. Allerdings wird ein Anwendungselement im Hinblick auf die einem Aufgabenträger in einem Unternehmen im Rahmen eines Aufgabengebiets (z.B. Auftragsbearbeitung) zugewiesene Teilaufgabe „als Ganzes" (z.B. Bestellerfassung) bestimmt. Von Anwendungselementen ausgehend kommt man dadurch zu einer Entwicklung von Anwendungssystemen durch die Unterscheidung der beiden Entwicklungsrichtungen:

- Entwicklung nach innen: Entwicklung von Anwendungselementen aus Creatorelementen (Creator)
- Entwicklung nach aussen: Entwicklung von Anwendungssystemen aus Anwendungselementen (Composer)

Für die Entwicklung von Anwendungselementen aus Creatorelementen wird auf die inzwischen zur Verfügung stehende „Komponententechnologie" (DCOM, CORBA, JavaBeans) zurückgegriffen. Die Entwicklung der Anwendungssysteme aus Anwendungselementen folgt dem Motto:
Die Anwendungselemente werden aus einem Repository entnommen und dann nach den Aufgabenplänen der Einsatzgebiete zu Anwendungssystemen zusammengesetzt.
Zu diesem Zweck wird der Begriff „Aufgabenplan", der die Kompositionsgrundlage für Anwendungselemente bildet, in einem eigenen Abschnitt erläutert.

3 Komponentenorientierte Anwendungssystementwicklung

Die Vorteile der Entwicklung von Anwendungssystemen aus Einzelteilen (Komponenten), die je eine Aufgabe innerhalb der Systeme zuverlässig erfüllen sollen, lassen sich durch die Begriffe „Arbeitsteilung", „Wiederverwendung", „Zuverlässigkeit", „Beherrschbarkeit" und „systematische Variation" benennen. Diesen Vorteilen stehen jedoch die allgemeinen Nachteile einer Zerlegung von Systemen gegenüber - z.B. „Schnittstellenprobleme" und „die Frage nach der Sicherstellung von Gesamtfunktionen". Ein Einsatz von Methoden technischer Konstruktionsbereiche hilft, die genannten Nachteile bei gleichzeitiger Erzielung von Vorteilen zu reduzieren.

Komponenten sind folgendermassen definiert:
Komponenten [lat.], (Bestand)teile, aus denen sich ein Ganzes zusammensetzt oder in die es zerlegt werden kann (Duden).
Diese sehr weit gefasste Beschreibung lässt aus Sicht der Anwendungsentwicklung jegliches identifizierbare Teil eines Ganzen für die Bezeichnung

„Komponente" zu. Es ist dabei unerheblich, welcher Abstraktionsebene dieses Teil angehört. Die Abstraktionsebenen lassen sich von einzelnen Bits (jedes Programm führt in letzter Konsequenz zu einem Bitstrom (Pree 1997, 14, Hansen et al. 1992, 13)) über Speicherroutinen, Betriebssystem-APIs, Programmfunktionen, Dialoge, Business Objekte bis hin zu kompletten Anwendungssystemen (z.B. ein komplettes Warenwirtschaftssystem als Teil einer Anwendungsarchitektur) spannen. Der Komponenten-Begriff wird im folgenden aufbauend auf die Methoden der technischen Konstruktion genauer bestimmt.

3.1 Vorbild technische Konstruktion

Die Vorgehensweise eines Ingenieurs wird in (Ott 1994) durch folgende Prinzipien beschrieben:

- Systematisches Vorgehen
- Denken in Baugruppen
- Wiederverwendung
- Prozessstrukturierung
- Prozessbegleitendes Qualitätsbewusstsein

Das „Denken in Baugruppen" ist dabei die eigentliche Konstruktionsleistung. Die wesentliche Herausforderung ist der richtige Umgang mit Abstraktions- und Komplexionsebenen. Damit geeignete Baugruppen identifiziert werden können, muss die Aufgabenstellung sowohl in bezug auf die Anforderungen an das System (Zweckbeschreibungen und Bedingungen) als auch in bezug auf Anforderungen an die Konstruktion und Herstellung (Produktivität) korrekt erfasst sein. Ein strukturiertes Vorgehen erfordert die Unterteilung des Gesamtsystems in Subsysteme (Komponenten bzw. Baugruppen) und unterteilt diese wiederum in weitere Subsysteme solange, bis die erhaltenen Subsysteme (Komponenten) „technisch handhabbar" sind. Die „Strukturierung erfordert ein Denken in Systemzusammenhängen, um die Subsysteme wieder zum Gesamtsystem **integrieren** zu können" (Ott 1994). Dabei müssen die Baugruppen auf dem allgemeinen Prinzip der Modularisierung basieren, wonach sie in sich abgeschlossen und abgrenzbar sind und eine definierte Funktionalität aufweisen. Für die Integration zum Gesamtsystem müssen sie geeignete Schnittstellen bereitstellen.
Die Produktivität wird durch Massnahmen zur Reduktion des Aufwandes in der Konstruktion beeinflusst. Dabei wirken folgende Konstruktionsmethoden optimierend zusammen:

- Entwickeln eines Baukastensystems

- Variantenkonstruktion
- Konstruieren mit Lösungskatalogen

Für produktivitätssteigernde Massnahmen ist einerseits eine strenge Modularisierung und andererseits der Wille zur Wiederverwendung notwendig. Für beide ist das Finden der geeigneten Teilaufgaben, also einer zweckmässigen Baugruppen-Begrenzung, eine Voraussetzung. Ist diese Aufgabe erfolgreich erledigt, wird eine systematische Variation der Lösungen durchgeführt, d.h. ein möglichst vollständiges Aufstellen sinnvoller Lösungsalternativen.
Verfolgt man das Ziel, mit möglichst wenigen unterschiedlichen Bauteilen möglichst viele verschiedene Gesamtsysteme zu entwickeln, so wird ein Baukastensystem aufgebaut.
„Das Baukastensystem ist eine Anwendung der Kombinationsgesetze auf zusammengesetzte Gegenstände mit dem Ziel, die Haupteigenschaften der Kombinationen auszunutzen, nämlich mit einer kleinen konstanten Anzahl verschiedener Elemente eine grosse Anzahl Komplexionen zu bilden." (vgl. Nasvytis 1953, 86)
Die Vorteile von Baukastensystemen sind in der effizienteren Konstruktion zu sehen und der Möglichkeit, Veränderungen des Gesamtsystems durch den Austausch einzelner Komponenten zu realisieren. Nachteile liegen in der eingeschränkten Fähigkeit, ein Gesamtsystem auf eine spezifische Aufgabe hin zu optimieren. Deshalb ist es wichtig, die Variabilitätsanforderungen möglicher Anwendungsfälle richtig vorherzusehen. Der Einsatz von Baukastensystemen unterstützt im besonderen die Variantenkonstruktion.
Konstruktionsprozesse sind kreative Vorgehensweisen, die jedoch durch die Intensität des kreativen Einsatzes zum Konstruktionszeitpunkt unterschieden werden können. Die Grenzen der verschiedenen Arten der Konstruktionstätigkeiten sind fliessend:

- Neukonstruktion: Erstellen einer neuen Lösung für ein System bei gleicher oder veränderter Aufgabenstellung.
- Variantenkonstruktion: Anpassen der Systeme in Grösse und Anordnung (Baukasten) innerhalb der Anwendungsgrenzen. Funktion und Lösungsprinzip bleiben gleich. (vgl. Steinhilper/Röper 1994, 7).

Die Variantenkonstruktion hat offensichtlich den geringsten Kreativitätsaufwand. Dem ist jedoch der Aufwand für die einmalige Neukonstruktion zur Erstellung der Elemente-Varianten des zugrundeliegenden Baukastensystems gegenüberzustellen (Pahl/Beitz 1993).
Die Variantenkonstruktion als Methode zur Entwicklung von Anwendungssystemen wird in Abschnitt 4 ausführlicher betrachtet.

Will man mit bereits existierenden Komponenten in der Konstruktion arbeiten, so wird ein System für ihre strukturierte Verwaltung benötigt (Ordnungssystem). In der technischen Konstruktionslehre haben sich hierfür Konstruktionskataloge etabliert. Der Aufbau von Konstruktionskatalogen wurde in den VDI-Richtlinien (VDI 2222 Bl. 2) normiert sowie in Roth (Roth 1994 Bd. 2) in aller Ausführlichkeit dargestellt. Sie werden im Folgenden auf dieser Grundlage erläutert.

„Konstruktionskataloge sind Informationsspeicher, die hinsichtlich ihrer Inhalte, ihrer Zugriffsmöglichkeiten und ihres Aufbaus auf das methodische Konstruieren zugeschnitten sind. Ihre besonderen Kennzeichen sind weitgehende Vollständigkeit, klare Gliederung (Systematik) und Existenz von Zugriffsmerkmalen"(VDI 2222 Bl. 2).

Kataloge lassen sich inhaltlich in Bezug auf den Anwendungsbereich unterscheiden. Sie sind jedoch auch von ihrer Art her verschieden. Neben den für die komponentenorientierte Anwendungsentwicklung weniger relevanten Objekt- und Operationskatalogen sind die Lösungskataloge von besonderem Interesse, denn sie sind Konstruktionskataloge, die eine Zuordnung von Funktionen bzw. Aufgaben zu Lösungen ermöglichen. Diese Lösungen sind Komponenten. Der Ordnungsgesichtspunkt ist eine „Aufgabe" oder eine „Klasse von Aufgaben". Lösungskataloge sollten möglichst umfassende Lösungssammlungen beinhalten. Wird ein Konstruktionskatalog oder genauer ein Lösungskatalog für die Konstruktion von Anwendungssoftware aufgebaut, so sind die Katalogelemente „Hauptteil", „Zugriffsmerkmale" und „Gliederung" zu erstellen (Abbildung 1).

Gliederungsteil			Hauptteil			Zugriffsteil			
Gliederungsebenen			Bezeichnung	Prinzipskizze		Zugriffsmerkmale			
1	2	3	1	2	Nr.	1	2	3	4
a	α	A			1	■			
		B			2		■	■	
		C			3	■		■	
	β	A			4				
		B			5		■		■

Abbildung 1: Aufbau eines Konstruktionskataloges mit "eindimensionalem" Gliederungsteil (vgl. Roth 1994 Bd. 2)

Der Hauptteil entspricht den Komponenten und ihren Beschreibungen. Zugriffsmerkmale werden über Sachmerkmalleisten abgebildet. Sachmerkmale dienen der

Beschreibung und Identifikation von Gegenständen durch charakterisierende Eigenschaften, dargestellt durch Merkmale und ihre Ausprägungen. Sachmerkmalleisten fassen ähnliche Gegenstände über gemeinsame Merkmale zu Klassen zusammen (Meinl 1990, DIN 4000 T1, Krauser 1986).

Die Gliederung der Konstruktionskataloge entspricht der Aufgabengliederung in den jeweiligen Anwendungsbereichen. Die Gliederung ist einerseits das Ergebnis der allgemeinen Anwendungsbereichszerlegung (Branchenpläne) bei der Neu- und Erweiterungskonstruktion des Anwendungselemente-Baukastensystems. Andererseits ist die Gliederung ein sehr wichtiges Instrument für den Composer zur Navigation im Komponentenbestand während des Variantenkonstruktionsprozesses.

Beziehungen zwischen den Komponenten sind Bestandteil eines Ordnungssystems für Anwendungselemente. Die Beziehungen zwischen den Anwendungselementen können im wesentlichen durch die logischen Operationen der Äquivalenz, Implikation und Negation beschrieben werden.

3.2 Unterteilung der Komponenten nach Abstraktionsebenen

Für eine Gliederung der Komponenten von Anwendungssystemen entsprechend ihrer Abstraktionsebenen wird hier eine Einteilung in:

* Anwendungsbereichsebene und
* Herstellungsebene

vorgeschlagen. Die Einteilung in Anwendungsbereich und Herstellung entspricht der im Maschinenbau geläufigen Differenzierung zwischen Konstruktionselementen und Maschinenelementen (Steinhilper/Röper 1994). „Konstruktionselemente" für betriebswirtschaftliche Anwendungssysteme sind demnach elementare Aufgabenbausteine, die in bezug auf die Aufgabe nicht mehr weiter zerlegbar sind. Die Definition von Steinhilper und Röper muss auf Baugruppenstrukturen erweitert werden, denn sowohl im Maschinenbau wie auch in der Anwendungssystementwicklung wird auch mit Kompositionen (Baugruppen) als Konstruktionselementen konstruiert. Diese Baugruppen entsprechen dann entweder umfangreicheren Aufgaben oder sie stellen bereits gruppierte Aufgabenkomplexe dar, die jedoch wie ein elementares Konstruktionselement im Konstruktionsprozess verwendet werden.

Konstruktionselemente werden hier in Abgrenzung zu anderen Komponenten der Anwendungssystementwicklung als „Anwendungselemente" bezeichnet.

Definition:

Anwendungselemente sind Komponenten, die sich auf der Abstraktionsebene des (potentiellen) Anwenders zur Erfüllung von Aufgaben in seinem Tätigkeitsbereich direkt identifizieren lassen.

Anwendungselemente stellen eine Teilmenge aller Komponenten der Anwendungssystementwicklung dar. Anwendungselemente sind Argumentationseinheiten der Anwender, die ihr Arbeitsumfeld beschreiben. Ein Anwendungselement besteht aus fachlicher Konzeption und Implementierung. Ein Anwendungselement ist ohne seinen Implementierungsanteil innerhalb einer Programmablaufumgebung nicht funktionsfähig.

Beschreibende Informationen (Eigenschaften, Beziehungen, Dokumentation, Design, Schnittstellenbeschreibungen, Einordnung in übergreifende Konzepte) sind ebenfalls Bestandteile der Anwendungselemente.

„Maschinenelemente" werden im Bereich der Maschinen-, Geräte- und Apparateentwicklung als Bausteine zur Herstellung von Konstruktionselementen gesehen. Die den Maschinenelementen vergleichbaren Komponenten der Anwendungssystementwicklung werden hier „Creatorelemente" genannt.

Definition:

Creatorelemente sind in einer Komponententechnologie gekapselte Softwareelemente, die sich auf der Abstraktionsebene des Softwareentwicklers für die Herstellung von Anwendungselementen identifizieren lassen.

Jedem Anwendungselement ist genau ein Creatorelement (das aus mehreren Creatorelementen zusammengesetzt sein kann) zugeordnet, welches man als den Implementierungsanteil eines Anwendungselementes bezeichnet. Ein Creatorelement basiert in der Regel auf einer der folgenden Komponententechnologien: "Distributed Component Object Model" (DCOM) von Microsoft, "Common Object Request Broker Architecture" (CORBA) oder "JAVA Beans" von SUN Micosystems. In einem Creatorelement wird Programmcode gekapselt. Es kann neben Programmcode auch weitere Creatorelemente enthalten, die nicht direkt in ein Anwendungselement eingehen. Auf die verschiedenen Möglichkeiten der Komponentenbildung in der Herstellungsebene und einer Unterteilung derselben in Produktion und Montage wird im Abschnitt 5 näher eingegangen.

Creatorelemente basieren im Gegensatz zu den Anwendungselementen auf der technischen Sichtweise der Softwareentwicklung und benötigen somit ein eigenes, auf die Anforderungen von Softwareentwicklern zugeschnittenes Ordnungssystem, mit dessen Hilfe die in einem Lager aufbewahrten Creatorelemente wiederverwendet werden können.

Die nachfolgende Grafik (Abbildung 2) zeigt eine Übersicht der einzelnen Bereiche einer komponentenorientierten Anwendungssystementwicklung.

Für eine terminologische Integration von Ordnungssystem I (für Anwendungselemente) mit Ordnungssystem II (für Creatorelemente) wird eine einheitliche normierte Fachsprache (Normsprache) verwendet. Diese Normsprache (Ortner

1997), determiniert durch die Anwendungsbereiche, stellt eine sprachlich eindeutige Beschreibung der Zielsysteme (Kundenanforderungen) sicher.

In den folgenden Abschnitten werden gemäss Abbildung 2, ausgehend von den Anwendungsbereichen (von rechts nach links), die Konstruktionsaufgaben für das Gesamtprojekt Anwendungssystementwicklung erläutert.

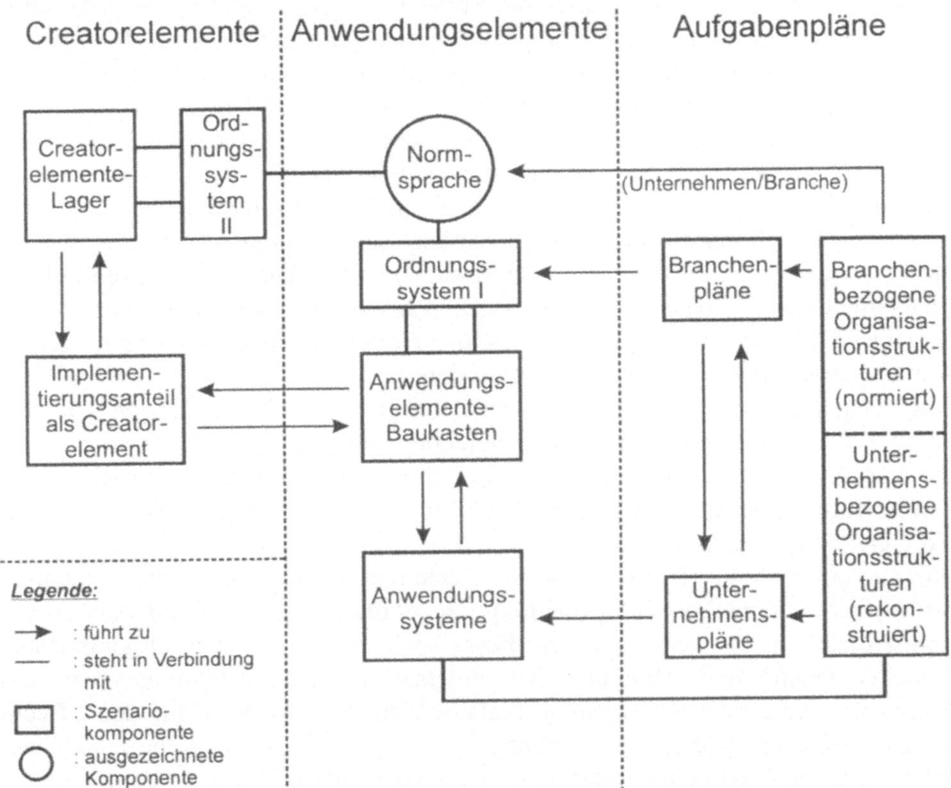

Abbildung 2: Szenario für die komponentenorientierte Anwendungsentwicklung

4 Entstehung eines Aufgabenplans

Die Entwicklung einer fachlichen Softwarelösung sowie die Gewinnung des problemorientierten Fachwissens aus dem Fachentwurf reichen für die Konfigurierung eines Anwendungssystems nicht aus. Es fehlt der „Bauplan", nach dem Anwendungselemente zu Anwendungslösungen verbunden werden können. Da Anwendungselemente aufgabenorientiert definiert sind, muss ein Aufgabenplan aus der Unternehmensmodellierung (Abbildung 2) für die Konfigurierung der

Anwendungen abgeleitet werden. Anhand des Aufgabenplans ist zu entscheiden, welche Anwendungselemente wo zur Unterstützung der (Teil-) Aufgaben einzusetzen und zu einem Anwendungssystem zu verbinden sind.

Bei der Erstellung eines Aufgabenplans fängt man beispielsweise mit der Geschäftsprozessmodellierung an, aus der die Arbeitsschritte - dies können Handgriffe (physische Arbeit) und/oder Sprachhandlungen (geistige Arbeit) sein - durch weitere abstraktive und kompositive Zerlegung der Prozesse (Vorgänge) ermittelt werden. Aus den einzelnen Arbeitsschritten kann man dann Aufgaben aggregieren, die Arbeitspersonen bzw. ihren Stellen zuordenbar sind. Aufgabe eines „Efficiency Engineering" ist es hierbei, die unter verschiedenen Randbedingungen (Fähigkeiten der Mitarbeiter, Funktionalität der Arbeitsmittel, Nebenläufigkeit der Teilarbeitsschritte etc.) optimale Verteilung der Arbeit zu ermitteln. Auf dieser Stufe lassen sich dann eine Stellenstruktur, die Zusammenfassung von Stellen zu Organisationseinheiten und daraus - bezogen auf die Elemente einer Aufbauorganisation (z.B. Verteilungsaspekt) - Aufgabenpläne entwickeln, die die Grundlage für die Komposition von Anwendungselementen zu Anwendungssystemen (Arbeitsmitteln) bilden.

Aufgabenpläne sind zielorientierte Typisierungen und Gruppierungen von Arbeitsschritten (Handgriffen und/oder Sprachhandlungen) zu Aufgabeneinheiten, die einer Stelle, einer Arbeitsgruppe oder einer grösseren organisatorischen Einheit in Hinblick auf die erfolgreiche Ausführung von (Geschäfts-) Prozessen bzw. Vorgängen zugeordnet werden.

So kann einer Stelle z.B. die Aufgabe „Rechnungsprüfung" und einer Abteilung die Aufgabe „Kontokorrentbuchhaltung" zugeordnet werden. Würde die Abteilungsaufgabe nicht weiter zerlegt, liesse sich für die beiden Organisationseinheiten (Stelle und Abteilung) ein unterstützendes Anwendungssystem aus geeigneten Anwendungselementen (katalogisierten Varianten) für die „Rechnungsschreibung" und „Kontokorrentbuchhaltung" - in der Ausführungsreihenfolge: erst Rechnungsschreibung, dann Kontokorrentbuchhaltung - komponieren. Es wäre aber auch möglich, die Abteilungsaufgabe „Kontokorrentbuchhaltung" (aus Effizienzüberlegungen) in weitere, ggf. stellenbezogene Teilaufgaben (z.B. in „Verbuchen eingehender Zahlungen" und „Verbuchen ausgehender Zahlungen") zu gliedern und auf der Basis des sich dann ergebenden Aufgabenplans ein unterstützendes Anwendungssystem zu komponieren.

Ein weiteres Gliederungsprinzip, das zu Aufgabenplänen für die Anwendungssysteme führt, kann durch „multifunktionale" Stellen und ein „Rollenkonzept" für die Stelleninhaber wie folgt umgesetzt werden: Ist eine Arbeitsperson an unterschiedlichen Vorgängen (z.B. in der Rolle „Rechnungsprüfer" im Rahmen der Reisekostenabrechnung und in der Rolle „Belegprüfer" im Rahmen der Krankenkostenerstattung) durch Erbringung von Arbeiten beteiligt, sind zunächst der jeweilige Vorgangstyp und sein Aufgabenplan massgeblich für die Zusammensetzung von Anwendungselementen zu Anwendungssystemen. Erst in einem zweiten Schritt kann überlegt werden, zu welchen Anwendungsstrukturen Anwendungselemente an „multifunktionalen" Stellen (z.B. „Rechnungsprüfung" bei der Reisekostenabrechnung und „Belegprüfung" bei der Krankenkostenerstattung) in Hinblick auf eine integrierte Informationsverarbeitung zusammengefasst werden können.

Die Anwendungssystemarchitektur eines Unternehmens wird von der Arbeitsorganisation (Aufbau- und Ablauforganisation) ausgehend entwickelt und nicht umgekehrt. Eine Anwendungslösung kann individuell - orientiert an der entwikkelten optimalen Organisationsstruktur einer Unternehmung - aus Anwendungselementen konfiguriert werden. Durch die flexible Verbindung von Anwendungselementen ist die industrielle Entwicklung von konfigurierbarer „Individualsoftware" (via katalogisierten Varianten von Anwendungselementen) möglich. Für das Management der flexiblen Lösungen in den Anwenderunternehmen sind Unternehmensrepositories aufzubauen.

Aufgabe \ Stelle	Vertrieb	Auftrags-bearbeitung	Lager	Fakturierung	Kreditoren-buchhaltung
Kundendaten editieren	A,K	A			
Kundenbestellungen editieren		A			
Bonität prüfen		A			K,E
Lagerbestände verwalten		A	A, K		
Kommissionieren		O	A		
Lieferscheine erfassen	K	K	A	K	
Kundenrechnungen erstellen und buchen	K			A	K
Zahlungseingänge prüfen	K				A

(Zeilen: Lagerbestellung von Firmenkunden)

A: Ausführung
E: Entscheidung
K: Koordination und Kontrolle
O: Anordnung

Abbildung 3: Aufgabenplan einer Lagerbestellung von Firmenkunden

Ein Mittel, um Aufgabenpläne einfach darzustellen, sind „Funktionendiagramme"
(Abbildung 3). Mit ihnen wird ein Vorgang (z.B. Lagerbestellung von Firmenkunden) in zu erledigende Teilaufgaben zerlegt und Stellen zugeordnet. Dabei
können die Aufgaben bei der Zuordnung als „Ausführungs-", „Entscheidungs-"
„Koordinations-" oder „Anordnungsaufgaben" näher charakterisiert werden.
Unter „editieren" werden in Abbildung die Teilaufgaben „erfassen", „ändern"
und „löschen" subsumiert. Andere Darstellungsmittel für Aufgabenpläne bilden
beispielsweise „GANTT-Diagramme", „Ereignisgesteuerte Prozessketten" oder
„Vorgangskettendiagramme". Zu beachten ist, dass bei diesem Ansatz der komponentenorientierten Anwendungssystementwicklung zur Erzielung individueller
Anwendungssystemlösungen auch die gesamte Aufbau- und Ablauforganisation
eines Anwenderunternehmens mit zu gestalten ist. Die Aufbau- und Ablauforganisation wird dabei am besten nach einem aspektetorientierten Ansatz modelliert
(Lehmann 1998).

5 Entwicklung von Anwendungssystemen aus Anwen-
dungselementen

Eine Besonderheit eines Anwendungselemente-Baukastensystems zur Komposition von Anwendungssystemen nach Aufgabenplänen ist, dass Baugruppen
genau gleich verwaltet werden wie elementare Bausteine. Nur so wird ein flexibler Wechsel zwischen verschiedenen Abstraktionsebenen innerhalb des Anwendungsbereiches beim Konstruktionsprozess ausreichend unterstützt. An-
wendungselemente-Baugruppen werden folglich wie elementare Bausteine im
Gesamtsystem eigenständig beschrieben, dokumentiert und identifiziert. Ein
Ordnungssystem für die Auswahl der Bausteine muss dies entsprechend berücksichtigen.
In einem Konstruktionsprozess ist die Auswahl der Lösungsvarianten (aus dem
Konstruktionskatalog) nur ein Schritt von vielen. Zuvor müssen die Anforde-
rungen erfasst und daraus die Gesamtaufgabe abstrahiert werden. Anschliessend
erfolgt die Festlegung der Teilaufgaben. Das Ergebnis dieser Festlegung ent-
spricht einem Aufgabenplan eines konkreten Anwenderunternehmens (s. auch
Abschnitt 3). Bei der Suche nach den geeigneten Teilaufgaben sind neben den
Referenzplänen einer Branche auch die Erfahrungen früherer Projekte zu verwen-
den, die in unterschiedlichster Weise im System hinterlegt bzw. durch geeignete
Tools bereitgestellt werden können.
Eine Teilaufgabe korreliert im Idealfall mit einer Sachmerkmalleiste. Oder umge-
kehrt gilt, Sachmerkmallisten müssen so definiert werden, dass sie die
Lösungssortimente für Teilaufgaben repräsentieren.

Ist die Variantenkonstruktion so weit fortgeschritten, dass die Teilaufgaben feststehen, sind nur noch die beiden Konstruktionshandlungen Auswahl und Komposition zugelassen, um aus bestehenden Bausteinen eines Anwendungselemente-Baukastensystems Anwendungssoftware herzustellen (Abbildung 2). Die Auswahl basiert rein auf Fachbegriffen und Inhalten des Anwendungsbereichs der Software, da alle Eigenschaften der Anwendungselemente in Form von normsprachlichen Sachmerkmalen vorliegen. Die Komposition verwendet ausschliesslich Konstruktionselemente (Anwendungselemente), die für den Composer inhaltlich definiert sind.

Eine schematische Darstellung eines Variantenkonstruktionsvorganges mit Anwendungselementen, wie er im Rahmen des Projektes „Terminologiebasiertes Komponenten-Management-System" (TKMS) in einem Forschungs-Prototyp des FG Wirtschaftsinformatik I, Institut für Betriebswirtschaftslehre der TU Darmstadt implementiert wurde, wird in Abbildung 4 dargestellt.

Eine Morphologische Matrix (Synonym: Morphologischer Kasten) (Breiing/Flemming 1993, Zwicky 1971) ist ein Ordnungsschema, welches die systematische Kombination bekannter Lösungselemente zu einer (neuen) Gesamtlösung unterstützt (VDI 2212, Pahl/Beitz 1993). Ziel dabei ist es, das vorhandene Lösungsspektrum für einzelne Teilaufgaben vollständig und übersichtlich zu präsentieren. In der ersten Spalte werden zeilenweise die zu lösenden Aufgaben aufgeführt und innerhalb dieser Zeilen stehen die dafür möglichen Lösungen. Zur Unterstützung der Lösungsauswahl werden zusätzliche Informationen (z.B. Eigenschaftsbeschreibungen) bereitgestellt.

In dem hier vorgestellten Ansatz wird eine universale Morphologische Matrix verwendet, die das gesamte Baukastensystem, geordnet nach Teilaufgaben (Sachmerkmalleisten), darstellt. Als Zusatzinformationen werden primär die Merkmalausprägungen der Anwendungselemente verwendet. Für ein konkretes Konstruktionsprojekt werden die relevanten Teilaufgaben ermittelt und die universale Morphologische Matrix entsprechend segmentiert. Demzufolge steht dann eine projektspezifische Matrix zur Verfügung, bei der schrittweise (zeilenweise) zu jeder Teilaufgabe aus der Menge der möglichen Anwendungselemente das geeignete ausgewählt und mit den Anwendungselementen der anderen Teilaufgaben zu einer Gesamtlösung komponiert wird. Die Auswahl wird durch die Definition eines Anforderungsprofils für Anwendungselemente (Kombination aus Merkmalausprägungen) unterstützt.

Ist eine Teilaufgabe abstrakter als vorhandene Anwendungselemente, so kann der Composer selbst eine Anwendungselemente-Baugruppe zur Lösung der Aufgabe erstellen. Stehen einem Anforderungsprofil mehrere gleichwertige Lösungsalternativen gegenüber, so ist entweder das Anforderungsprofil zu verfeinern oder es sind weitere Informationen für die Auswahl zu verwenden, die jedoch ebenfalls von einem Composer-Werkzeug zur Verfügung gestellt werden sollten (Komponentenhersteller, Zertifikate, Preise, etc.).

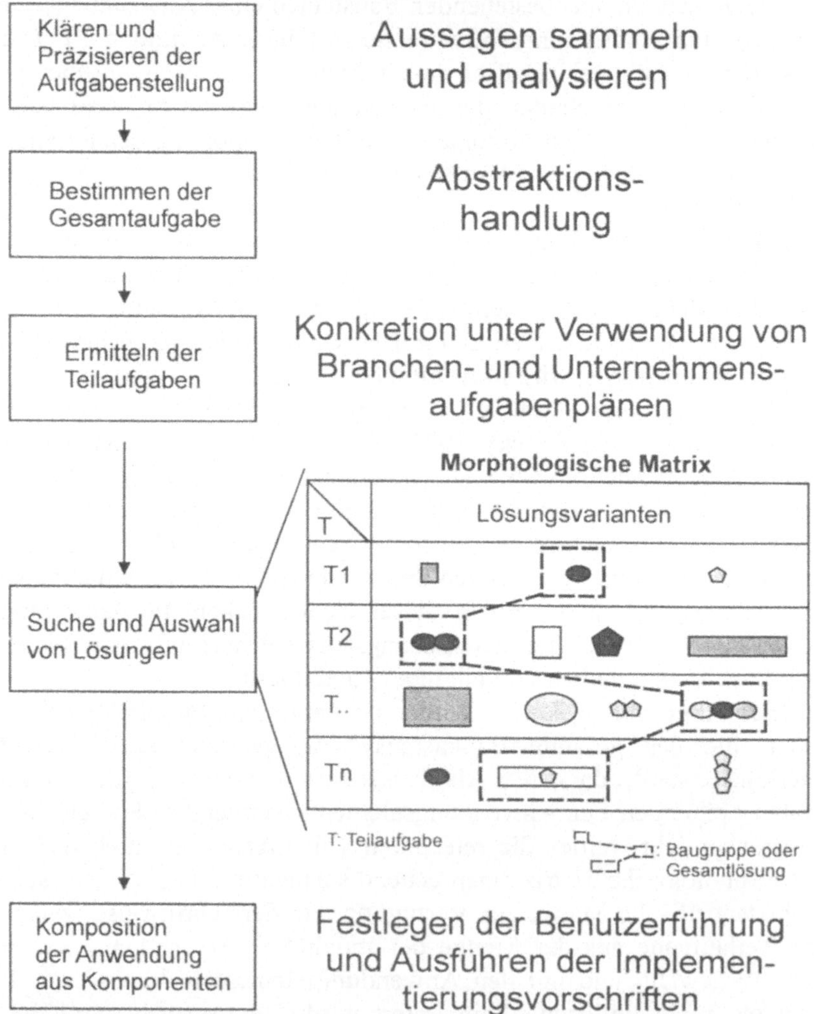

Abbildung 4: Vereinfachter Konstruktionsprozess einer Anwendung aus Komponenten

Ist im Sortiment der Anwendungselemente keine entsprechende Lösung vorhanden, kann mit diesem Anforderungsprofil eine sehr konkrete Anforderung zur Fertigung eines Anwendungselements an die Creator gegeben werden. Diese Anforderung enthält implizit die Lösungsnähe zu anderen Anwendungselementen dieser Sachmerkmalleiste und bietet somit weitere Vorgaben für ihre Herstellung.

Als Abschluss einer erfolgreichen Komposition ist die Benutzerführung (Menüsteuerung) festzulegen und die Implementierung der Anwendungselemente inkl. Menüsteuerung auszuführen.

6 Entwicklung von Anwendungselementen aus Creatorelementen

Ein Anwendungselement definiert ein betriebswirtschaftliches Teilproblem. Es ist Aufgabe des Creators, den Implementierungsanteil eines Anwendungselementes in Form eines Creatorelementes zu synthetisieren bzw. zu komponieren. Zu diesem Zweck wird die Funktionalität eines Anwendungselementes als Gesamtproblem betrachtet, das in seine Einzelprobleme zerlegt wird. Dieses Prinzip der Problemlösung wird auch als „schrittweise Verfeinerung" bezeichnet (Wirth 1971). Als Folge ergibt sich eine hierarchische Funktionsstruktur (Eversheim 1998). Die Form der Funktionsstruktur hängt von der verwendeten Komponententechnologie ab. Existieren bereits Teillösungen für Teilprobleme in Form von Creatorelementen, so können diese Lösungen wiederverwendet werden, eine weitere Analyse des Teilproblems kann unterbleiben. Lediglich Teilprobleme, für die keine Lösungen existieren, müssen ausführlich analysiert werden.

Die Funktionszerlegung bzw. Modularisierung (Parnas 1972) bei Creatorelementen hängt sowohl von der verwendeten Komponententechnologie als auch von der eingesetzten Modellierungstechnik und deren Umsetzung im Unternehmen ab. Wird in einem Unternehmen die Unified Modelling Language (UML) zur Programmplanung verwendet, so bietet es sich an, deren Diagrammsprache zur Darstellung eines Komponentenmodells zu verwenden (Burkhardt 1997).

Für die Funktionszerlegung bei Creatorelementen gilt, dass ein Creatorelement mit möglichst wenigen Creatorelementen kommuniziert, also eine geringe Komponentenkopplung besitzt. Davon ausgenommen sind Creatorelemente, die als Kommunikationsagenten fungieren und Steuerungsaufgaben wahrnehmen. Weiterhin sollten Creatorelemente nur über schmale Schnittstellen kommunizieren, also so wenig Informationen wie möglich austauschen.

Ein Creatorelement sollte eine logische Einheit bilden, möglichst isoliert verwendbar sein und eine hohe funktionale Kohäsion besitzen, da dies das Verständnis und die Wartung einer Komponente erleichtert. Eine hohe Kohäsion führt automatisch zu einer geringen Kopplung.

Creatorelemente bestehen aus gekapseltem ausführbaren Programmcode und/oder aus kleiner granulierten Creatorelementen. Daraus lässt sich eine Erzeugnisstruktur ableiten, die mit einer Stückliste in der technischen Konstruktion vergleichbar ist.

Abbildung 5 zeigt den Gozinto-Graphen („the part that goes into" (Hoitsch 1993)) einer komponentenorientierten Anwendung, die von der Struktur her mit einer Stücklistenorganisation eines betriebswirtschaftlichen Produktes ohne Kantenzahlen vergleichbar ist.

Ein Beispiel für diese Struktur ist, wenn eines oder mehrere C++ Programmelemente in Creatorelemente der Komponententechnologie „Distributed Component Object Model" (DCOM) zusammengeführt werden. Neben Programmelementen können DCOM-Objekte auch andere DCOM-Objekte enthalten (Chapell 1996). Die oberste Ebene in einer DCOM-Hierarchie wird von dem DCOM-Objekt eingenommen, das den Implementierungsanteil eines Anwendungselementes bildet. Die so gebildeten Anwendungselemente können von einem Composer zu einer auf den jeweiligen Arbeitsplatz zugeschnittenen Anwendung (Lang 1998) verbunden werden.

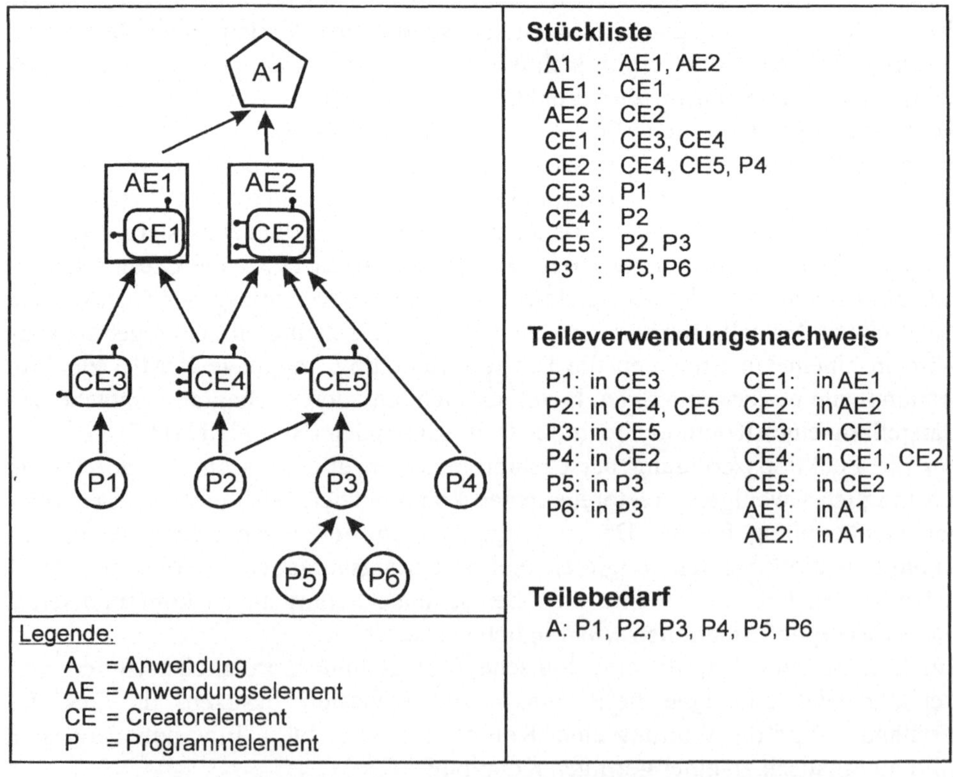

Abbildung 5: Die Aufbaustruktur einer komponentenorientierten Anwendung

Ein wichtiger Aspekt bei der Entwicklung von Creatorelementen ist die Qualitätssicherung. Creatorelemente werden mit Hilfe des Black Box Prinzips auf ihre Funktionsfähigkeit überprüft. Dabei wird getestet, ob gleiche Eingaben unter unterschiedlichen externen und internen Restriktionen zu den gleichen korrekten Ausgaben eines Creatorelementes führen. Es ist jedoch festzustellen, dass der Test von in der Erzeugnisstruktur untergeordneten Creatorelementen nicht den ausführlichen Test von komponierten Creatorelementen ersetzt, da der Grundsatz gilt: „Das Ganze ist mehr als die Summe seiner Teile".

Durch die Unterteilung der Anwendungsstruktur in Creatorelemente, Anwendungselemente und Aufgabenpläne (Abbildung 2) wird eine Schichtenstruktur mit relativer Unabhängigkeit der Schichten voneinander erzeugt. Innerhalb der Creatorelemente lässt sich noch eine Unterschicht der Programmelemente identifizieren. Im Prinzip spielt es für ein Creatorelement keine Rolle, in welcher Programmiersprache es geschrieben wurde. Die Schicht der Anwendungselemente wiederum ist unabhängig von der Schicht der Creatorelemente. Für die Schicht der Anwendungselemente ist es gleichgültig, welche Komponententechnologie zur Implementierung eines Anwendungselementes verwendet wird.

Das Ordnungssystem, mit dem die Erzeugnisstruktur der Creatorelemente verwaltet wird, muss den Anforderungen der Softwareentwickler entsprechen und flexible Suchmöglichkeiten anbieten, damit ein Creatorelement, das einer Teillösung entspricht, wiedergefunden werden kann. Neben Suchmöglichkeiten mit Hilfe von strukturierten oder unstrukturierten Begriffen, die einem kontrollierten Vokabular (Normsprache, Abbildung 2) entnommen werden, sind auch komplexere Suchanfragen nach Komponenteneigenschaften möglich. Eine Suchmaske im Stil von „Query by Example" (QbE) ist den meisten Softwareentwicklern vertraut und sie können mit diesem Hilfsmittel komplexe „und/oder"-verknüpfte Anfragen durchführen.

Ein Ordnungssystem für Creatorelemente unterstützt die Versionierung. Neue Versionen enthalten gegenüber dem Ursprungs-Creatorelement entweder bezüglich der Schnittstellenspezifikation zusätzliche Funktionalität oder sie enthalten bei unveränderter Schnittstellenspezifikation komponenteninterne Modifikationen. Sollte es erforderlich erscheinen, die Schnittstellenspezifikation zu modifizieren, so wird grundsätzlich mittels Reengineering ein neues Creatorelement statt einer neuen Version erzeugt. Dieses neu erzeugte Creatorelement ist ein Variantenkandidat gegenüber dem alten Creatorelement.

Das Ordnungssystem unterstützt das Management von Varianten, die alternative Teillösungen für Teilprobleme anbieten. Geschlossene Variantenstücklisten, wie z.B. Gleichteilestücklisten mit Ergänzungsstücklisten oder Grundstücklisten mit Plus-Minusergänzungsstücklisten, werden zu Gunsten von offenen Variantenstücklisten vernachlässigt. Das moderne Konzept der offenen Variantenstücklisten bietet die Möglichkeit, „Varianten innerhalb von Varianten" zu verwalten, indem der grösstmögliche Funktionsumfang eines Erzeugnistyps einschliesslich aller Variationen gespeichert wird (Grupp 1995). Bei der Speicherung von offenen Variantenstücklisten wird zwischen einer auftragsneutralen Stammstückliste mit dem maximalen Stücklistenumfang (einschliesslich Platzhalter für noch nicht vollständig definierte Positionen) und einer Kundenauftragsstückliste unterschieden. Kombinationsmöglichkeiten und Kombinationsrestriktionen werden ebenfalls in den Stücklisten verwaltet, so dass mögliche Creatorelemente-Kombinationen mit Hilfe eines Variantengenerators evaluiert und zu einem Anwendungselement komponiert werden können.

7   Repository-Unterstützung

Ein Repository realisiert das Metaschema eines Softwaresystems (vgl. Zilahi-Szabo 1995) und unterstützt die Softwareentwickler bei der ökonomischen Erstellung von Softwareanwendungen.

Repositories können im Rahmen der komponentenorientierten Softwareentwicklung entweder zur Entwicklungs- und/oder zur Laufzeit verwendet werden. Im folgenden wird ein Repository vorgestellt, das die Komposition von Anwendungen aus Anwendungselementen und von Anwendungselementen aus Creatorelementen zur Entwicklungszeit unterstützt.

Die beiden einander teilweise widersprechenden Hauptforderungen an Repositories sind die Einfachheit und die Flexibilität eines Repositorys.

Die Einfachheit bzw. leichte Verständlichkeit eines Repositorys ist zwingend notwendig, damit Softwareentwickler dieses Softwareentwicklungs-Werkzeug anwenden. Komplizierte Repositories führen zu Datengräbern, da man zwar über organisatorische Massnahmen das korrekte Ablegen von Softwarekomponenten in einem Repository erzwingen kann, die Suche und Wiederverwendung von bereits gefertigten Softwarekomponenten jedoch ohne eine Akzeptanz der Mitarbeiter nicht durchzusetzen ist.

Da der Bereich der Softwareentwicklung sehr dynamisch ist, muss das Repository an geänderte Anforderungen flexibel angepasst werden können. Zu starr organisierte Repositories behindern die flexible Softwarefertigung und werden in der Regel sehr schnell von den Mitarbeitern abgelehnt und nicht mehr verwendet.

Um neue Konzepte der Repository-Technologien auszutesten, wurde im Bereich Wirtschaftsinformatik 1, Entwicklung von Anwendungssystemen, der Technischen Universität Darmstadt der funktionsfähige Prototyp eines „Terminologiebasierten Komponenten-Management-Systems" (TKMS) entwickelt. Als Entwicklungsumgebung wurde ein Softwareentwicklungswerkzeug der vierten Generation (Powerbuilder von Sybase) verwendet, die Repository-Daten werden in einem relationalen Datenbankmanagementsystem (SQL Anywhere von Sybase) verwaltet.

Die folgende Abbildung zeigt das grundlegende Metaschema des Repository-Protoypen des TKMS in der Objekttypenmethode (Schienmann 1997).

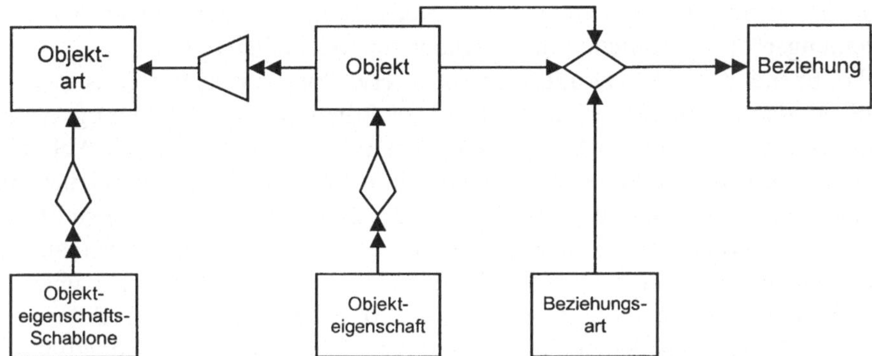

Abbildung 6:   Metaschema des Repository-Prototypen "TKMS"

Der Objekttyp "Objekt" (als Objekte treten in einem Repository Sprachobjekte auf) beinhaltet sämtliche Komponenten eines Softwareentwicklungsprojektes in physischer Form, die Komponenten werden in binärer Form gespeichert, entweder als Binary Lage Objects (BLOBS) in einem relationalen Datenbanksystem oder als Dateien in einem dedizierten Verzeichnis mit einer Referenzverweis in der Entität. Damit neben Softwarekomponenten auch andere Arten von Objekten gespeichert werden können (z.B. Dokumente, Diagramme, usw.), existiert ein Objekttyp namens "Objektart". Nachdem ein Eintrag in diesen Objekttyp erfolgt ist, kann ein Objekt der neuen Art in die Tabelle (Objekttyp) "Objekt" aufgenommen werden. Diese "ausprägungsgetriebene Typisierung" erlaubt den Verzicht auf die Modellierung eigener Objekttypen je Objektart. Der Anwender des Repositorys kann selbständig "ausprägungsgetrieben" das ursprüngliche Metaschema erweitern, ohne neue Objekttypen generieren zu müssen.

Zwischen zwei Objekten kann eine Beziehung bestehen. Von welcher Art die jeweilige Beziehung ist, ist wegen des Objekttyps "Beziehungsart" für das Metaschema unerheblich. Damit ähnlich wie bei der Objektart auch hier Beziehungsarten "ausprägungsgetrieben" erweitert werden können, wird ein Objekttyp namens "Beziehungsart" erzeugt. Über die zweistellige und typisierte Beziehungsspeicherung können beliebig viele Beziehungsnetze aufgebaut werden. Die Form der Beziehungsnetze kann sowohl stücklisten-orientiert hierarchisch (Wedekind/Müller 1981) als auch netzwerkartig rekursiv gestaltet sein.

In dem Objekttyp "Objekteigenschaftsschablone" werden Eigenschaften je Objektart definiert, deren Ausprägungen in dem Objekttyp "Objekteigenschaft" gespeichert werden. Objektspezifische Eigenschaften, die nicht allgemein für eine Objektart definiert sind, werden ebenfalls in dem Objekttyp "Objekteigenschaft" verwaltet.

Durch dieses einfache und doch sehr flexible Metaschema ist es möglich, alle im Rahmen eines Softwarentwicklungsprozesses anfallenden Objekte zu verwalten, so die Beziehungen zueinander festzuhalten und die bei einem Softwareentwicklungsprojekt anfallende Informationsflut zu kanalisieren.

Für die Ebene der Anwendungselemente-Verwaltung in dem Repository von TKMS wurden die in Abschnitt 2 genannten Prinzipien eines Ordnungssystems für Anwendungselemente in Form eines Konstruktionskataloges (vgl. Abbildung 7) realisiert. Entsprechend der Aufgabenstruktur des Anwendungsbereiches einer Branche wird eine polyhierarchische Gliederung des Kataloges erstellt. Anschliessend werden für Anwendungselemente-Klassen Sachmerkmalleisten erstellt und die äquivalenten Klassenteilnehmer werden systematisch über ihre Eigenschaften (Merkmale und Ausprägungen) selektiert. Die Objektbeschreibungen der Anwendungselemente repräsentieren den Hauptteil des Konstruktionskataloges. Basierend auf den Informationen dieses Ordnungssystems kann für die Variantenkonstruktion von Anwendungssystemen unter Einsatz der Unternehmensaufgabenpläne eine Morphologische Matrix für die Auswahl der geeigneten Anwendungselemente aufgestellt werden.

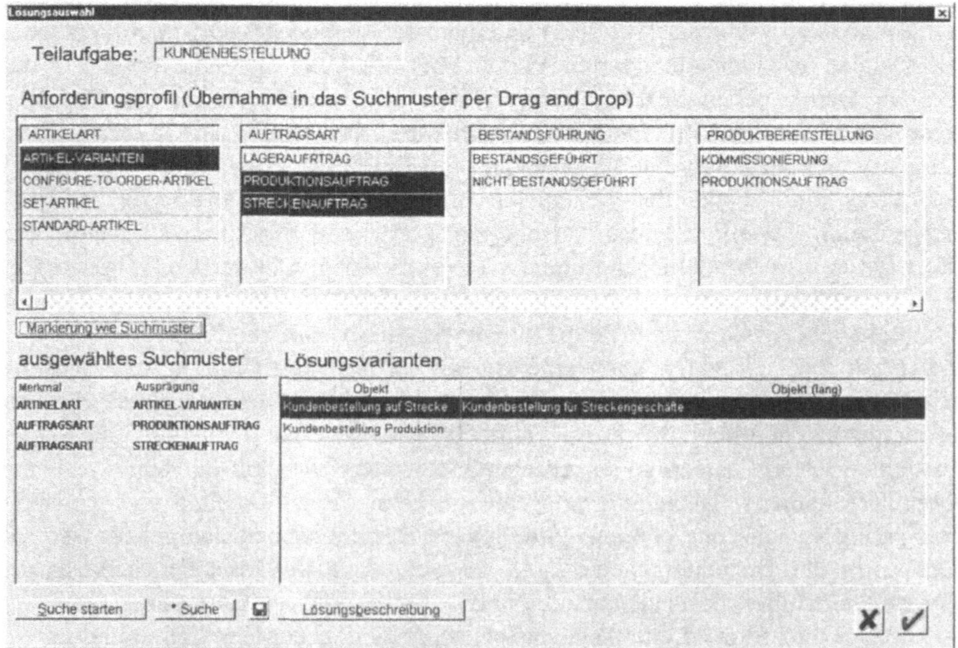

Abbildung 7: Komposition einer Anwendung aus Anwendungselementen

Die technische Funktionsfähigkeit des Repositorys wurde durch umfangreiche Tests mit einer grossen Anzahl von Datensätzen untersucht. Die fachliche Leistungsfähigkeit wurde mit Hilfe von Beispielkomponenten erprobt, die mit Hilfe des TKMS-Repositorys in einem World Wide Web Browser (Netscape

Navigator) über Hyperlinks zu einer funktionsfähigen Anwendung komponiert wurden (vgl. Abbildung 8). Die Komponenten kommunizieren über eine relationale Datenbank miteinander.

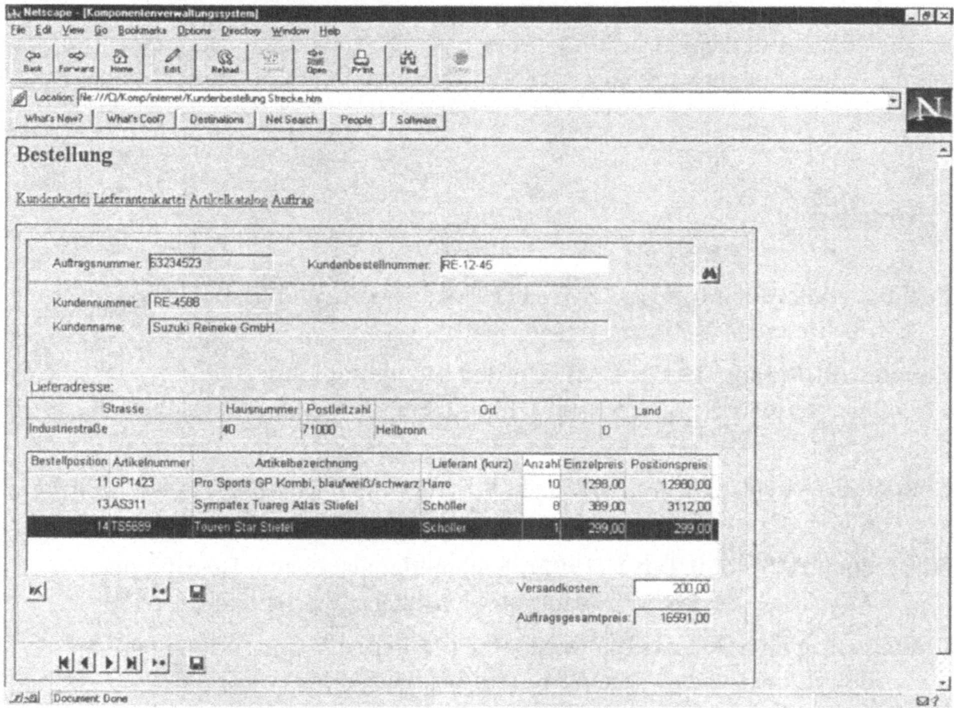

Abbildung 8: Ein Anwendungselement (im Bild: Kundenbestellung auf Strecke) wird innerhalb einer WWW-Umgebung ausgeführt

8 Resümee und Ausblick

Die individuelle Herstellung von Anwendungssystemen aus vorgefertigten Bauteilen erscheint heute aufgrund der technologischen Entwicklung in der Softwarebranche und der organisatorischen Entwicklung in den Anwenderunternehmen industriell möglich. Mit den Komponententechnologien werden die Voraussetzungen für eine Komponentenindustrie und einen Komponentenmarkt geschaffen. Der Wunsch zahlreicher Unternehmen, flexibel für spezifische Aufgabenstellungen geeignete Organisationsstrukturen rasch aufzubauen und nach Erreichung der Ziele systematisch wieder abzuwickeln, führt zu einer interdependenten Gestaltung von Organisationsstrukturen und Anwendungssystemen (Abbildung 2). Vor diesem Hintergrund wurde in dem Beitrag ein Szenario für eine komponentenorientierte Entwicklung von Anwendungssystemen und Unternehmen vorgestellt, das in einigen Aspekten noch komplettiert werden muss. Dabei steht vor allem der Aufbau eines Unternehmensrepositorys, mit dem die Komplexität der Gesamtaufgabe administriert werden kann, im Vordergrund. Parallel dazu soll der vorgestellte Prototyp zur Herstellung komponentenorientierter Anwendungen im industriellen Rahmen (kommerziell) implementiert werden.

Literatur

Breiing, Alois; Flemming, Manfred (1993): Theorie und Methoden des Konstruierens. Springer, Berlin, 1993.

Burkhardt, Rainer (1997): UML-Unified Modelling Language, Objektorientierte Modellierung für die Praxis. Addison Wesley, Bonn, 1997.

Chapell, David (1996): ActiveX und OLE verstehen. Microsoft Press, München, 1996.

DIN Norm. DIN 4000 Teil 1 (1992): Sachmerkmal-Leisten: Begriffe und Grundsätze. Deutsches Institut für Normung e.V., September 1992.

Dudenverlag (1996): LexiRom Version 2.0. Microsoft Corporation und Bibliographisches Institut & F.A. Brockhausverlag AG, 1996.

Eversheim, Walter (1998): Organisation in der Produktionstechnik. Springer Verlag, Berlin, 1998.

Griffel, Frank (1998): Componentware, Konzepte und Techniken eines Softwareparadigmas. dpunkt Verlag, Heidelberg, 1998.

Grupp, Bruno (1995): Aufbau einer optimalen Stücklistenorganisation: offene Stücklisten, Variantengenerator, PPS-Rahmen, CAD-Connection, Praxisbeispiele. expert-Verlag, Rennigen-Malmsheim, 1995.

Hansen, Hans Robert; Mühlbacher, Robert; Neumann, Gustaf (1992): Begriffsbasierte Integration von Systemanalysemethoden. Physica-Verlag, Heidelberg, 1992.

Hoitsch, Hans-Jörg (1993): Produktionswirtschaft: Grundlagen einer industriellen Betriebswirtschaftlehre. Vahlen Verlag, München, 1993.

Krauser, Dieter (1986): Methodik zur Merkmalbeschreibung technischer Gegenstände. Hrsg. DIN, Deutsches Institut für Normung e.V. Beuth Verlag, Berlin, 1986.

Lang, Klaus-Peter (1998): Variantenkonstruktion betriebswirtschaftlicher Anwendungssoftware, Teil1: Methode der semantischen Komposition. Arbeitsbericht 98/02 des Fachgebiets Wirtschaftsinformatik I, Entwicklung von Anwendungssystemen der Technischen Universität Darmstadt, Hrsg.: Prof. Dr. Erich Ortner, 1998.

Lehmann (1998): Lehmann, Frank: Methodisches Entwickeln von Workflow-Management-Anwendungen. Dissertation, Fakultät für Verwaltungswissenschaft, Universität Konstanz, 1998.

McIlroy, M. D. (1968): Mass Produced Software Components, Software Engineering. Report on a conference sponsered by the NATO SCIENCE COMMITTEE, Garmisch, 1968.

Meinl, Franz(1990): Sachmerkmale: Schlüssel zur technischen Gestaltung, Beschreibung und Information. expert-Verlag, Ehningen bei Böblingen, 1990.

Nasvytis, A. (1953): Die Gesetzmässigkeiten kombinatorischer Technik. Springer, Berlin, 1953.

Ortner (1997): Ortner, Erich: Methodenneutraler Fachentwurf. Zu den Grundlagen einer anwendungsorientierten Informatik. B.G. Teubner Verlagsgesellschaft, Stuttgart/Leipzig, 1997.

Ott, Hans Jürgen (1994): Das „ingenieurgemässe" am Software Engineering. In: GI Softwaretechnik-Trends: Mitteilungen der Fachgruppen 'Software-Engineering' und 'Requirements-Engineering', Band 14, Heft 1, Februar 1994.

Pahl, Gerhard; Beitz, Wolfgang (1993): Konstruktionslehre: Methoden und Anwendung. 3. Aufl., Springer, Berlin, 1993.

Parnas, D. L. (1972): On the Criteria To Be Used in Decomposing Systems into Modules. Communications of the ACM, Vol. 15, Nr. 12, 1972, S. 1053-1058.

Pree, Wolfgang (1997): Komponentenbasierte Softwareentwicklung mit Frameworks. dpunkt, Heidelberg, 1997.

Roth, Karlheinz (1994): Konstruieren mit Konstruktionskatalogen. Band 2: Kataloge. 2.Aufl., Springer, Berlin, 1994.

Scheer, A.-W. (1998a): ARIS - Vom Geschäftprozess zum Anwendungssystem. Springer, Berlin, 1998.

Scheer, A.-W. (1998b): ARIS - Modellierungsmethoden, Metamodelle, Anwendungen. Springer, Berlin, 1998.

Schienmann, Bruno (1997): Objektorientierter Fachentwurf: Ein terminologiebasierter Ansatz für die Konstruktion von Anwendungssystemen. Teubner, Stuttgart, 1997.

Steinhilper, Waldemar; Röper, R. (1994): Maschinen und Konstruktionselemente. 4. Aufl., Springer, Berlin, 1994.

VDI Richtlinie (1982) VDI 2222 Blatt 2: Konstruktionsmethodik: Erstellung und Anwendung von Konstruktionskatalogen. Verein Deutscher Ingenieure, Februar 1982.

VDI Richtlinie (1981). VDI 2221: Systematisches Suchen und Optimieren konstruktiver Lösungen. Verein Deutscher Ingenieure, Oktober 1981.

Wedekind, Hartmut; Müller, Theo (1981): Stücklistenorganisation bei einer grossen Variantenanzahl. In: Angewandte Informatik 9/81, 1981, S. 377-383.

Wedekind, Hartmut; Ortner, Erich (1980): Systematisches Konstruieren von Datenbankanwendungen: Zur Methodologie der Angewandten Informatik, Hanser Verlag, München, 1980.

Wirth, N. (1971): Program Development by Stepwise Refinement. Communications of the ACM, Vol. 14, No. 4, 1971, S. 221-227.

Zilahi-Szabo, Miklos Geza (1995): Kleines Lexikon der Informatik und Wirtschaftsinformatik. Oldenbourg Verlag, München, 1995.

Zwicky, Fritz (1971): Entdecken, Erfinden, Forschen im Morphologischen Weltbild. Droemer Knaur, München, 1971.

Entwicklung von Objektmodellen - Gestaltung und Bereitstellung von Unternehmensmodellen

Dr. Bruno Schienmann
Informatikzentrum der Sparkassenorganisation GmbH (SIZ)

1 Motivation

Der Stellenwert der objektorientierten Modellierung im Rahmen der objektorientierten Anwendungsentwicklung wurde nicht zuletzt am Hype um die Standardisierung der **Unified Modeling Language UML** durch die OMG deutlich ([UML98], eine gute Gesamtdarstellung bietet [BRJ99]). Die Objektmodellierung wird technologisch durch eine Reihe von neuen Herausforderungen motiviert:

- **Übergang zur objektorientierten Anwendungsentwicklung.** In immer mehr Unternehmen werden Anwendungen objektorientiert entwickelt. Objektorientierte Anwendungsentwicklung bedeutet zunächst aber **insbesondere modellbasierte** Entwicklung. Die Modellierung bildet die Grundlage einer anschliessenden Implementierung in verbreiteten Sprachen wie Smalltalk, C++ oder Java.

- **Neue Architekturen.** Anwendungen werden zunehmend verteilt und als **2-/3-** oder **n-tier** Architekturen mit entsprechender Middleware konzipiert. Zur Reduzierung der Komplexität und besseren Skalierbarkeit werden solche Anwendungen in kleine Einheiten zerlegt und verschiedenen Rechnerknoten zugeordnet (allokiert). Entsprechende Komponenten- und Verteilungsmodelle können aus fachlichen Objektmodellen abgeleitet werden.

- **Internet/Intranet und Java.** Java ist eine **objektorientierte** Sprache zur Erstellung von netz- oder nicht-netzbasierten Anwendungen. Unabhängig von der Verteilungsart sollte deshalb auch die Umsetzung von Internet-/Intranet-Anwendungen letztlich auf konzeptuellen Objektmodellen beruhen, welche die eigentlichen fachlichen Anforderungen beschreiben.

- **Anwendungsrahmen und Komponentenorientierung.** Die Entwicklung von Softwarebausteinen (Business Components) und Anwendungsrahmen (Frameworks) etabliert sich zunehmend als ein effektiver und effizienter Weg, Anwendungen und Anwendungsteile wiederverwendbar und flexibel zu gestalten. Die Entwicklung solcher Bausteine und domänenspezifischer Anwendungsrahmen basiert letztlich auf fachlichen Objektmodellen (vgl. dazu als interessanten methodischen Ansatz etwa die **Catalysis**-Methode [SoWi98]).

Neben diesen genannten Punkten lassen sich sicherlich noch eine Reihe weiterer Argumente für die Objektmodellierung nennen, etwa die Einführung von objektorientierten Datenbanksystemen oder Vorgangssteuerungssysteme, welche gut mit dem Ansatz einer Objektmodellierung bzw. der Komponentenentwicklung harmonieren (siehe etwa [Leym96]).

Die nachfolgend beschriebenen Lösungskonzepte gelten für die Entwicklung von Unternehmensobjektmodellen bzw. für grosse, unternehmenskritische Anwendungen mit geschäftsfeld- oder unternehmensweiten Charakter, welche zu einem Unternehmensmodell verdichtet werden können. Beispiele dafür im bankfachlichen Umfeld sind etwa Anwendungen für das Kreditgeschäft oder für den Zahlungsverkehr (Buchungs- und Clearingsysteme). Die folgenden, in der Literatur häufig genannte Nutzenaspekte eines (Referenz-)Objektmodells gelten aber auch für die Umsetzung in kleineren Anwendungen:

- schnellere, qualitativ bessere Anwendungsbereitstellung durch die Nutzung bereits spezifizierter Modellelemente mit stabilen Modellstrukturen,
- Verbesserung der Integrationsfähigkeit (Konsistenz) getrennt entwickelter Anwendungen durch gemeinsames Verständnis der Kernabstraktionen,
- Unterstützung der Klassifikation, Identifikation und Schneidung wiederverwendbarer fachlicher Bausteine (fachliche Komponenten, Business Components) und
- Erleichterung der Adaption von Anwendungen an neue oder geänderte fachliche Anforderungen durch konsolidierte Modellbasis.

Diese unterschiedlichen Nutzenaspekte können insbesondere deshalb realisiert werden, weil objektorientierte Anwendungsentwicklung zunächst vor allem modellbasierte Anwendungsentwicklung bedeutet. Ein weiterer wichtiger Vorteil aus Sicht der Wiederverwendung ist, dass ein Objektmodell die für die Wiederverwendung von Modell- und Anwendungsteilen notwendige projektübergreifende Sicht auf die Modellierungs- und Implementierungsergebnisse fördert.

2 Zielsetzung

Mit der Entwicklung und Einführung eines bankfachlichen Objektmodells können mehrere unterschiedliche Zielsetzungen sowohl hinsichtlich einer geplanten

Anwendungsentwicklung als auch hinsichtlich einer **Anwendungsintegration** verfolgt werden. Die folgende Abbildung skizziert diese verschiedenen Zielsetzungen.

- Anwendungsentwicklung. Ein Objektmodell kann sowohl Grundlage für die Entwicklung neuer objektorientierter Anwendungen, als auch für die Schneidung fachlicher Komponenten und für die Entwicklung von domänenspezifischen Anwendungsrahmen sein.
- Anwendungsintegration. Ein Objektmodell bildet die Basis für die Definition einer semantischen Zugriffschicht zu persistenten Daten und zur Kapselung bestehender Anwendungen über definierte Schnittstellen.

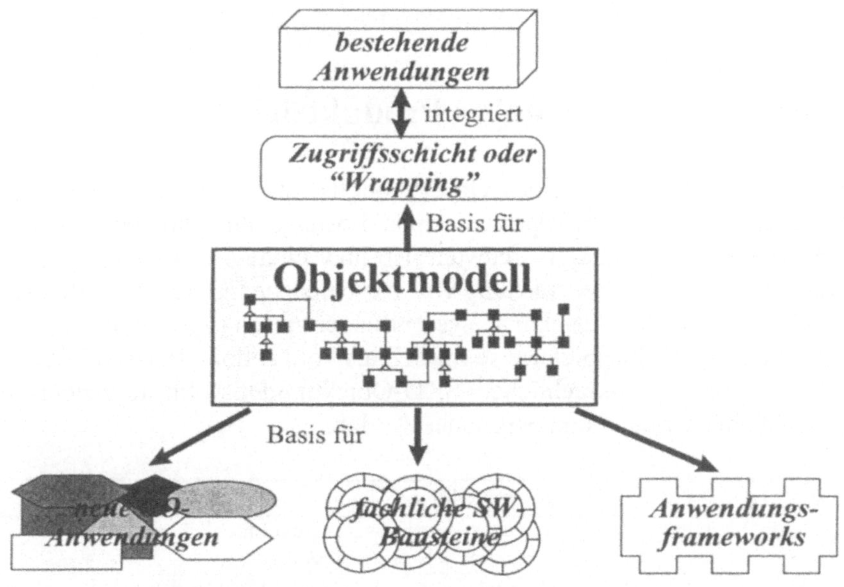

Abbildung 1: Nutzungsvarianten eines Objektmodells

Diese unterschiedlichen Zielsetzungen können die Gestaltung des Objektmodells insbesondere hinsichtlich des gewählten Detaillierungsgrades beeinflussen. Soll ein Objektmodell beispielsweise für die Definition einer semantischen Zugriffschicht bereitgestellt werden, ist die Modelldetailliertheit bzw. der Abdeckungsgrad sehr wichtig. Für die Entwicklung und den Austausch domänenspezifischer Anwendungsrahmen müssen stattdessen die wesentlichen Kernabstraktionen eines Bereichs stabil und flexibel modelliert sein und Adaptionspunkte (sog. **hot-spots** nach [Pree97]) deutlich werden. Werden fachliche, austauschbare Bausteine oder OO-Anwendungen entwickelt, steigt zwar der Nutzenmehrwert, wenn das Modell detaillierter ausgearbeitet ist. Dabei besteht jedoch die Gefahr, dass das Modell zu anwendungsspezifisch wird, so dass der Einarbeitungsaufwand den mit der Wiederverwendung von Modellteilen verbundenen Nutzen übersteigt.

Nachdem die Nutzung eines Objektmodells für die objektorientierte Entwicklung motiviert wurde, stellt sich die Frage nach dem WIE, d.h. welche Lösungskonzepte müssen für die Bereitstellung eines Objektmodells entwickelt werden. Hierbei bietet sich eine komplementäre Produkt- und Prozesssichtweise an, d.h. wie muss zum einen das Produkt Unternehmensobjektmodell gestaltet sein, um den genannten Nutzen zu realisieren, zum anderen, nach welcher Vorgehensweise kann das Unternehmensobjektmodell bereitgestellt werden. Im folgenden Kapitel drei wird diese Produktsicht dargestellt, anschliessend wird der Prozess der Bereitstellung erläutert.

3   Gestaltungsmerkmale - Produktsicht

Hinsichtlich der Gestaltung eines Objektmodells können verschiedene Aspekte unterschieden werden. Diese spannen einen Lösungsraum auf, der für die Entwicklung eines Objektmodells relevant ist und eingegrenzt werden muss. In mehreren Projekten zur Untersuchung von verschiedenen Objektmodellen am SIZ haben sich die folgenden Aspekte als wesentlich erwiesen (vgl. [Sch98]).

Diese Aspekte dienen beispielsweise im SIZ als konzeptionelle Grundlage für die Bereitstellung eines bankfachlichen SKO-Objektmodells. Im folgenden sollen diese Aspekte beschrieben und begründet werden.

#	Aspekt	Fragestellung
1.	Modellfachlichkeit	Welches Verständnis der bankfachlichen Inhalte wird dem Objektmodell zugrundegelegt?
2.	Modelldetaillierung	Wie detailliert soll das Objektmodell entwickelt werden, vor dem Hintergrund des geplanten Einsatzszenarios?
3.	Modellarchitektur	Wie soll das Objektmodell horizontal und vertikal partitioniert werden?
4.	Modelldokumentation	Wie soll das Objektmodell dokumentiert werden, welche Repräsentationen sollen gewählt werden?
5.	Modellstabilität	Wie kann sichergestellt werden, dass neue Anforderungen nur zu geringen oder keinen Modelländerungen führen?
6.	Modellkonformität	Wie kann das Objektmodell konform mit existierenden (strukturierten) Modellen gehalten werden?
7.	Modellmanagement	Wie sieht das Konzept für die Administration des Modells (Fortschreibung, Versionierung, etc.) aus?
8.	Modellumsetzung	Wie kann das Objektmodell für die objektorientierte Anwendungsentwicklung genutzt werden?

3.1 Modellfachlichkeit

Der Aspekt Modellfachlichkeit adressiert die Validität, Konsistenz und semantische Korrektheit des Objektmodells: Hat man sich in einer Organisation auf ein bestimmtes Verständnis der bankfachlichen Begriffe (Nomenklatur) geeinigt, sollte dieses Verständnis durchgängig für unterschiedliche Modelle und Modellarten gelten, also beispielsweise sowohl für strukturierte Modelle (Datenmodell, Prozessmodell, ...) als auch für das Objektmodell. Durch den Aspekt Modellfachlichkeit soll sichergestellt werden, dass das Modell eine bedeutungsvolle Repräsentation des Anwendungsbereichs darstellt und die Modellaussagen korrekt und relevant in Bezug auf fachliche Anforderungen, Begriffe bzw. Sachverhalte im Anwendungsbereich ist.

Die Modellfachlichkeit ist auf mehreren Ebenen bezüglich der Kernabstraktionen (Leitbilder) des Modells, bezüglich der Modellsichten, bezüglich der Anwendungsfälle und bezüglich der weiteren Modellelemente wie Klassen, Attribute, Methoden, Zustandsänderungen, Einschränkungen etc. sicherzustellen. Die folgende Abbildung zeigt beispielsweise die Kernabstraktionen (**Beteiligte Partei, Ressource, Konto** etc.) eines bankfachlichen Objektmodells.

Mögliche Sichten sind neben der eigentlichen betriebswirtschaftlichen Sicht etwa die rechtliche Sicht (z.B. Berücksichtigung der KWG-Richtlinien) oder die Sicherheitssicht (etwa sicherheitsspezifische Rollen- bzw. Kompetenzenmodellierung). Oft sind in den am Markt angebotenen Modellen wichtige Sichten nicht berücksichtigt - die rechtliche Sicht ist beispielsweise bei internationalen Modellen, wie etwa dem **Financial Services Object Model (FSOM)** der Fa. IBM für das Massengeschäft (**retail banking**), naturgemäss weniger ausgeprägt - oder die gewählten Kernabstraktionen entsprechen nicht dem eigenen Geschäftsverständnis - **Konto** wird beispielsweise häufig nicht nur als abstrakter Wertespeicher aufgefasst, sondern umfasst auch Produkt- und Konditioneninformationen.

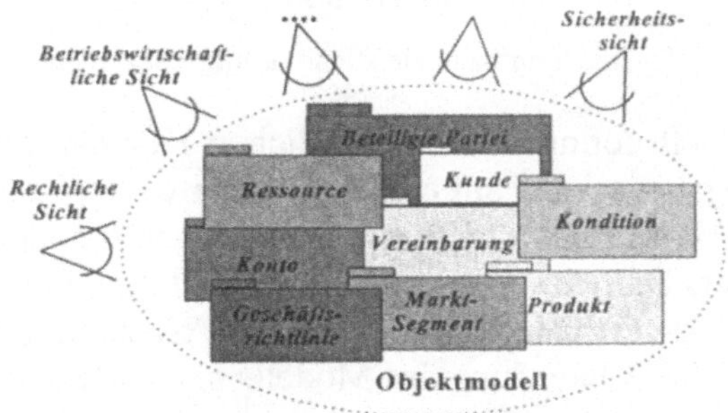

Abbildung 2: Kernabstraktionen und Sichtenbildung eines
bankfachlichen Objektmodells

3.2 Modelldetaillierung

Die Bereitstellung eines Objektmodells kann auf unterschiedlichen Detaillierungsebenen erfolgen. Grundsätzlich können drei aufeinander aufbauende Detaillierungsstufen eines Objektmodells unterschieden werden:

- Generisches Objektmodell oder Kernobjektmodell
- Unternehmensobjektmodell
- Unternehmensweites Objektmodell

Die folgende Abbildung 3 zeigt diese drei Detaillierungsebenen mit dem etwa zu erwartendem Klassenumfang und Vor- und Nachteilen (die Terminologie folgt der Datenmodellierung, vgl. [Schm95]; der Umfang kann sicherlich abhängig von der gewählten Granularität der Klassen variieren; die Angaben orientieren sich an den in der Literatur genannten Grössen, z.B. bei Wells Fargo, entsprechen teilweise aber auch verschiedenen Erfahrungen in der Sparkassenorganisation/ SKO für solche Modelle).

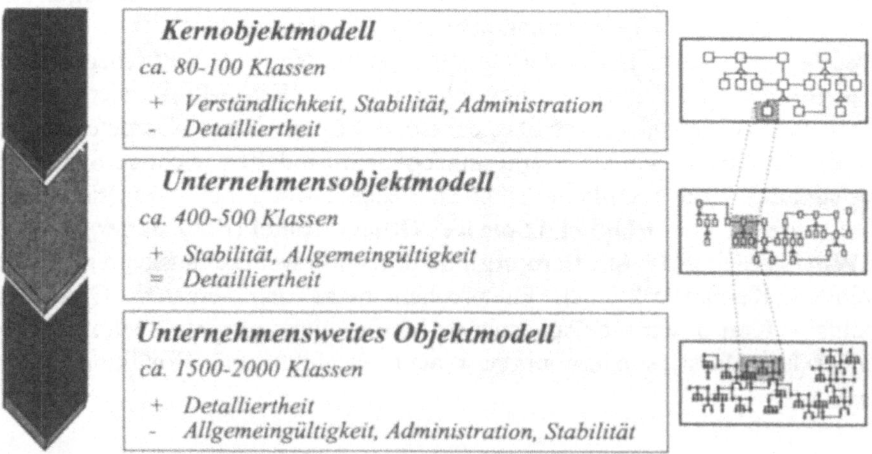

Abbildung 3: Aufeinander aufbauende Detaillierungsebenen eines Objektmodells

Ein Kernobjektmodell definiert die wesentlichen Klassen und Beziehungen auf einer hohen Aggregationsebene mit einem zu erwartenden Umfang von ca. 80-100 Klassen. Das Modell ist stabil, aufgrund des geringen Umfangs gut administrierbar und sehr verständlich, d.h. eine Einarbeitung in das Modell durch Projektmitarbeiter ist verhältnismässig einfach. Nachteilig ist die mangelnde Detailliertheit. Bei der Anwendung des Modells gewährleisten die stabilen Strukturen des Modells zwar die Stabilität der Anwendung, zur Entwicklung der Anwendung müssen aber noch viele Inhalte ergänzt werden (dies kann für die

Entwicklung von Anwendungsrahmen natürlich gerade auch ein Vorteil sein). In den Kernklassen können zwar viele Schnittstellenprotokolle abstrakt festgelegt werden, deren genaue Spezifikation muss aber zumeist in abgeleiteten Klassen erfolgen.

Ein Unternehmensobjektmodell entspricht im Umfang mit 400-500 Klassen etwa dem jetzigen SKO-Datenmodell. Die Erfahrungen aus der Datenmodellierung zeigen, dass ein Modell dieser Grösse stabil und allgemeingültig gehalten werden kann. Die Komplexität des Modells ist durchaus noch handhabbar. Die besserte Detailliertheit erlaubt einen grösseren Wiederverwendungsgrad in Anwendungen, dafür ist die Modelleinarbeitung jedoch gegenüber einem Kernmodell aufwendiger.

Ein unternehmensweites Objektmodell ist sehr detailliert und kann beispielsweise direkt für die Implementierung einer semantischen Zugriffschicht verwendet werden. Eine organisationsweite Einführung und Umsetzung eines solchen Modells stellt hinsichtlich den Aspekten Allgemeingültigkeit, Administrationsaufwand und Stabilität eine grosse Herausforderung dar. Insbesondere der Aspekt des Modellmanagements verbunden mit Problemen, welche aufgrund der noch nicht in allen Bereichen ausreichend ausgereiften OO-Werkzeuge entstehen, darf nicht unterschätzt werden.

3.3 Modellarchitektur

Grosse Anwendungssysteme werden zur Komplexitätsreduzierung in überschaubare Einheiten partitioniert. Ähnlich müssen auch Objektmodelle in kleinere Einheiten unterteilt werden. Bezüglich der Architektur eines Objektmodells lassen sich zwei grundsätzliche Zerlegungsarten unterscheiden.

- Die horizontale Partitionierung zerlegt ein Modell fortgesetzt in mehrere disjunkte Teilmodelle einer Abstraktionsebene. Die horizontale Partitionierung sollte nicht nach funktionalen Gesichtspunkten durchgeführt werden, sondern sich an den Kernabstraktionen des Modells orientieren, um eine Spartenorientierung zu vermeiden.

- Für die vertikale Partitionierung hat sich die Unterscheidung zwischen Vorgangsobjekten, welche Prozesswissen repräsentieren, und Bestandsobjekten, welche stabileres Objektwissen repräsentieren, bewährt (vgl. etwa [JCJÖ92; Dori95; MaOd95; FeSi95]).

Die UML stellt für die vertikale und horizontale Partionierung das **package**-Konzept zur Verfügung. Die Unterscheidung zwischen Prozess- und Bestandsobjekten kann über Stereotype erfolgen (vgl. [UML98]). Neben der Daten- und Funktionskapselung führt diese Unterscheidung zu einer Kapselung von Kontrollflussabhängigkeiten. Da der möglicherweise variable Kontrollfluss nur an einer Stelle anzupassen ist, erleichtert dies die Adaption und Erweiterung des Objektmodells an geänderte Prozessstrukturen. Vergleichbare, alternative Architekturansätze werden in [Züll98] oder [AlFr98] beschrieben.

3.4 Modelldokumentation

Objektmodelle können auf unterschiedliche Weise dokumentiert werden. Die gewählten Repräsentationsmittel beeinflussen die im Modell darstellbare Fachlichkeit und deren Interpretation. Hinsichtlich der Verständlichkeit und Ausdruckskraft ist auch nach der Standardisierung der UML zu klären, durch welche Modelle und Diagramme ein Objektmodell repräsentiert werden soll und welche organisationsspezifischen Namens- und Dokumentationsstandards dabei einzuhalten sind. Entsprechende Konventionen sind beispielsweise besonders für die Verwendung von Stereotypen zu empfehlen, um zu vermeiden, dass beliebige neue Modellelemente unbestimmter Semantik über neue Stereotypen eingeführt werden.
Die für die Dokumentation wesentliche Modellart ist das Klassenmodell. Das Klassenmodell definiert die statische Struktur der Klassen und ihrer Beziehungen untereinander. Zur Beschreibung der dynamischen Sicht werden das Zustandsmodell, Interaktionsmodell und Use-Case-Modell verwendet. Zustandsmodelle sind beispielsweise empfehlenswert, um die typspezifischen Lebenszyklen von Objekten mit komplexen Verhalten zu spezifizieren.

3.5 Modellstabilität

Ein wesentliches Kriterium für die Qualität eines Objektmodells ist die erreichte Modellstabilität. Das Objektmodell sollte so gestaltet sein, dass neue zu integrierende Anwendungsfälle oder geänderte Anforderungen nur zu geringen oder keinen Modelländerungen führen. Um diese Modellstabilität zu gewährleisten, müssen von Beginn an bei der Bereitstellung eines Objektmodells unterschiedliche Designkonzepte verfolgt werden. Die Objektorientierung bietet sehr gute Möglichkeiten, diese Modellstabilität und damit letztlich Flexibilität sicherzustellen. Hierbei können die Erfahrungen bei der Entwicklung von domänenspezifischen Frameworks, an welche ähnliche Stabilitäts- und Flexibilitätsanforderungen gestellt werden, genutzt werden (vgl. etwa [Pree97]). Folgende Kombination an (teilweise bereits beschriebenen) Mitteln kann die Stabilität des Modells verbessern:

- Durch die **vertikale Partitionierung** des Objektmodells in Bestands- und Vorgangsobjekte wird eine Kapselung der u.U. eher variablen Abläufe von

Prozessen erreicht. Dem Ziel von Schichtenmodellen entsprechend werden Objekte unterschiedlicher Stabilität separiert, um Modelländerungen weitgehend lokal zu halten bzw. zu begrenzen.

- Durch den Einsatz von **Entwurfsmustern** können Modelle nach bewährten Lösungsprinzipien flexibilisiert werden. Da die Anwendung von Entwurfsmustern zu Lasten der Modellverständlichkeit gehen kann, ist die Anwendung von Entwurfsmustern im Modell genau zu dokumentieren (vgl. [GHJV95] und [BMR96]; eine gute Darstellung findet sich auch in [SoWi98]).

- Durch **Analysemuster** werden unterschiedliche begründete Lösungsvarianten für Teilmodelle dokumentiert [Fowler97]. Abhängig von konkreten Anforderungen bzw. Anwendungsfällen kann das jeweilige fachliche Lösungskonzept, welches durch das Analysemuster dargestellt ist, für die eigene Problemstellung selektiert werden.

- Ähnlich wie für die Implementierungsphase in einer Programmiersprache Programmierrichtlinien und „best practices" einzuhalten sind um die Codequalität und einen guten Stil zu gewährleisten, sollten auch für die Modellierung **Richtlinien** angewendet werden, wie etwa eine explizite Rollenmodellierung, um die Modellqualität zu verbessern. Da objektorientierte Anwendungsentwicklung modellbasiert erfolgen sollte, tragen solche Richtlinien auch wesentlich zur Qualität der resultierenden Anwendung bei.

3.6 Modellkonformität

Unterschiedliche Modelle - ob Objektmodelle untereinander oder Objektmodelle und strukturierte Referenzmodelle (Datenmodell, Prozessmodell oder Funktionsmodell) - müssen auf dem gleichen fachlichen Verständnis beruhen. Nur wenn eine solche Konformität der Modellinhalte gegeben ist, können die Modelle effizient abgestimmt und ggf. integriert werden. Eine **Integrationsfähigkeit** von Modellen im Sinne eines möglichen „Schema-Merging" ist ohne dieses gemeinsame fachliche Grundverständnis nicht gegeben, wie beispielsweise eine Untersuchung verschiedener Objektmodelle im SIZ ergab (zu verschiedenen Aspekten der Schemastandardisierung vgl. [John94]).

3.7 Modellmanagement

Modellmanagement meint die geregelte Administration, Nutzung und Fortschreibung des Objektmodells. Es sollte eine Beschreibung der Aufbau- und Ablauforganisation (Rollen, Prozesse etc.) des Objektmanagements zusammen mit einem Konzept für die Werkzeugunterstützung (Repository) zur Modellverwaltung vorliegen.

3.8 Modellumsetzung

In Abschnitt 2 wurden vier verschiedene Zielsetzungen, welche mit der Einführung eines Objektmodells verfolgt werden können, aufgezeigt. Mit der Modellumsetzung wird das Nutzungskonzept bzw. die Implementierbarkeit des Modells hinsichtlich dieser vier Zielsetzungen **Entwicklung neuer OO-Anwendungen, Zugriffschicht und Wrapping, fachliche SW-Bausteine** und **Entwicklung domänenspezifischer Anwendungsframeworks** sowie die Unterstützung dieses Prozesses durch Entwicklungswerkzeuge geprüft. Aspekte der Modellumsetzung betreffen das Vorhandensein eines Vorgehensmodells mit verschiedenen Entwicklungspfaden, Richtlinien für die Schneidung von Teilmodellen oder Abbildungsrichtlinien von Modellelementen in gängige OO-Programmiersprachen und relationale Systeme [NSK97].

4 Vorgehen - Prozesssicht

Für die Bereitstellung eines Unternehemsobjektmodells stehen verschiedene Alternativen zur Verfügung:

- Neuentwicklung eines Modells auf der Grundlage von Use-Cases und objektorientierter Modellierung.

- Kauf eines generischen Objektmodells und Anpassung an eigene organisationspezifische Anforderungen.

- Ableitung eines Objektmodells aus den Begrifflichkeiten und Strukturen vorhandener strukturierter Referenzmodelle wie dem Datenmodell oder dem Prozessmodell

- Reverse Engineering bestehender objektorientierter Anwendungen, für welche nicht direkt ein explizites Objektmodell zur Verfügung steht

- Entwicklung eines Objektmodells auf der Grundlage bereits entwickelter internen Anwendungsobjektmodelle.

Betrachtet man diese verschiedenen „Alternativen" genauer, wird deutlich, dass diese einen unterschiedlichen Beitrag zur Entwicklung eines Objektmodells leisten können bzw. eine unterschiedliche Funktion bei der Entwicklung haben . Aus diesem Grund bietet sich eine Kombination (einiger) dieser Alternativen in einem Stufenkonzept an. Die folgende Abbildung stellt diese unterschiedlichen Beiträge der „Alternativen" dar.

Für die Nutzung strukturierter Modelle zur Entwicklung eines initialen Objektmodells sprechen dabei eine Reihe von Gründen. Insbesondere sind dies:

- Nebeneinander von objektorientierter und strukturierter Anwendungsentwicklung. In vielen Häusern wird zumindest mittelfristig ein Nebeneinander verschiedener Entwicklungsarten gegeben sein. Nur durch methodisch unterstützte Übergänge zwischen diesen Modellen kann eine längerfristige effektive Anwendungsentwicklung sichergestellt sein.

- Anwendungsübergreifende Sicht. Die Entwicklung insbesondere der bankfachlichen Datenmodelle beruht häufig auf aufwendigen Integrationsprojekten und Konsensbildungsprozessen. Die dort gesammelten Erfahrungen und das diese Erfahrungen reflektierende bankfachliche Wissen der Modelle sollte für die Objektmodellierung genutzt werden, um ähnliche Probleme der Desintegration in der objektorientierten Anwendungsentwicklung frühzeitig zu vermeiden oder zu begrenzen.

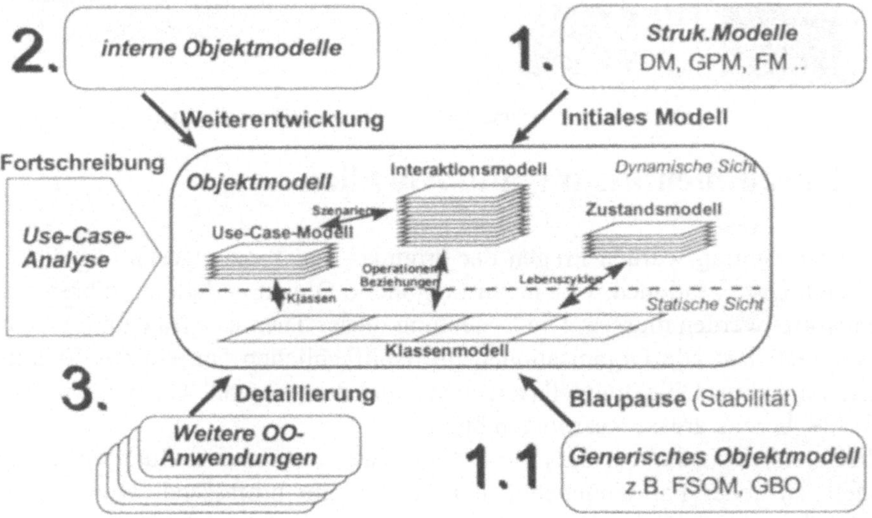

Abbildung 4: Alternativen der Entwicklung eines Objektmodells

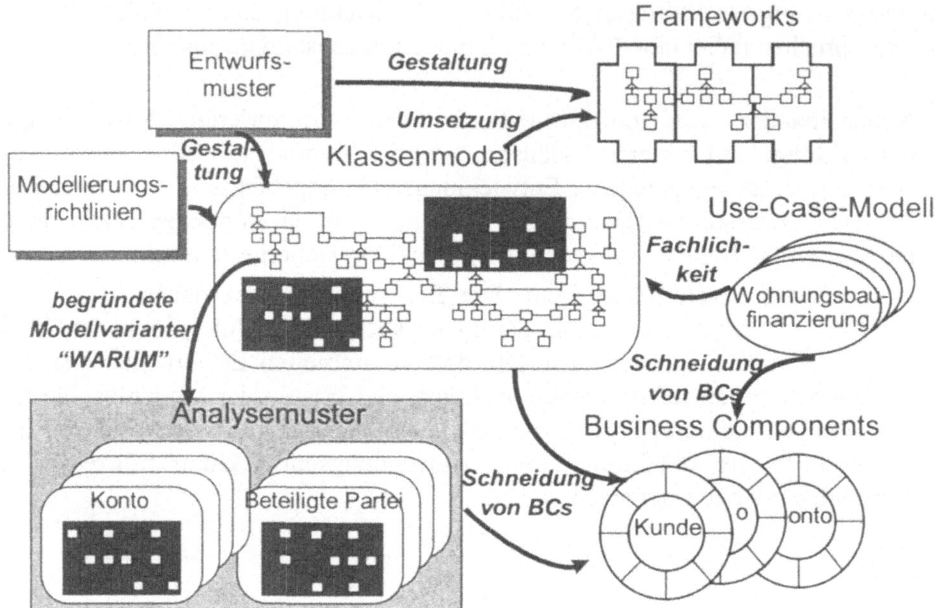

Abbildung 5: Zusammenhänge zwischen OO-Ergebnissen

5   Zusammenfassung und Ausblick

In diesem Beitrag wurden Fragen der Produkt- und Prozessgestaltung diskutiert, die durch Organisationen, welche umfangreiche Objektmodelle einführen wollen, beantwortet werden müssen. Die Bedeutung dieses Themas wird dadurch deutlich, dass aktuell fast alle Organisationen im bankfachlichen Umfeld das Thema Bereitstellung eines Objektmodells angehen - und dies, obwohl Themen wie EWWU und Y2K bereits grosse Ressourcen binden.

Dabei bleibt festzuhalten, dass die Entwicklung und Bereitstellung eines Objektmodells auf jeden Fall eingebettet sein muss in eine umfassende objektorientierte Entwicklungsstrategie, welche neben einem abgestimmten Anwendungsentwicklungsmodell (Vorgehensmodell) weitere Entwicklungsbausteine wie Frameworks, Analysemuster, Geschäftskomponenten etc. umfasst. Die folgende Abbildung skizziert noch einmal diese wesentlichen Bausteine und ihre Zusammenhänge untereinander.

Literatur

[AlFr98],Allen, P., Frost, S.: Component-Based Development for Enterprise Systems. Cambridge University Press, 1998

[BMR96],Bus hmann, F.; Meunier, R.; Rohnert, H. et al.: A System of Patterns, Patte n-Oriented Software Architecture.Wiley 1996.

[BRJ99],Booch, G.; Rumbaugh, J.; Jacobson, I.: The Unified Modeling Language User Guide. Addison-Wesley 1999.

[CoDa94],Cook, S.; Daniels, J.: Designing Object Systems. Prentice Hall 1994.

[Dori95],Dori, D.: Object-process Analysis. Maintaining the Balance Between Systems Structure and Behavior. In: Journal of Logic and Computation 5 (1995) 2, S. 227-249.

[FeSi95],Ferst, O.K.; Sinz, E.J.: Ein Vorgehensmodell zur Objektmodellierung betrieblicher Informationssysteme im Semantischen Datenmodell (SOM). In: Wirtschaftsinformatik 33 (1995) 6, S. 477-491.

[Fowl97],Fowler, M.: Analysis Patterns. Reusable Object Models. Addison-Wesley 1997.

[GHJV95],Gamma, E.; Helm, R.; Johnson, R.; Vlissides, J.: Design Patterns. Elements of Reusable Object-Oriented Software. Addison-Wesley 1995.

[Hay96],Hay, D.: Data Model Patterns: Conventions of Thought. Dorset House 1996.

[JCJÖ92],Jacobson, I; Christerson, M.; Jonsson, P.; Övergaard, G.: Object-Oriented Software Engineering. A Use Case Driven Approach. Addison-Wesley 1992.

[John94],Johannesson, P.: Schema Standardization as an Aid in View Integration. In: Information Systems 19 (1994), S. 275-290.

[Leym96],Leymann, F.: Workflows Make Objects Really Useful. In: EMISA Forum (1996) 1, S. 90-99.

[MaOd95],Martin, J.; Odell, J.: Object-Oriented Methods: A Foundation. Prentice Hall 1995.

[NSK97],Noack, J.; Schienmann, B.; Kittlaus, H.-B.: Ein Leitfaden für die objektorientierte Anwendungsentwicklung in der Sparkassenorganisation. In: Objektspektrum 6 (1997), S. 52-59.

[Pree97],Pree, W.: Komponentenbasierte Softwareentwicklung mit Frameworks. dpunkt 1997.

[RWL96],Reenskaug, T.; Wold, P.; Lehne, O.A.: Working with Objects. The OOram Software Engineering Method. Manning 1996.

[Saue95],Sauer, P.: Ableitung eines konzeptuellen Objektmodells aus einem konzeptuellen Datenschema - eine evolutionärer Ansatz der Objektmodellierung. In: Information Mangement (1995) 2, S. 56-65.

[Schi98],Schienmann, B.: Evaluation von Objektmodellen. Rahmenkonzept - Kriterien und Vorgehensweise. MOBIS98

[Schm95],Schmalzl, J.: Architekturmodelle zur Planung der Informationsverarbeitung von Kreditinstituten. Physica-Verlag 1995.

[SIG97],Silverston, L.; Inmon, W.H.; Granziano, K.: The Data Model Resource Book. Wiley 1997.

[SoWi98],Souza, D'D.F.D.; Wills, A.C.: Objects, Components, and Frameworks with UML. The Catalysis Approach. Addison-Wesley 1998.

[TeCu],Tepfenhardt, W.M.; Cusick, J.J.: A Unified Object Topology. In: IEEE Software 1 (1997) 17, S. 31-35.

[UML98]: Unified Modeling Language (UML). Rational Software Corporation 1998. (http://www.rational.com/)

[Züll98],Züllighoven, H.: Das objektorientierte Konstruktionshandbuch nach dem Werkzeug&Material-Ansatz. Dpunkt 1998

Ereignisgesteuerte Prozessketten für das Business Process Reengineering - Möglichkeiten und Grenzen[1]

Prof. Dr. Josef L. Staud
Berufsakademie Ravensburg

1 Einleitung

Ereignisgesteuerte Prozessketten[2] spielen eine immer wichtigere Rolle im Bereich des Business Process Reengineering. Begründet von Scheer[3] im Rahmen seines ARIS-Konzepts als Instrument zur integrierten Beschreibung von Geschäftsprozessen, zur Blüte gebracht von der Firma SAP im Rahmen ihrer Modellinformationen (vgl. das Referenzmodell von SAP R/3) mit dem Hauptziel, die im R/3 vorgedachten Geschäftsprozesse effizient zu beschreiben findet es nun zunehmend auch Verwendung bei Ist-Analysen von Geschäftsprozessen in Unternehmen.

Dabei sind die Gründe für den Einsatz sehr unterschiedlich. Für Softwarehäuser, die Betriebswirtschaftliche Standardsoftware herstellen, geht es vor allem um das oben angeführte Ziel: die vorgedachten Geschäftsprozesse umfassend und effizient so zu beschreiben, dass sie den Betroffenen leicht zur Kenntnis gebracht werden können. Damit wird hier Software beschrieben, was zu einer eigenen Ausprägung führt. Bei SAP-EPK's ist dies so deutlich, dass der Verfasser in [Staud 1999] dafür die Bezeichnung **SAP-Dialekt** gewählt hat.

Bei Projekten zur Geschäftsprozessoptimierung geht es darum, den Ist-Zustand der Abläufe zu beschreiben und auf Schwachstellen hin abzuklopfen. Hier entstehen sehr aussagekräftige Ereignisgesteuerte Prozessketten, z.B. auch deshalb, weil die Beschreibung meist tiefer geht als bei der Beschreibung von Software.

Bei der Einführung Betriebswirtschaftlicher Standardsoftware wiederum dienen Ereignisgesteuerte Prozessketten vor allem auch dazu, die Lücke zwischen vorgedachten Geschäftsprozessen der Betriebswirtschaftlichen Standardsoftware und realen Ist-Prozessen zu bewältigen (vgl. hierzu [Staud 1999, S. 34ff]).

---

[1] Dieser Aufsatz faßt Ergebnisse aus [Staud 1999] zusammen.

[2] Vgl. für eine grundlegende Einführung [Staud 1999].

[3] Vgl. [Scheer 1997, 1998a, 1998b].

2 Einige Grundbegriffe

2.1 Geschäftsprozesse

Schon immer wurden, wenn es um Effizienzsteigerung bzw. Einsparungen ging, die in den Unternehmen zu leistenden Tätigkeiten, Aufgaben und Arbeitsabläufe untersucht. Nicht zuletzt beruht der klassische Strukturierungsansatz der Unternehmensrealität, der zu den Konzepten der Aufbau- und Ablauforganisation führte, auch darauf. Im Vordergrund standen allerdings meist einzelne Tätigkeiten und kurze Arbeitsabläufe, die unter dem Gesichtspunkt der effizienteren Abwicklung bzw. Aufteilung untersucht wurden.

Mit dem Konzept des Geschäftsprozesses verändert sich die Perspektive. Jetzt stehen längere zusammenhängende Folgen von Tätigkeiten, die zur Erledigung einer grösseren Aufgabe nötig sind, im Mittelpunkt. Unter Umständen sogar eine Folge von Tätigkeiten, die in Bezug auf das betrachtet Unternehmen abgeschlossen ist. Während früher der Ausgangspunkt die einzelne Tätigkeit war und ihre Einbettung in die Abläufe, ist jetzt der gesamte (oder ein längerer) Ablauf der Ausgangspunkt, bei dem die klassischen durch die Organisationsstruktur gegebenen Grenzen erst mal keine Rolle spielen.

Ein weiterer Punkt ist konstituierend für dieses Konzept. Die Betrachtung von Geschäftsprozessen ist verbunden mit einer **umfassenden integrierten Analyse** des gesamten Umfelds, in dem sie abgewickelt werden: der benutzten Informationsobjekte[4], der Informationsflüsse, der Einzeltätigkeiten (später **Funktionen** genannt), der Organisationsstrukturen, usw. Diese integrierte Sicht fasst damit früher benutzte Analyseschritte zusammen und ergänzt sie um die Prozesssicht.

Für die Zwecke dieser Arbeit sollen Geschäftsprozesse in Unternehmen daher wie folgt definiert werden:

Ein Geschäftsprozess besteht aus einer zusammenhängenden abgeschlossenen Folge von Tätigkeiten, die zur Erfüllung einer betrieblichen Aufgabe notwendig sind.

Die Tätigkeiten werden von Aufgabenträgern in organisatorischen Einheiten unter Nutzung der benötigten Produktionsfaktoren geleistet. Unterstützt wird die Abwicklung der Geschäftsprozesse durch das Computergestützte Informationssystem (CIS) des Unternehmens.

Geschäftsprozesse leisten somit die Transformation von beschafften Produktionsfaktoren in verkaufte Produkte bzw. Dienstleistungen (vgl. für diesen produktionstheoretischen Ansatz [Porter 1992]). In ihrem Zusammenhang beschreiben die Geschäftsprozesse die Wertschöpfungskette des Unternehmens [Ott 1995, S. 82].

---

[4]Der Begriff soll hier Informationen aller Art auf Informationsträgern aller Art bezeichnen.

2.2 Business Process Reengineering

In der Diskussion um **Business Process Reengineering** spielt das Geschäftsprozesskonzept eine zentrale Rolle. Business Process Reengineering wird als Oberbegriff für die Methoden zur prozessorientierten Umgestaltung betrieblicher Organisationsstrukturen gesehen (so auch Krallmann und Derszteler in ihrem Beitrag in [Mertens u.a. 1997, S.70)]). Viele Autoren dieses Bereichs greifen dabei auf die Definition von Hammer und Champy zurück:

„Wir definieren einen Unternehmensprozess als Bündel von Aktivitäten, für das ein oder mehrere unterschiedliche Inputs benötigt werden und das für den Kunden ein Ergebnis von Wert erzeugt." [Hammer und Champy 1995, S. 52]

Ganz ähnlich **Brenner und Hamm**, wenn sie definieren:

„Business Reengineering nach unserem Verständnis beschäftigt sich mit den einzelnen Abläufen im Unternehmen und versucht, diese für das Geschäft zu optimieren."...„Ziel des Business Reengineering ist es, die organisatorischen Abläufe eines Unternehmens neu zu gestalten" [Brenner und Hamm, S. 18].

Oftmals wird der Begriff allerdings in den Veröffentlichungen dieses Bereichs einfach vorausgesetzt und nicht definitorisch hinterfragt.

Für **Franz** geht die Übereinstimmung noch weiter. Er sieht Business Process Reengineering als Subsumierung der Begriffe Prozessorganistion, Prozessoptimierung und Prozessmanagement [Franz 1996].

Das Geschäftsprozesskonzept ist somit von grundlegender Bedeutung für die Diskussion des Business Process Reengineering und Ereignisgesteuerte Prozessketten stellen eine zentrale Methode für BPR-Projekte dar.

2.3 Betriebswirtschaftliche Standardsoftware

Ein neuer Softwaretyp macht seit einigen Jahren Furore in unseren Unternehmen[5], ein Softwaretyp, dessen Urheber eine effiziente Lösung für das DV-Problem aller Unternehmen anbieten. Software dieses Typs wird unterschiedlich benannt, z.B. **Standardlösung** oder **Standardsoftware**, wir wollen sie **Betriebswirtschaftliche Standardsoftware** nennen[6,] weil sie (idealtypisch) folgende Eigenschaften hat:

---

[5]"Unternehmen" steht hier für Organisationen aller Art, denn diese Problematik ist überall von Bedeutung, wo Software zur Unterstützung der Aufgabenerfüllung eingesetzt wird.

[6]Vgl. für eine umfassende Diskussion dieses Softwaretyps, auch der mit ihm verbundenen Begleiterscheinungen, [Staud 1999, Kapitel 3].

- Sie ist prozessorientiert in dem Sinn, dass sie ganze Geschäftsprozesse unterstützt[7] und nicht nur einzelne Funktionen[8].

- Sie unterstützt alle Geschäftsprozesse des kaufmännischen/betriebswirtschaftlichen Bereichs[9] eines Unternehmens einschliesslich der Produktionsplanung (1. Integrationsaspekt).

- Sie ist für die konkreten Strukturen und Geschäftsprozesse vieler Unternehmen geeignet (2. Integrationsaspekt)[10].

Der oben eingeführte Geschäftsprozessbegriff ist damit von zentraler Bedeutung für Betriebswirtschaftliche Standardsoftware, da diese prozessorientiert ist in dem Sinne, dass sie integriert die gesamten Geschäftsprozesse eines Unternehmens unterstützt und nicht nur einzelne Funktionen, wie frühere, ältere oder andere Software. Gleichzeitig soll sie aber auch die Geschäftsprozesse möglichst vieler Unternehmen unterstützen, was letztendlich dazu führt, dass sie, basierend auf dem Geschäftsprozesskonzept, „verallgemeinerbar" sein muss. Dies ist eine Anforderung, die funktionsorientierte Software[11] wegen ihrer Beschränkung in weit geringerem Umfang erfüllen muss.
Damit beruht Betriebswirtschaftliche Standardsoftware auf einer Grundannahme, die sich wie folgt formulieren lässt:
Es ist möglich, für die Anforderungen heutiger Unternehmen eine integrierte, prozessorientierte Software zu erstellen[12] und es gibt so viele Gemeinsamkeiten zwischen den Geschäftsprozessen verschiedener Unternehmen, dass es möglich ist, eine „Software von der Stange" zu schreiben, die in vielen Unternehmen eingesetzt werden kann.

---

[7]"Unterstützung" meint hier, daß die einzelnen Tätigkeiten des Geschäftsprozesses mit mehr oder weniger DV-Unterstützung realisiert werden. Der Käufer einer betriebswirtschaftlichen Standardsoftware findet also nicht nur die übliche Abdeckung einzelner betrieblicher Funktionen vor, sondern bereits fertige Programme für ganze Geschäftsprozesse, z.B. zum Controlling, zur Finanzbuchhaltung, usw. oder für den gesamten kaufmännischen Bereich.

[8]Prozeßorientierung vs Funktionsorientierung: Software kann sich auf einzelne Funktionen beziehen, d.h. diese unterstützen bzw. ganz oder teilweise selbst übernehmen. Zum Beispiel Textverarbeitung oder Grafikerstellung. Sie kann aber auch ganze Geschäftsprozesse (bzw. Abläufe) unterstützen.

[9]Vgl. für eine genauere Abgrenzung [Staud 1999. S. 21ff].

[10]Mit den beiden Integrationsaspekten ist dieser Softwaretyp von Textverarbeitungen, Tabellenkalkulationen, usw. abgegrenzt, die ja auch als Standardsoftware bezeichnet werden.

[11]Software, die im wesentlichen auf einzelne betriebliche Funktionen wie Textverarbeitung, Tabellenkalkulation, Buchhaltung, usw. konzentriert ist.

[12]Dies klingt banal, muß aber gesagt werden, da es keineswegs selbstverständlich ist und auch erst seit einigen Jahren gilt.

Um dies leisten zu können, hat Betriebswirtschaftliche Standardsoftware verschiedene Bedingen zu erfüllen. Die wichtigste ist, dass sie **Modelle von Geschäftsprozessen** in ihrer Datenbank und in ihren Programmen realisiert haben muss und dass diese - mit Hilfe entsprechender Analysen realer Geschäftsprozesse - den tatsächlichen Abläufen und Strukturen in den Unternehmen möglichst ähnlich sein müssen. Denn natürlich gibt es zwischen den Geschäftsprozessen der einzelnen Unternehmen grosse Unterschiede, so dass eine so konzipierte Software immer nur mehr oder weniger ähnlich, aber nicht voll zutreffend sein kann.

Die zeitgemässe Art der Erstellung von Modellen von Geschäftsprozessen ist die mit Ereignisgesteuerten Prozessketten.

2.4 Ereignisgesteuerte Prozessketten

2.4.1 Grundlagen

Hier kann nur eine sehr kurze Einführung in die „Methode EPK" gegeben werden. Vgl. für eine umfassende Einführung [Staud 1999, Kapitel 4 und 5]. Diese Methode zur Beschreibung von Geschäftsprozessen wurde von A.-W. Scheer (vgl. [Scheer 1997]) im Rahmen seines ARIS-Konzepts entwickelt. Es handelt sich um eine semi-formale Methode, die nicht den Ansprüchen, die an formale Methoden[13] bzw. Sprachen gestellt werden, genügt bzw. genügen kann. müssen. Trotz dieses nicht voll formalen Charakters dieser Notation soll hier auch von **Syntax** gesprochen werden, wenn die Regeln für den korrekten Aufbau der Ereignisgesteuerten Prozessketten gemeint sind.

Aus folgenden Elementen sind Ereignisgesteuerte Prozessketten aufgebaut:

- Ereignisse
- Funktionen
- Organisationeinheiten und
- Informationsobjekte

Die Miteinbeziehung von Organisationseinheiten und Informationsobjekten machen die EPK zur **erweiterten** Ereignisgesteuerten Prozesskette (eEPK). Ereignisgesteuerte Prozessketten ohne Ereignisse und Funktionen werden nicht mit dem Attribut „erweitert" versehen.

Unter **Ereignissen** werden hier betriebswirtschaftlich relevante Ereignisse verstanden. Diese Ereignisse beeinflussen und steuern auf die eine oder andere Weise die Abläufe im Unternehmen. Ereignisse in diesem Sinn können sich aus vorangegangenen Tätigkeiten sozusagen als Beschreibung der möglichen Ergebnisse

---

[13]Vgl. für eine (unkonventionelle und verständliche) Einführung in formale Systeme [Hofstadter 1985]

ergeben, sie können aber auch auf die nächsten Arbeitsschritte verweisen oder - quasi aus heiterem Himmel - von aussen kommen. Die Menge aller in einem Unternehmen und seinem Umfeld möglichen Ereignisse sollen als der **Ereignisraum** des Unternehmens bezeichnet werden. Ein Ereignis ist immer auch eine Feststellung, die irgendwie und von irgend jemandem getroffen werden muss. Ihm gehen Handlungen voraus und meistens folgen auch welche nach. Diese werden hier mit dem Begriff der **Funktionen** erfasst.

Zwei Ereignisse eines jeden Geschäftsprozesses verdienen hervorgehoben zu werden: das **Startereignis** und das **Endereignis** (oder **Schlussereignis**). Mit dem Startereignis beginnt ein Geschäftsprozess (davor liegen, bezogen auf den einzelnen Geschäftsprozess, keine Handlungen), mit dem Endereignis findet er seinen Abschluss.

Ereignisse werden in der grafischen Notation, nach [Scheer 1997] und den SAP-Unterlagen, durch Sechsecke dargestellt:

Ereignis

Sozusagen die Bindeglieder zwischen den Ereignissen eines Geschäftsprozesses sind die Handlungen, Tätigkeiten, Vorgänge, usw., die im Ansatz von Scheer mit **Funktion** bezeichnet werden. Eine Funktion beschreibt, was gemacht werden soll. Sie erfasst bei Mitarbeitern deren operative Tätigkeit, bei einem Informationssystem so etwas wie eine Transaktion bzw. einen betriebswirtschaftlichen Funktionsbaustein [Schulungsunterlagen Analyzer, S. 2-5].

Funktionen können zerlegt bzw. aggregiert werden. Der Zerlegungsprozess sollte allerdings da enden, wo Funktionen erreicht werden, die in einem Arbeitsablauf bearbeitet werden, die also betriebswirtschaftlich nicht mehr sinnvoll zerlegt werden können. Doch kommt es durchaus vor, dass man Beschreibungen von Geschäftsprozessen sieht, bei denen die Zerlegung fast bis zur tayloristischen Ebene vorangetrieben wurde.

So verstandene Funktionen verbrauchen Ressourcen und natürlich auch Zeit. Deshalb sind die Ressourcen (vgl. unten) immer mit Funktionen verknüpft.

In der grafischen Notation werden Funktionen durch Rechtecke mit abgerundeten Ecken dargestellt:

Funktion

Im Rahmen dieses Modellierungsansatzes werden Funktionen und Ereignisse so gesehen, dass sie aufeinanderfolgen. Die Prozesskette beginnt mit dem Startereignis und endet mit dem Endereignis oder mit einem Prozesswegweiser. Letzterer ist einfach ein Verweis auf eine andere Prozesskette, mit der der Prozess fortge-

setzt wird (vgl. Abschnitt 4.5). Zwischen Start- und Endereignis lösen sich Ereignisse und Funktionen ab. Es können nicht zwei Funktionen oder zwei Ereignisse aufeinander folgen, bzw., der Prozess wird so modelliert, dass dies nicht geschieht.
Möglich (bzw. zwingend notwendig) ist allerdings, dass in diesen Modellen

- Funktionen parallel angeordnet sein können und entweder gemeinsam oder in Auswahl ausgeführt werden müssen. Für die Modellierung ausreichend ist es, dafür die drei logischen Operatoren UND, ODER und exklusives ODER (XODER) zur Verfügung zu stellen (vgl. unten).

- Ereignisse parallel (mit den oben erwähnten logischen Operatoren) angeordnet sein können. Dies ist z.B. der Fall, wenn aus einer Funktion mehrere Ereignisse folgen oder wenn mehrere Ereignisse Voraussetzung für eine Funktion (oder auch mehrere) sind.

Selbstverständlich können auch mehrere Ereignisse mit mehreren Funktionen in Beziehung stehen.
So wie Geschäftsprozesse eine Richtung haben (durch die Abfolge der Tätigkeiten), haben dies auch Ereignisgesteuerte Prozessketten. Diese wird durch die gestrichelte Pfeillinie ausgedrückt. In der Reihenfolge drückt sich dann auch die zeitliche Dimension aus.
In der grafischen Notation spiegelt sich auch das wieder, was der **Kontrollfluss** einer Ereignisgesteuerten Prozesskette genannt wird: die möglichen Durchgänge, die ein realer Geschäftsprozess nehmen kann.
Für eine umfassende Beschreibung eines Geschäftsprozesses fehlt noch die Angabe, welcher Organisationseinheit die Person angehört, die eine bestimmte Funktion ausführt. Hiermit wird erfasst, wer etwas machen soll, bzw. wo er oder sie im Unternehmen lokalisiert ist. Diese Information muss mit der jeweiligen Funktion verbunden werden. Beispiele dafür sind Vertrieb, Personalstelle, Werk, Informationsvermittlungsstelle. Die folgende Abbildung zeigt, wie die Organisationseinheiten in die EPK's eingebunden werden. Dies geschieht durch Verbindung mit einer Funktion. Die Verbindung ist richtungslos und bedeutet, dass die Funktion durch Mitarbeiter der angegebenen Organisationseinheit erledigt wird. Natürlich können einer Funktion auch mehrere Organisationseinheiten zugeordnet werden.

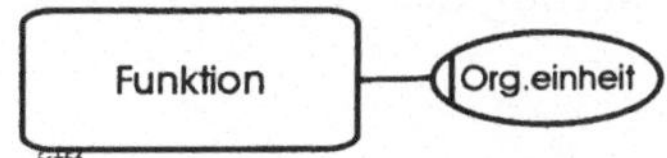

Im Rahmen eines Gesamtkonzeptes für ein Integriertes Informationssystem werden die organisationellen Strukturen als solche dann durch Organigramme festgehalten.

Kein Unternehmen kommt heute ohne Datenbestände aus, die das Unternehmen selbst und seine informationelle Umwelt ganz oder in Ausschnitten modellieren. Diese Datenbestände sind damit auch für die Abwicklung der Geschäftsprozesse von grosser Bedeutung. Werden Geschäftsprozesse beschrieben, müssen auch die für die einzelnen Vorgänge notwendigen Daten angegeben werden. Dies können Kundendaten, die Angaben des früher erstellten Angebots, aktuelle Marktpreise oder eine andere Information sein, die für irgendeinen Abschnitt des Geschäftsprozesses Bedeutung besitzt. In diesem Ansatz werden solche Daten als Informationsobjekte bezeichnet und in Verbindung gesetzt mit der Funktion, für die sie benötigt werden.

Informationsobjekte werden in der grafischen Notation durch Rechtecke repräsentiert. Ihre Anbindung an eine Ereignisgesteuerte Prozesskette geschieht durch eine Pfeillinie zu der Funktion, in der die betreffende Information eine Rolle spielt. Diese Linie ist wie die zugrundeliegende Beziehung gerichtet und spiegelt den Informationsfluss wieder. Fliessen Informationen aus dem Informationsobjekt in die Tätigkeit ein, liegt die Pfeilspitze an der Funktion. Entstehen aus der Funktion heraus Informationen, die in das Informationsobjekt einfliessen, liegt die Pfeilspitze am Informationsobjekt an. Die folgende Abbildung 1 zeigt zu diesem und dem vorigen Abschnitt ein Beispiel.

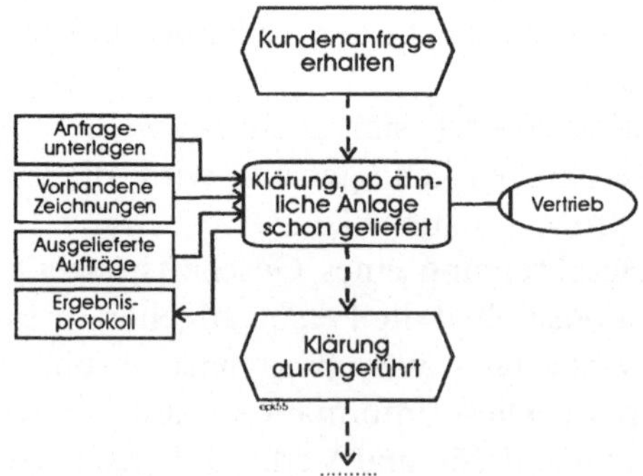

Abbildung 1: Informationsobjekte und Organisationseinheiten
in Ereignisgesteuerten Prozessketten

Informationsobjekte können nicht nur aus Daten von Datenbanken bestehen. Grundsätzlich kann jede Information auf jedem Informationsträger berücksichtigt werden. Der Hinweis auf nicht elektronische Träger kann sogar ein erster Hinweis auf Möglichkeiten zur Optimierung des Geschäftsprozesses sein.

2.4.2 Verknüpfungen

Zu einer semi-formalen Sprache gehören Regeln, mit denen die zulässigen Verknüpfungen der Elemente festgelegt werden. Diese wurden oben schon angedeutet und sollen hier zusammenfassend angeführt werden:

- Ereignisse werden nur mit Funktionen verknüpft. Bis auf das Start- und Schlussereignis gilt: auf ein Ereignis folgt eine Funktion, auf eine Funktion ein Ereignis. Diese Verknüpfung von Ereignissen und Funktionen wird durch eine in der Regel gestrichelte Pfeillinie grafisch ausgedrückt.

- Organisationseinheiten werden nur mit Funktionen verbunden und zwar mit denen, bei denen sie mitwirken (genauer: bei denen Mitarbeiter aus der jeweiligen Organisationseinheit mitwirken). Die Verknüpfung erfolgt mittels einer durchgezogenen Linie.

- Informationsobjekte werden ebenfalls nur mit Funktionen verbunden und zwar mit denen, für deren Erfüllung sie benötigt werden. Wird also z.B. im Rahmen einer Auftragsabwicklung die Funktion Rechnungserstellung angesprochen, wird sie mit Sicherheit das Informationsobjekt Kundendaten benötigen. Die Verknüpfung wird durch Pfeile dargestellt.

Im wirklichen Leben, auch in Unternehmen, laufen Tätigkeiten nicht linear und eindimensional ab, sondern es kommt zu Verzweigungen. Sei es, dass mehrere Tätigkeiten parallel erledigt werden müssen, eine Wahlmöglichkeit aus mehreren Alternativen besteht, mehrere Ereignisse eintreten müssen, bevor es weitergeht oder aus einem anderen Grund. Diese Verzweigungen äussern sich in Ereignisgesteuerten Prozessketten als Verknüpfungen zwischen Ereignissen bzw. zwischen Funktionen. Sie werden in Ereignisgesteuerten Prozessketten mit den drei logischen Operatoren

- UND (grafische Darstellung: $\wedge$),
- ODER ($\vee$) bzw.
- exklusives ODER (XODER: $\veebar$)

erfasst, durch die angegebenen grafischen Symbole dargestellt und an der jeweiligen Stelle in den sog. Kontrollfluss eingefügt.
Die Operatoren werden in der grafischen Notation in einem zweigeteilten Kreis plaziert, wie es die Beispiele unten zeigen. Die obere Hälfte gibt an, wie die durch die „ankommenden" Pfeile repräsentierten Ereignisse oder Funktionen verknüpft sind. Die untere Hälfte leistet dasselbe für die ausgehenden Pfeile. Kommt nur ein Pfeil an oder geht nur einer weg, wird auch kein Operator angegeben.
Die grundsätzliche Bedeutung der logischen Operatoren ist in diesem Zusammenhang wie folgt:

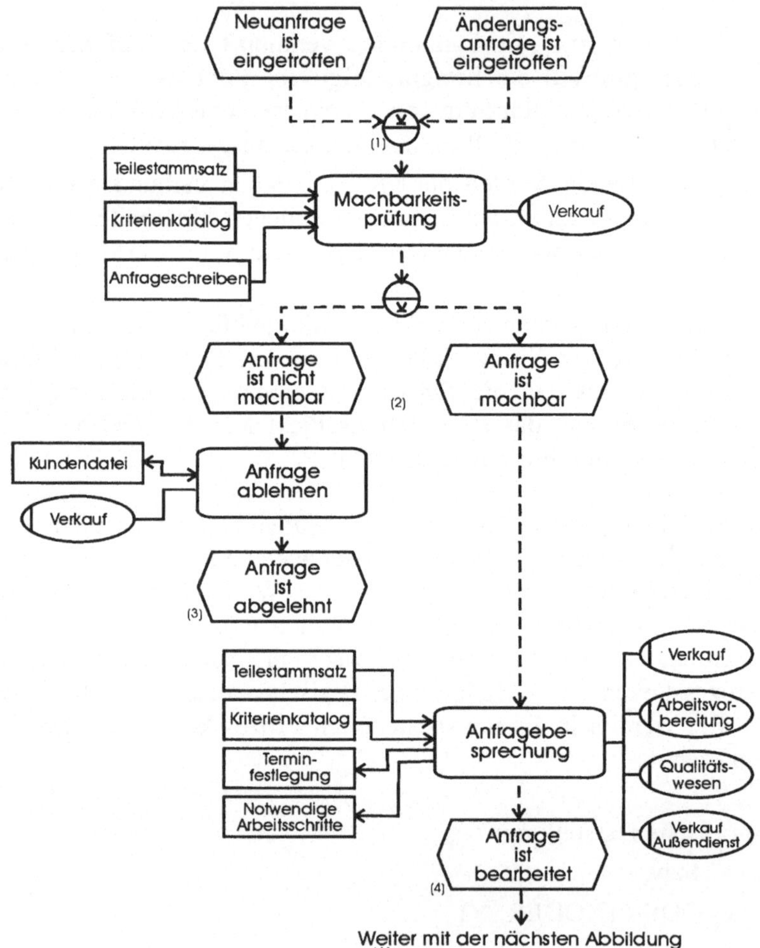

Abbildung 2: Start eines Geschäftsprozesses und erste Prüfungen
Quelle: [Staud 1999, S. 105]

- Mit UND verknüpft werden Funktionen, falls sie gemeinsam ausgeführt werden und Ereignisse, falls sie gemeinsam eintreten müssen.

- Mit ODER verknüpft werden Funktionen, von denen mindestens eine ausgeführt werden muss. Entsprechend gilt für mit ODER verknüpfte Ereignisse, dass mindestens eines eintreten muss. Der Logik des ODER entsprechend können in beiden Fällen aber auch mehrere oder alle Funktionen bzw. Ereignisse auszuführen sein bzw. eintreten müssen.

- Mit dem XODER (exklusiven ODER) werden Funktionen verknüpft, von denen genau eine ausgeführt werden muss. Für Ereignisse gilt, dass genau eines eintreten muss.

Abschliessend soll ein zusammenhängendes Beispiel angegeben werden. Es handelt sich um den Beginn eines längeren Geschäftsprozesses zum Thema **Kundenanfrage und Angebotserstellung**, der in Abschnitt 6.1 von [Staud 1999] ausführlich beschrieben wird (Abbildung 2).

3   Möglichkeiten und Grenzen

Beschäftigt man sich mit Ereignisgesteuerten Prozessketten näher, insbesondere bei Ist-Analysen und nicht nur als Beschreibungsinstrument von Betriebswirtschaftlicher Standardsoftware, stellt man schnell fest, dass es sich um eine effiziente Methode zur Analyse von Geschäftsprozessen handelt, die aber auch Grenzen unterworfen ist und deren Einsatz auch Risiken birgt.

Ein erster wichtiger Punkt, der für diese Methode spricht, soll gleich vorweggenommen werden. Die detaillierte Erfassung der Geschäftsprozesse ist **unabdingbare Voraussetzung** für den Einsatz Betriebswirtschaftlicher Standardsoftware. Dieser prozessorientierte Softwaretyp ist ohne dies nicht möglich. Natürlich könnte die Beschreibung auch auf andere Weise erfolgen, alle anderen Methoden sind allerdings weniger effizient und führen zu weniger guten Modellierungsergebnissen.

Standardisierung

Ereignisgesteuerte Prozessketten eignen sich sehr gut für die Beschreibung standardisierter Abläufe. Diese lassen sich problemlos, wenn einige Regeln beachtet werden, in das lineare und sequentielle Schema von Ereignisgesteuerten Prozessketten abbilden. Sie sind nicht geeignet für Abläufe, die nicht diesem Schema entsprechen, deren mögliche „Wege" nur unzureichend vorherbestimmbar sind. Sie sind auch nicht geeignet für kreative oder auch nur komplexe Tätigkeiten, bei denen die Zahl der Handlungsalternativen und der Abhängigkeiten zu gross wird. Um hier einsetzbar zu sein, müsste das Instrumentarium der „Methode EPK" gewaltig erweitert werden, was dann aber ihre Einsetzbarkeit für standardisierte Abläufe wiederum einschränken würde.

Auf der Ebene der Betriebswirtschaftlichen Standardsoftware bedeutet dies, dass in den nicht geeigneten Bereichen (Beispiel: „Erarbeitung eines neuen Marketingkonzepts") eher Software zum Einsatz kommt, mit denen lediglich einzelne

Funktionen unterstützt werden (Textverarbeitung, Datenbanksystem, Tabellenkalkulation).

Überblick

Vielleicht das wichtigste Ergebnis der Beschäftigung mit Geschäftsprozessen ist, dass ein Überblick über das Geschehen im Unternehmen gewonnen wird, der auf andere Weise kaum zu erreichen wäre. Dieses tiefere Verständnis für die Abläufe im Unternehmen öffnet dann auch den Blick für Optimierungsmassnahmen.

Die einzelnen Geschäftsprozesse in einem Unternehmen stehen in Beziehung zu zahlreichen Funktionen und Tätigkeiten quer durch alle traditionellen Organisationsbereiche wie Produktion, Einkauf, Verkauf, Finanzbuchhaltung, usw. Somit macht die Erstellung der Prozessmodelle auch die Interaktionen zwischen den verschiedenen Bereichen deutlich.

Kapselung vs Detaillierung

Für das Zusammenpacken von Tätigkeiten in einer Funktion wurde hier der Begriff **Kapselung** gewählt. Dieser eigentlich aus der Diskussion um objektorientierte Techniken stammende Begriff passt hier sehr gut, auch wenn es hier nicht um die Kapselung von Methoden und den Zugriff auf sie nur über klar definierte Schnittstellen geht. Hier geht es einfach darum, dass in einer Funktion (einem Element der formalen Sprache) verschiedene aufeinander folgende Tätigkeiten zusammengepackt werden, dass sie als Ganzes angestossen werden und dass ihre Erledigung durch ein Ereignis (oder mehrere) signalisiert wird.

Diese **Kapselung von Tätigkeiten** muss mit Bedacht vorgenommen werden. Sie ist zwar zum einen nötig, sie sorgt aber auch dafür, dass mit den Mitteln dieser Methode auf die gekapselten Tätigkeiten nicht mehr eingewirkt werden kann. Das Ereigniskonzept bringt es mit sich, dass nur dann, wenn wieder ein Ereignis vorliegt, wenn also die Funktion als Ganzes abgeschlossen ist, eingewirkt werden kann.

Ganz grundsätzlich führt höhere Detaillierung zu komplexeren Prozessketten mit Rücksprüngen, Verzweigungen, Prozessverknüpfungen (mit Prozesswegweisern oder über Ereignisse) oder „Spaghetti-Code" (vgl. [Staud 1999, Abschnitt 7.6]), was nur noch mit guten Methodenkenntnissen beherrschbar und auch nicht mehr ganz einfach zu verstehen ist. Insofern ist eine Abwägung zwischen notwendigem Detaillierungsgrad und Modellkomplexität nötig. Ausserdem muss an dieser Stelle berücksichtigt werden, dass der **Aufwand der Aktualisierung** der Geschäftsprozessbeschreibungen mit ihrem Detaillierungsgrad steigt.

Diese Abwägung sollte vom **Zweck der Modellierung** geleitet werden. Sie wird dann dort detaillierter, wo Optimierungspotential vermutet wird und dort gröber, wo dies nicht der Fall ist, wo es nur um den Zusammenhang geht.

Grundsätzlich gilt: Je höher die Kapselung angesetzt wird, desto einfacher aber auch weniger aussagekräftig werden die Ereignisgesteuerten Prozessketten. Setzt man sie allerdings zu tief an, der Verfasser sah schon Ereignisgesteuerte Prozessketten auf tayloristischer Ebene, werden sie sehr komplex und am Ende undurchschaubar.

Immer mehr, immer tiefer

Das gesamte Konzept „Betriebswirtschaftliche Standardsoftware" und mit ihm auch die Methode „EPK" könnte in Schwierigkeiten kommen, wenn ein Trend anhält, der von Beginn an zu beobachten war und der sich jetzt verstärkt: Die Anwender streben eine immer detailliertere Unterstützung der Geschäftsprozesse durch die Software an. Die Verstärkung kommt dadurch zustande, weil der Umfang der DV-Durchdringung sehr weit gediehen ist und weitere Rationalisierungspotentiale nur noch durch eine höhere Detaillierung zu erreichen sind.

Für die Anbieter von Betriebswirtschaftlicher Standardsoftware hat dies den unangenehmen Effekt, dass dadurch die Unterschiede zwischen den Unternehmen automatisch grösser werden. Nicht zuletzt deshalb versucht sich ein Unternehmen wie SAP mittlerweile mit Varianten von R/3, die auf einzelne Branchen zugeschnitten sind.

Ereignisraum und Verknüpfung über Ereignisraum

Der Begriff **Ereignisraum eines Unternehmens** soll die Gesamtheit der für die Geschäftsprozesse eines Unternehmens bedeutsamen Ereignisse beschreiben. Er muss sorgfältig analysiert werden. Die meisten dieser Ereignisse fallen intern an, nicht wenige aber in der **Unternehmensumwelt.** Z.B. durch die Gesetzgebung (gesetzliche Änderung der Lohnfortzahlung), durch Vorschriften (Ausfuhrbestimmungen) oder natürlich bei Lieferanten (Preiserhöhungen, Produktänderungen) und Kunden (Lieferbedingungen, Rechnungsstellung).

Für die Verknüpfung von Geschäftsprozessen in der „Methode EPK" gibt es neben den Prozesswegweisern die Möglichkeit, einfach über Ereignisse des Ereignisraumes zu verknüpfen. Dies schafft zwar einfachere Modelle, führt aber insgesamt zu unübersichtlicheren Darstellungen und sollte daher nur mit Vorsicht eingesetzt werden. Denn nach aussen hin stehen bei diesem Vorgehen mehrere Ereignisgesteuerte Prozessketten nebeneinander, die nicht erkennbar verknüpft sind. Oft kann die von den Modellierern angedachte Verknüpfung nur über die ergänzende textliche Beschreibung entdeckt werden. Eine praktikable und pragmatische Lösung besteht darin, bei Verwendung der **Ereignisverknüpfung** einen Hinweis beim jeweiligen Startereignis anzubringen.

Zeitspanne modellieren

Eine Fehlerquelle bei der Erstellung von Ereignisgesteuerten Prozessketten ist, dass oft versucht wird, eine ganze Zeitspanne in eine Ereignisgesteuerte Prozesskette hinein zu modellieren. Also nicht ein Beschaffungvorgang, sondern die eines Monats. Besonders oft wird dieser Fehler gemacht, wenn sich der Geschäftsprozess über eine lange Zeit hinzieht, z.B. wenn Einstellungsverfahren modelliert werden. Doch auch hier gilt: nicht alle Einstellungsverfahren, sondern jeder einzelne wird in einer einzelnen Ereignisgesteuerten Prozesskette modelliert. Dies führt zu einfacheren übersichtlicheren Beschreibungen, der unangemessene Aggregationsversuch dagegen erzeugt unnötig komplizierte Modelle.

Intern/Extern

Oftmals verlassen Geschäftsprozesse vorübergehend das eigene Unternehmen. Damit ist nicht gemeint, dass auf Entscheidungen externer gewartet werden muss (z.B. beim **Warten auf Antwort der Bewerberin**, vgl. Abschnitt 5.3 in [Staud 1999].), sondern dass sich der aktive Part nach aussen verlagert. Betrachten wir folgendes Beispiel: Im Rahmen einer durchzuführenden Befragung wurde ein Fragebogen entwickelt. Dieser wird nun zum Drucken, Binden und Verpacken in ein anderes Unternehmen gegeben und kommt nach Fertigstellung zum eigentlichen Versenden in das Unternehmen zurück. In einem solchen Fall sollten die Funktionen, die ausserhalb des Unternehmens realisiert werden, nicht modelliert werden. Dies ergäbe keinen Sinn, weil sie sich dem eigenen Optimierungszugriff entziehen und weil dies Unübersichtlichkeit schafft.

Die in obigem Beispiel im Rahmen des Unternehmens anfallenden Funktionen könnten **Vergabe des Auftrags** und **Entgegennahme Fragebögen** sein. Alles was dazwischen liegt, muss nicht betrachtet werden.

Ganz allgemein gilt: Im Rahmen einer Ereignisgesteuerten Prozesskette sollte der Träger des Geschäftsprozesses immer derselbe sein, im Normalfall das eigene Unternehmen. Dagegen verstossen sollte man nur, wenn zwingende Gründe dies erfordern, z.B. wenn bei den ausserhalb liegenden Abläufen Optimierungspotential für das eigene Unternehmen vermutet wird oder wenn die Analyse bewusst über Unternehmensgrenzen hinaus gehen soll. Dann sollte aber der jeweilige Träger deutlich gemacht werden.

„Kleiner Dienstweg"

Es wurde oben deutlich: Ereignisgesteuerte Prozessketten erfassen nur die formellen Strukturen und Abläufe, nicht die informellen. Die gesamte informelle Organisation, die informellen Kommunikationsbeziehungen und das informelle Beziehungsgeflecht („kleiner Dienstweg") bleiben unberücksichtigt. Damit stossen Optimierungsbemühungen mit Hilfe von Ereignisgesteuerten Prozesskettten natürlich an Grenzen. Will man diesbezüglich auch den informellen Part des Geschehens berücksichtigen, sind weitere Anstrengungen, z.B. mit Methoden der Soziometrie vonnöten.

Gefahren der Prozessorientierung

Gemessen an den Möglichkeiten der Prozessorientierung erscheinen die Gefahren gering. Auf eine soll jedoch hingewiesen werden. Eine prozessorientierte Sicht hat immer das Ziel, einzelne Geschäftsprozesse zu identifizieren, in den Vordergrund zu stellen und organisatorisch zu verankern. Dabei werden dann u.U. bestimmte Funktionen zu sehr von einem einzelnen Geschäftsprozess geprägt. Daraus können, worauf Kieser hinweist, Probleme entstehen, da natürlich viele Funktionen in verschiedenen Geschäftsprozessen benötigt werden und eine Ausrichtung auf den einen Geschäftsprozess evtl. Nachteile in einem anderen bringt [Kieser 1996, S. 249].

Dies kann tatsächlich in der Praxis beobachtet werden. Letztendlich müssen bei der diesbezüglichen (prozessorientierten) Konkretisierung der Aufbauorganisation immer alle Geschäftsprozesse, in denen die Funktion gebraucht wird, im Blick behalten werden.

Hier spiegelt sich der Konflikt zwischen der klassischen Aufbauorganisation und einer prozessorientierten Strukturierung des Unternehmens wider. Eine vollkommen geschäftsprozessorientierte Aufbauorganisation ist, selbst bei Konzentration auf Kernprozesse, nicht denkbar, weil sich Geschäftsprozesse natürlich überlappen und ganz oder teilweise dieselben Funktionen enthalten und es - zumindest beim derzeitigen Stand der Informationstechnik - sinnvoller ist, diese Funktionen losgelöst von den einzelnen Geschäftsprozessen zu organisieren.

Modellierung parallel zu einer Software

Analysiert man die Ereignisgesteuerten Prozessketten von SAP R/3 oder Navision stellt man schnell fest, dass sie auf vielfältige Weise dadurch geprägt sind, dass sie Software beschreiben. Zum einen was den Detaillierungsgrad angeht, der durch die Software gegeben ist (die Funktionen der EPK spiegeln sich in den Masken der Software wider), zum anderen in der Art der Erfassung von Funktionen. Hier ist festzustellen, dass Funktionen, die sich nicht in Masken der Software niederschlagen („Warten auf Entscheidung der Bewerberin", „Besuch beim Kunden"; vgl. [Staud 1999]), nicht in den Ereignisgesteuerten Prozessketten modelliert werden.

Dies führt dann oft zu schwer verständlichen EPK-Abschnitten, ist letztendlich aber durch den semi-formalen Charakter dieser Methode bedingt.

Beziehung zwischen Funktionen - am Beispiel von Überwachung und Kontrolle

Eine Schwachstelle der hier diskutierten Methode ist, dass zwei Funktionen nicht in einer Beziehung stehen können, die über das sequentielle Abfolgen hinausgeht. Ein Beispiel, das diese Situation beleuchtet, findet sich in Abschnitt 6.1 von [Staud 1999]. Dort liegt folgende Situation vor:

Die Arbeitsvorbereitung erstellt die Angebotsunterlagen, was bei den Produkten dieses Unternehmens ein längerer und anspruchsvoller Vorgang ist. Der Verkauf überprüft regelmässig den Fortgang der Arbeiten in der Arbeitsvorbereitung und erstellt im Falle eines Verzuges eine sog. Mahnliste, mit der sozusagen der Verzug dokumentiert wird.

In der ursprünglichen Beschreibung des Geschäftsprozesses war die Erstellung der Angebotsunterlagen in eine Funktion **gekapselt**. Damit ergab sich ein EPK-Abschnitt wie in der folgenden Abbildung 3.

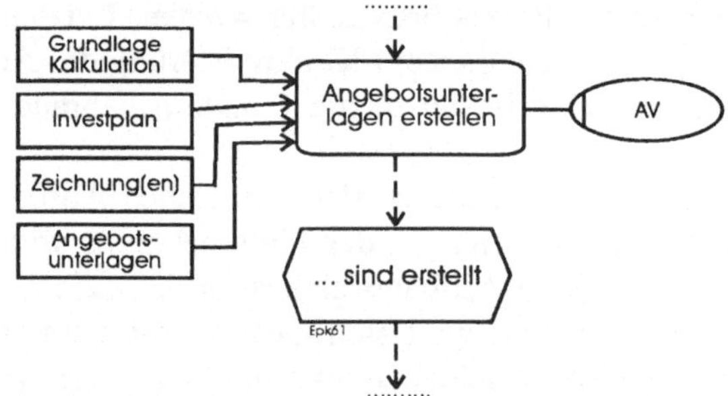

Abbildung 3: Gekapselte Tätigkeiten

Wird auf diese Weise modelliert, werden kontinuierlich ablaufende Tätigkeiten in einer Funktion zusammengefasst, kann auf die einzelnen Abschnitte im Rahmen der linear/sequentiellen EPK-Methode nicht mehr zugegriffen werden. Als Notlösung bleibt dann lediglich der Rückgriff auf den **Ereignisraum** (vgl. oben), d.h. auf die Verknüpfung von Geschäftsprozessen bzw. Ereignisgesteuerten Prozessketten über Ereignisse. Konkret bedeutet dies, dass ein eigener Geschäftsprozess (eine eigene Ereignisgesteuerte Prozesskette) angesetzt wird mit einem Startereignis, das den Verstoss angibt.

Ist eine direkte Verknüpfung der Tätigkeit mit ihrer Überwachung gewollt, bleibt nichts anderes übrig, als die Tätigkeit aus einer Funktion herauszunehmen und in einzelne Teilaufgaben zu zerlegen (sie - u.U. künstlich - zu sequentialisieren), nach denen dann jeweils kontrolliert wird. Diese Lösung ergibt sich aus der linearen und sequentiellen Grundstruktur von Ereignisgesteuerten Prozessketten. Dann kann durch Abfragen nach jedem Abschnitt die Überwachung und Erstellung Mahnliste auf einfache Weise modelliert werden.

Auf diese Weise wird die Ereignisgesteuerte Prozesskette allerdings kompliziert. Ausserdem wird u.U. die Semantik nicht voll getroffen, da ein eigentlich **kontinuierlicher Ablauf** künstlich unterteilt wurde.

Besser wäre es, hier die EPK-Notation um ein Element zu ergänzen, das ganz allgemein die Zuordnung einer Funktion zu gekapselten oder kontinuierlichen Arbeitsschritten erlaubt. Damit könnten zwei Funktionen direkt in Beziehung gesetzt werden. Ein Vorschlag hierfür findet sich in der folgenden Abbildung 4. Auf diese Weise ist eine Verknüpfung der Prozesse ohne komplizierte Konstruktion möglich. Gleichzeitig erweitert dies die Notation um ein wichtiges Element.

Diese Konstruktion könnte nicht nur zur Überwachung bzw. Kontrolle, sondern ganz allgemein zur Beobachtung anderer Tätigkeiten und eventuellen Reaktion benutzt werden. Allerdings nur, wenn es sich auf der einen Seite tatsächlich um mehrere oder kontinuierliche Arbeitsschritte handelt und wenn auf der anderen Seite wirklich ein weiterer Akteur (ein Mensch oder aber - auch das ist denkbar - eine Maschine bzw. ein Programm) mit im Spiel ist.

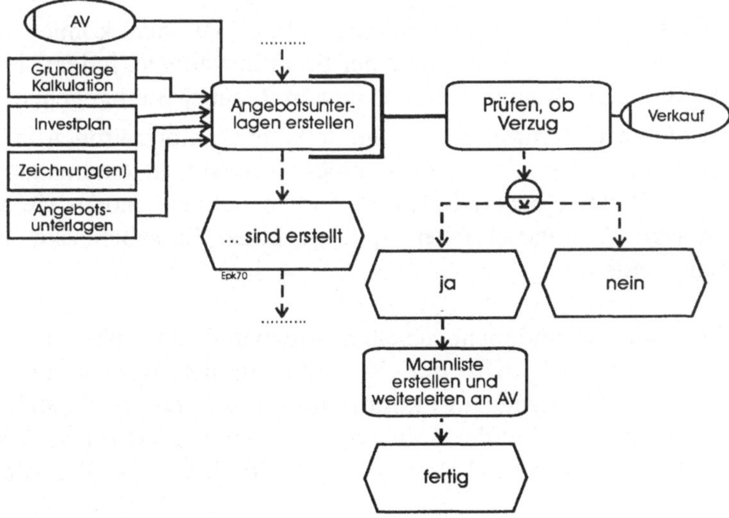

Abbildung 4: Neues Element für die Überwachung kontinuierlicher/gekapselter Arbeitsschritte

Geschäftsprozessoptimierung

Das eigentliche Ziel der Beschäftigung mit Geschäftsprozessen ist ihre optimierte Neugestaltung. Was kann nun die Analyse von Geschäftsprozessen und ihre Beschreibung durch Ereignisgesteuerte Prozessketten für die Erreichung dieser Ziele ganz konkret leisten.

Relativ problemlos können Strukturen erkannt werden, wo dieselbe Information nacheinander auf verschiedene Informationsträger gebracht wird. Dies bedeutet immer eine Hemmung des Informationsflusses und dadurch eine Senkung der

Produktivität. Diese **Medienbrüche** schaffen Schnittstellen, deren Überwindung mit grossem Arbeitsaufwand verbunden ist. Einige Beispiele mögen dies verdeutlichen:

- Mehrfacharbeit: Informationen, z.B. zu einem Angebot, werden zum einen in einer Datenbank erfasst, zum anderen für die Ausformulierung in einem Textsystem.

- Informationsverluste: Werden Informationen auf unterschiedlichen und evtl. zahlreichen Trägern erfasst und nicht in einer integrierten Datenbank ist ganz grundsätzlich die Gefahr des Verlustes erhöht mit der Konsequenz erhöhter Kosten für Wiederbeschaffung.

- Schnittstellen: Informationen müssen über verschiedene Hardwareplattformen und Softwarepakete hinweg transponiert werden (vgl. auch die Ausführungen zum „Leidensdruck" in Abschnitt 3.5 von [Staud 1999].), was einen immensen Aufwand an Arbeit und Material erfordert.

- Menschgestützte Rechnerkommunikation: Informationen können den Weg von einem Rechner A zu einem Rechner B nur bewältigen, indem sie am Bildschirm des Rechners A abgeschrieben und an Rechner B eingegeben werden.

- Menschgestützte Unterprogrammkommunikation: Informationen können den Weg von einem Unterprogramm A einer Software zu einem anderen Unterprogramm B derselben(!) Software nur bewältigen, indem sie von einer Ausgabemaske A abgeschrieben und in einer Eingabemaske B wieder eingegeben werden.

Die beiden letzten Fälle sind nicht so selten, wie man denkt. Selbst den eigentlich undenkbaren letzten Fall trifft der Verfasser immer wieder an. Ist diese **menschgestützte Unterprogrammkommunikation**[14] nötig, handelt es sich natürlich um ein klares Defizit der Software, das eigentlich zwischen Ersteller und Abnehmer unstrittig sein und behoben werden sollte. Beides ist aber oft nicht der Fall.
Einige der wichtigsten Schnittstellen in der derzeitigen Informatikinfrastruktur der Unternehmen ist zweifellos die zwischen PC-Welt und sonstiger EDV (mittlere Datentechnik bzw. Grossrechner). Diese Schnittstellen werden wohl auf absehbare Zeit nicht vermeidbar sein. Eine andere Quelle für neue Schnittstellen dieser

---

[14]Mit **Unterprogramm** soll hier nicht der konkrete Aufbau dieser Programme angesprochen werden, sondern die Tatsache, daß an verschiedenen Stellen des Programms, die sich durch Eingabemasken und Ausgabeschirme manifestieren und die tatsächlich oft durch verschiedene Unterprogramme (bei konventioneller Programmierung) realisiert werden, die beschriebene **menschgestützte Informationsweitergabe** erfolgen muß.

Art sind die **Data Warehouse - Technologien**. Da hier von vielen unterschiedlichen Plattformen und Datenbank- oder Dateisystemen Informationen zusammengefasst werden müssen, ergeben sich zwangsläufig sehr viele Schnittstellen.

Natürlich können Medienbrüche nur bestimmt werden, wenn die Informationsobjekte in den Ereignisgesteuerten Prozessketten sorgfältig mitmodelliert werden, was oft nicht geschieht, da es aufwendig ist. Insbesondere dann, wenn die Klärung der Medienbrüche im Vordergrund steht, sollten die Informationsobjekte sehr detailliert erfasst und modelliert werden. Wenn es sich um elektronische Informationsträger handelt, z.B. mit Angaben zur Hardware und zur Software. Hilfreich können hier Software Tools wie das **ARIS-Toolset** sein, die allein schon aufgrund ihres Aufbaus die integrierte Beschreibung von Prozessen und Informationsobjekten nahelegen.

Mit der gründlichen Erfassung der Informationsobjekte werden dann auch gleichzeitig die **Informationsflüsse**, wie sie im Rahmen der Prozessabwicklung entstehen, mit modelliert.

Die Erfassung der Organisationseinheiten in den Ereignisgesteuerten Prozessketten erlaubt in einem gewissen Umfang das Erkennen von **Organisationsbrüchen**. Damit ist gemeint, dass ein Geschäftsprozess unnötig oft die Organisationseinheit, bzw. die bearbeitende Person wechselt. Hier liegt ein grosses Optimierungspotential. In der Ereignisgesteuerten Prozesskette ist dies wiederum nur erkennbar, wenn genügend genau modelliert wird. Sind wirklich nur die Organisationseinheiten angegeben, können diese Defizite auch verborgen bleiben.

Oftmals ergibt sich hier ein **Widerspruch zwischen Optimierung und Kontrolle**. Der Wechsel der bearbeitenden Person oder der Abteilung erfolgt ja oft, um Kontrolle und Überwachung zu gewährleisten („4-Augen-Prinzip"). Ein einfaches Beispiel ist, wenn **Beschaffungen** über einer gewissen Grenze von der Abteilungsleitung oder sogar von der Geschäftsführung gegengezeichnet werden müssen. Hier ist somit ein Abwägen erforderlich: Welche „Brüche" sind nötig, um die Sicherheitsstandards zu gewährleisten, welche sind überflüssig und können beseitigt werden.

Weniger leicht erkennbar als die oben beschriebenen Strukturdefizite heutiger Geschäftsprozessrealisierung ist der nächste Punkt. Er äussert sich in Ereignisgesteuerten Prozessketten in einer grossen, auf den ersten Blick kaum beherrschbaren Komplexität: viele Rücksprünge, viele Verweisungen, grosse Ausdifferenzierung von Handlungsalternativen. Es sind die Situationen, wo man zuerst vermutet, dass auf einer zu niedrigen Ebene modelliert wurde (vgl. Abschnitt 7.2 in [Staud 1999].). Bei näherer Analyse entdeckt man aber, dass die Abläufe tatsächlich so kompliziert sind. Jeder einzelne Abschnitt ist für sich effizient strukturiert, der Geschäftsprozess als Ganzes ist aber verworren.

Eine solche Struktur hat sicherlich viele Ursachen, eine wichtige ist, dass den Verantwortlichen der Überblick verloren ging, dass niemand sich für den Geschäftsprozess als Ganzes verantwortlich fühlt. Spätestens wenn dies erkannt wird, wäre es angebracht - und sei es vielleicht auch nur für ein begrenztes Projekt - einen Prozessverantwortlichen zu etablieren, der sich den nötigen Überblick schafft und für eine Beseitigung des Wildwuchses sorgt.

Auch die folgende Fehlentwicklung kann der Einsatz von Ereignisgesteuerten Prozessketten nicht verhindern. Oftmals gewinnt man den Eindruck, dass Geschäftsprozessoptimierung nach dem (übertragenen) **St. Florians - Prinzip** erfolgt, indem auf Kosten der Partner, meist Lieferanten, aber auch Kunden optimiert wird. Dann gilt: des einen Optimierung ist des anderen Mehraufwand[15]. Dies ist sicherlich in einem gewissen Umfang möglich bzw. unumgänglich, eine entsprechende Marktposition vorausgesetzt, ist aber letztendlich kontraproduktiv, v.a. dann, wenn die Partner zu stark unter Druck geraten.

Dieser Punkt wird in der Zukunft an Bedeutung gewinnen, da in der Koordination von Geschäftsprozessen über Unternehmensgrenzen hinweg ein grosses Optimierungspotential liegt.

Resümee

Die Ausführungen dieses Kapitels sollten deutlich gemacht haben, dass Ereignisgesteuerte Prozessketten kompetent und überlegt eingesetzt werden müssen. Dann allerdings sind sie ein effizientes Mittel, um die für die Beherrschung moderner Computergestützter Informationssysteme unabdingbare umfassende Analyse der Geschäftsprozesse durchzuführen.

Literatur

Brenner und Hamm 1995: Brenner, Walter; Hamm, V.: Prinzipien des Business Reengineering, in: [Brenner und Keller 1995, S. 17 - 43]

Brenner und Keller 1995: Brenner, Walter; Keller, Gerhard (Hrsg.): Business Reengineering mit Standardsoftware. Frankfurt 1995

Franz 1996: Franz, Klaus-Peter: Prozesskostenmanagement für ein strategisches Aktivitätencontrolling, in [Perlitz u.a. 1996], S. 210 - 220

---

[15]Ein nicht unerheblicher Teil der Diskussion um Business Process Reengineering ist – unausgesprochen – von diesem Gedanken geprägt.

Hammer und Champy 1995: Hammer, Michael; Champy, James: Business Reengineering. Die Radikalkur für das Unternehmen, Frankfurt, New York 1995

Hofstadter 1985: Hofstadter, Douglas R.: Gödel, Escher, Bach. Ein Endloses Geflochtenes Band, Stuttgart 1985

Kieser 1996: Kieser, Alfred: Business Process Reengineering - neue Kleider für den Kaiser, in [Perlitz u.a. 1996], S. 236 - 251

Mertens u.a. 1997: Mertens, Peter; Becker, Jörg; König, Wolfgang u.a. (Hrsg.): Lexikon der Wirtschaftsinformatik (3. Auflage), Berlin u.a. 1997

Ott 1995: Ott, Hans Jürgen: Betriebswirtschaftslehre für Ingenieure und Informatiker. Eine Einführung in die betriebswirtschaftliche Denkweise, München 1995

Perlitz u.a. 1996: Perlitz, Manfred; Offinger, Andreas; Reinhardt, Michael; Schug, Klaus (Hrsg): Reengineering zwischen Anspruch und Wirklichkeit. Ein Managementansatz auf dem Prüfstand. Wiesbaden 1996

Porter 1992a: Porter, M.E.: Wettbewerbsstrategie (7. Auflage), Frankfurt 1992

Porter 1992b: Porter, M.E.: Wettbewerbsvorteile: Spitzenleistungen erreichen und behaupten (3. Auflage), Frankfurt 1992

Scheer 1997: Scheer, August-Wilhelm: Wirtschaftsinformatik. Referenzmodelle für industrielle Geschäftsprozesse (7. Auflage), Berlin u.a. 1997

Scheer 1998a: Scheer, August-Wilhelm: ARIS - vom Geschäftsprozess zum Anwendungssystem (3. Auflage), Berlin u.a.1998

Scheer 1998b: Scheer, August-Wilhelm: ARIS - Modellierungsmethoden, Metamodelle, Anwendungen (3. Auflage), Berlin u.a.1998

Schulungsunterlagen Analyzer: Schulungsunterlagen „SAP R/3-Analyzer" Release 2.1 der SAP AG

Staud 1999: Staud, J.L.: Geschäftsprozessanalyse mit Ereignisgesteuerten Prozessketten. Grundlagen des Business Reengineering für SAP R/3 und andere Betriebswirtschaftliche Standardsoftware. Berlin u.a. 1999

Kneuper/Müller-Luschnat/Oberweis (Hrsg.)
Vorgehensmodelle für die betriebliche Anwendungsentwicklung

Herausgegeben von
Dr. **Ralf Kneuper**
TLC GmbH Frankfurt/Main
Günther Müller-Luschnat
FAST e.V. München und
Prof. Dr. **Andreas Oberweis**
Johann Wolfgang Goethe-Universität Frankfurt/Main

1998. 305 Seiten
mit 41 Bildern. 16,2 x 22,9 cm.
(Teubner-Reihe
Wirtschaftsinformatik)
Kart. DM 69,80
ÖS 510,– / SFr 63,–
ISBN 3-8154-2605-7

Vorgehensmodelle für die betriebliche Anwendungsentwicklung beantworten die Fragen: Wie, in welchen Abschnitten, mit welchen Ergebnissen und mit welchen Personen muß ein Projekt zur Anwendungsentwicklung durchgeführt werden?
Dieses Buch gibt einen Überblick über den Stand von Wissenschaft und Praxis zu dieser Thematik. Behandelt werden u.a. Begriffe und Geschichte des Themas, Standards für Vorgehensmodelle, Vorgehensmodelle für verschiedene Projekttypen und Werkzeugunterstützung. Das Buch soll sowohl dem Praktiker bei der Diskussion, Auswahl und Erstellung von Vorgehensmodellen im Unternehmen helfen, als auch Dozenten und Studenten im Hauptstudium Informatik und Wirtschaftsinformatik einen Überblick über das Fachgebiet geben.

Aus dem Inhalt
Grundlagen – Begriffliche Grundlagen für Vorgehensmodelle – Genealogie von Entwicklungsschemata – Vorgehensmodelle und ihre Formalisierung – Modellierungssprachen für Vorgehensmodelle – Beschreibung von Vorgehensmodellen mit FUNSOFT-Netzen – Vorgehensmodelle für spezielle Projekttypen – Vorgehensmodelle für objektorientierte Systementwicklung – Ein Vorgehensmodell für Workflow-Management-Anwendungen – Ein Vorgehensmodell für das Software Reengineering – Vorgehensmodelle für die Entwicklung wissensbasierter Systeme – Iteratives Prozeß-Prototyping (IPP®) – Modellgetriebene Konfiguration des R/3-Systems – Praktischer Einsatz von Vorgehensmodellen – Werkzeugunterstützung beim Einsatz von Vorgehensmodellen – Organisatorische Gestaltung des Einsatzes von Vorgehensmodellen – Ein Vorgehen für das Einführen eines Vorgehens (modells) – Erste Standardaufwandsschätzung für ein größeres Projekt mit Hilfe des V-Modells

Preisänderungen vorbehalten.

B.G. Teubner Stuttgart · Leipzig